"十二五"职业教育国家规划教材
经全国职业教育教材审定委员会审定
高等职业教育农业农村部"十三五"规划教材

家畜遗传育种

第三版

欧阳叙向 主编

中国农业出版社
北京

内容提要

本教材全面、系统地讲述家畜遗传育种的基本原理和方法，反映国内外最新技术在本领域的应用，内容新颖。书中对家畜遗传育种中一些难度较大的内容，从基本原理上阐明，并力求简明扼要。内容包括：绪论、染色体与基因组、动物遗传的基本规律、动物群体的遗传、数量性状的遗传、品种资源及其利用、选种原理与方法、选配体系、品系与品种培育、分子遗传技术在动物育种中的应用及实训指导等。在每章末有思考题，所有实验实训附于书后。本教材在内容上侧重于遗传基本规律、种用价值评定、杂种优势利用等，但其基本原理和方法仍具有一般性。本教材是高等职业技术学院和中等职业学校高职班畜牧兽医专业、动物科学专业、养殖专业等的专业基础课教材，亦可供有关科技工作者参考。

>>> 第三版编审人员

主　编　欧阳叙向
副主编　潘越博
编　者　（以姓氏笔画为序）
　　　　　马　巍　张书汁　陈红艳　欧阳叙向
　　　　　金丽娜　黄龙艳　韩　伟　潘越博
审稿及行业指导　陈　斌　彭英林
数字资源建设人员（以姓氏笔画为序）
　　　　　欧阳叙向　徐平源　彭运潮　彭英林　韩　伟

>>> 第一版编审人员

主　编　欧阳叙向
编　者　樊　跃　何　颖　欧阳叙向
审　稿　施启顺

>>> 第二版编审人员

主　编　欧阳叙向
副主编　王洪才　梁珠民
编　者　（以姓氏笔画为序）
　　　　　王洪才　付　林　何　颖　李文艺
　　　　　欧阳叙向　高智华　梁珠民
审　稿　陈　斌

第三版前言

本教材自2001年7月出版以来，得到许多专家和老师的一致好评，2010年6月出版了第二版，并于2013年被评为"十二五"职业教育国家规划教材。本书是为我国高职（高专）类畜牧兽医、饲料与动物营养和特种动物养殖专业编写的一门专业基础课教材，也可作为中等职业学校师生的参考书，也可供广大畜牧兽医工作者参考。

在本次修订过程中，按照人才培养方案和教学标准或大纲的要求，正确处理知识、能力与素质的关系，充分体现高职特色，认真贯彻和遵守应用性、实用性、综合性和先进性的原则。根据我国动物生产现状，结合畜牧生产第一线对人才的要求，同时考虑畜禽育种的典型工作任务和遗传改良的工作要求，将种畜生产剖分为选种、选配、品种及品系培育、品种利用等典型工作过程，寻找到了完成其工作必备的遗传学基本知识。因此，第三版整体结构还是保持第二版的基本框架，将遗传学基本知识分为染色体与基因组、动物遗传的基本规律、动物群体的遗传、数量性状的遗传4个模块，而育种部分则分为品种资源及其利用、选种原理与方法、选配体系、品系与品种培育4个模块，另设分子遗传技术在动物遗传育种中的应用1个拓展模块。因是专业基础课，所有模块还是采用章节的编写体例。在编写过程中，基本理论以应用为目的，遗传学基本知识的选择服务于育种工作需要，而育种则突出技能培养与训练。因此，在教材末附有实训指导和基本技能考核项目。为方便学习者自我学习与提高，本教材配套建设了微教学视频、微课件、图片、动画、测试样题、习题解析、案例等数字化教学资源。

本教材所列举的实例，内容涉及动物生产、动物医学、动物营养和淡水养殖等专业及其主要领域。在语言表达方面，力求深入浅出，通俗易懂，准确明了。所有这一切，我们都是希望本教材能为读者系统掌握遗传育种基础知识和从事实际工作提供有益的帮助，成为大家的知心朋友。

本教材由欧阳叙向（湖南生物机电职业学院）任主编。绪论由欧阳叙向编写，第一、九章由金丽娜（甘肃农业职业技术学院）编写，第二、三章由张书汁（河南农业职业学院）编写，第四章由黄龙艳（甘肃省家畜繁育改良管理站）编写，第五、六章由潘越博（甘肃畜牧工程职业技术学院）编写，第七章由马巍（锦州医科大学）编写，第八章由陈红艳（云南农业职业技术学院）编写，实训指导由韩伟（湖南天心种业股份有限公司）编写。数字化教学资源主要由欧阳叙向、徐平源（湖南生物机电职业技术学院）、彭运潮（湖南生物机电职业技术学院）、韩伟和彭英林（湖南省畜牧兽医研究所）等完成。最后由主编欧阳叙向完成对全书的修改、补充、润色等统稿工作。

本教材在编写过程中参考了有关中外文献，并引用了其中的某些资料。编者对这些文献及资料的作者表示诚挚的谢意。

负责审稿的畜禽遗传改良湖南省重点实验室主任、湖南农业大学动物遗传育种与繁殖学科博士点领衔人、全国生猪遗传改良计划专家组专家、中国畜牧兽医学会动物遗传育种分会理事、中国畜牧兽医学会信息技术分会理事陈斌博士、教授，以及湖南省生猪产业体系首席科学家、湖南省畜牧兽医研究所总畜牧师彭英林博士、研究员，在百忙中抽出时间，认真、仔细地审阅了书稿，提出了中肯宝贵的意见，我们表示衷心的感谢。

在本教材编写过程中，得到了全国部分农业高职院校的大力支持，我们一并表示谢意。

书中错误和不当之处在所难免，希望广大读者予以批评和指正。

编　者
2019 年 2 月

第一版前言

20世纪90年代末，全国高等职业教育迅速兴起，但与之相配套的高职教材非常缺乏。为了适应新形势下职业教育的需要，根据当前全国畜牧兽医专业（高职或高专）实际需求，我们在中国农业出版社的组织下，编写了《家畜遗传育种》教材。本书是为我国高职（高专）类畜牧、兽医和养殖专业编写的一门专业基础课教材，亦可作为中等职业学校师生的参考书，也可供广大畜牧兽医工作者参考。

在本教材的编写中，力求贯彻理论联系实际和"实用、够用"的原则，内容安排上尽可能吸收本领域国内外科学技术和生产的最新成果，叙述上力求简明扼要。本书共分十章，从遗传的物质基础、遗传的基本规律、变异、数量性状的遗传、基因频率与基因型频率，到选种、选配、品种及其选育、杂交和品系繁育等遗传育种的主要环节，都作了较系统的论述。为了使学生便于学习和掌握教材的内容，编者在每章都精选了一些有代表性的思考题，供学生复习和思考。另外，遗传育种既是一门理论性较强，又是一门实践性较强的课程，其发生和发展依赖于实验和实践，所以书末还附有实验实习指导和基本技能考核项目，以利于培养和检验学生的操作技能和解决实际问题的能力。

本教材由欧阳叙向任主编。绪论、第一、二、三、四、七、九、十章及实验实习指导由欧阳叙向（湖南生物机电职业技术学院）编写，第五章由樊跃（江苏畜牧兽医职业技术学院）编写，第八章由何颖（益阳职业技术学院）编写，第六章由樊跃和欧阳叙向共同编写。书稿完成后专门聘请湖南农业大学博士生导师施启顺教授对全书进行了审定并提出了修改意见。承蒙湖南农业大学陈斌博士、湖南生物机电职业技术学院教务处等的大力支持，并参阅了有关专家、教授和学者的著作，在此一并表示衷心的感谢。

由于家畜遗传育种理论和技术发展很快，加之作者水平有限，编写时间仓促，错误和不当之处在所难免。为此深切盼望广大师生在使用本教材的过程中能够提出批评和建议，以备再版时修改。

编　者
2001年3月

第二版前言

《家畜遗传育种》自 2001 年 7 月出版以来，深受广大读者喜爱，得到许多专家和老师的一致好评，并于 2008 年 5 月完成了第 10 次印刷。为了适应新形势下高等职业教育，以及现代畜牧业发展的需要，根据当前全国畜牧兽医专业（高职或高专）实际需求，在中国农业出版社的组织下，我们修订了《家畜遗传育种》教材。本书是为我国高职（高专）类畜牧、兽医和养殖专业编写的一门专业基础课教材，亦可作为中等职业学校师生的参考书，也可供广大畜牧兽医工作者参考。

在编写过程中，按照教学方案和教学大纲的要求，正确处理知识、能力与素质的关系，充分体现高职特色，认真贯彻和遵守应用性、实用性、综合性和先进性的原则。基本理论以应用为目的，以必需、够用为度，突出技能培养与训练。根据我国动物生产现状，结合生产第一线对人才的要求，设置最佳的教学内容。本书共分 9 章，从染色体与基因组、动物性状遗传的基本规律、动物群体的遗传、数量性状的遗传，到品种资源及其利用、选种原理与方法、选配体系、品系与品种培育、分子遗传技术在动物遗传育种中的应用等遗传育种的主要环节，都作了较系统的论述。为了使学生便于学习和掌握教材的内容，编者在每章都精选了一些有代表性的思考题，供学生复习和思考。另外，遗传育种既是一门理论性较强，又是一门实践性较强的课程，其发生和发展依赖于实验和实践，所以书末还附有实训指导和基本技能考核项目，以利于培养和检验学生的操作技能和解决实际问题的能力。在基础理论方面，着力于阐明基本概念、基本原理和基本方法，重点放在基本方法上。

本书所列举的实例，内容涉及动物生产、动物医学、动物营养和淡水养殖等专业及其主要领域。在语言表达方面，力求深入浅出，通俗易懂，准确明了。所有这一切，我们都是希望本教材能为读者系统掌握遗传育种基础知识和从事实际工作提供有益的帮助，成为大家的知心朋友。

本教材由欧阳叙向（湖南生物机电职业技术学院）任主编。绪论、第一章、第四章及实训指导由欧阳叙向编写，第二章由李文艺（湘西民族职业技术学院）编写，第三章高智华（河北廊坊职业技术学院）编写，第五章由何颖（益阳职业技术学院）编写，第六、七章由王洪才（辽宁医学院畜牧兽医学院）编写，第八章由付林（玉溪农业职业技术学院）编写，第九章由梁珠民（广西农业职业技术学院）与欧阳叙向共同编写。最后由主编欧阳叙向完成对全书的统稿、修改、补充和润色等工作。

  本书在编写过程中参考了有关中外文献，并引用了其中的某些资料。编者对这些文献及资料的作者表示诚挚的谢意。

  负责审稿的中国生物信息学会常务理事、中国动物遗传育种学分会理事、湖南农业大学动物遗传育种与繁殖学科博士点领衔人陈斌博士、教授，在百忙中抽出时间，认真、仔细地审阅了书稿，提出了中肯宝贵的意见，我们表示衷心的感谢。

  在本教材编写过程中，得到了全国部分农业高职院校的大力支持，我们一并表示谢意。

  书中错误和不当之处在所难免，希望广大读者予以批评和指正。

编 者

2009 年 11 月

CONTENTS 目录

第三版前言
第一版前言
第二版前言

绪论 ·· 1
第一章　染色体与基因组 ·· 8
　第一节　染色体的类型与作用 ·· 8
　第二节　染色体的行为 ··· 13
　第三节　基因与基因组 ··· 18
　第四节　遗传物质改变对家畜的影响 ·· 25
第二章　动物遗传的基本规律 ·· 34
　第一节　孟德尔定律 ·· 34
　第二节　连锁交换规律 ··· 49
　第三节　性别决定与伴性遗传 ··· 52
　第四节　动物形态遗传的规律 ··· 56
第三章　动物群体的遗传 ·· 62
　第一节　基因频率与基因型频率的关系 ··· 62
　第二节　基因平衡定律 ··· 65
　第三节　改变基因频率的因素 ··· 69
　第四节　遗传多样性 ·· 72
第四章　数量性状的遗传 ·· 81
　第一节　数量性状的遗传基础 ··· 81
　第二节　数量性状的遗传参数 ··· 87
第五章　品种资源及其利用 ··· 99
　第一节　品种概述 ··· 99

第二节　品种资源保护 ·· 104
　　第三节　品种资源的开发利用 ·· 110
第六章　选种原理与方法 ·· 117
　　第一节　性能测定的方法 ·· 117
　　第二节　选择的基本原理 ·· 126
　　第三节　选择的基本方法 ·· 134
　　第四节　种畜种用价值评定的基本方法 ·· 139
　　第五节　常用育种软件应用 ·· 146
第七章　选配体系 ·· 151
　　第一节　选配的作用与种类 ·· 151
　　第二节　近交程度分析 ·· 160
　　第三节　杂种优势的利用 ·· 165
第八章　品系与品种培育 ·· 176
　　第一节　品系培育 ·· 176
　　第二节　专门化品系的培育 ·· 180
　　第三节　品种培育 ·· 184
第九章　分子遗传技术在动物育种中的应用 ·· 190
　　第一节　分子遗传技术的特点及应用范围 ·· 190
　　第二节　基因工程及其应用 ·· 191
　　第三节　转基因动物育种 ·· 197
　　第四节　动物分子标记辅助育种 ·· 200
实训指导 ·· 204
　　实训一　动物染色体标本的制备与观察 ·· 204
　　实训二　小鼠减数分裂标本的制备与观察 ·· 206
　　实训三　多基因性状的遗传分析 ·· 207
　　实训四　遗传力的计算 ·· 208
　　实训五　遗传相关系数的计算 ·· 211
　　实训六　种畜系谱的编制与系谱鉴定 ·· 214
　　实训七　个体育种值的估计 ·· 217
　　实训八　综合选择指数的制订与应用 ·· 219
　　实训九　近交系数和亲缘系数的计算 ·· 221
　　实训十　杂种优势率的计算 ·· 223
附录　基本技能考核项目 ·· 225
参考文献 ·· 226

绪 论

截至2012年，中国畜牧业产值在农林牧渔总产值中的比重已超过1/3，畜牧业发展快的地区，畜牧业收入已占到农民收入的40%以上。而世界上大多数发达国家的畜牧业生产水平都较高，其畜牧业产值平均占到农业总产值的50%以上，例如美国占70%，英国占76%。我们知道畜牧业是国民经济的一个重要组成部分，为了加快实现我国经济的腾飞，畜牧业必须要有一个大发展。因此，如何采取各种有效措施，提高畜禽的生产水平，尤其是积极培育和推广良种，就显得至关重要。

一、家畜遗传育种的基本概念

（一）家畜的概念

关于家畜的概念说法不一。有人认为"在家曰畜，在野曰兽"。有人认为"凡对人类有一定经济价值的动物，都称为家畜"，等等。

这些见解，固然各有它正确的一面，但都不够完整全面，因为它未能揭示家畜的本质。为了弄清什么是家畜，首先应明确，家畜乃是由古代野生动物驯化而来，是人类长期辛勤劳动的产物。它是随着人工选择的加强而不断地改进提高的。今天人们所从事的全部育种活动，完全可看成过去动物驯化工作的继续和发展。其次，家畜与人类经济活动的关系颇为密切，它既是生活资料，又是生产资料，还是当前农业生产中不可缺少的动力和肥料的来源。

至于家畜究竟应包括多少种动物，没有一个绝对的概念。从广义来说，家畜是指已驯化的动物，不仅包括猪、牛（普通家牛、牦牛、瘤牛和水牛）、羊（绵羊和山羊）、马属动物（马、驴、骡）、骆驼（单峰驼和双峰驼）、兔、鸡、鸭、鹅等，甚至还包括养殖的淡水鱼、蜜蜂和蚕等。狭义的家畜仅指属于哺乳纲的驯化动物，属于鸟纲的驯化动物则为家禽。

（二）遗传与变异的概念

我们的地球大约有50亿年的历史，地球上的生命存在了多少年？近年来，人们在南非南部前寒武纪地层中找到了类似原藻类的化石，证明生命在地球上存在了35亿～40亿年。现存于人类周围的生物约有200万种，小至需要在电子显微镜下才能看到的病毒，大到几百吨重的鲸，这些大大小小的生物都有一个区分于非生物的共同特点——繁殖。而繁殖的过程就包括两个方面，一个方面是遗传，就是说通过繁殖，子代基本上与亲代相似，即"种瓜得瓜，种豆得豆"；另一方面，子代又不完全与亲代一样，子代的个体之间也不完全一样，这就是变异，即"一母生九子，九子各异"。遗传和变异是生物界最普遍最基本的两个特性。如果没有遗传，世界上各式各样的生物就不可能一代一代延续下去。同样，如果生物体不能变异，地球上的生命只能永远停留在原始状态，不可能发展成如此多样的、形形色色的生物界。

(三) 家畜育种的概念

家畜育种就是采取一切可能的手段来控制、改造家养动物的遗传特性，提高其生产性能，增加良种数量，改进畜产品的质量，以及扩大优质产品份额的工作；也是不断扩大和改良提高现有家畜品种，创造新的品种、品系，以及利用杂种优势等工作。

二、遗传育种的发展简史

(一) 遗传学的发展简史

如果我们把遗传学的发展历史高度概括一下，大致可以分3个阶段。

1. 遗传学的奠基阶段 遗传学起源于1866年孟德尔（G. Mendel）所发表的植物杂交试验。孟德尔根据前人的工作和自己进行8年（1856—1864年）的豌豆杂交试验，提出了遗传因子分离和重组的假设。1866年他在Brünn自然史学会年报上发表了实验结果，当时他的文章没有得到任何科学家的注意。

孟德尔的成就是在1900年被三位科学家重新发现的，他们取得了相同的结果并确认孟德尔是先驱者。这三位独立工作的科学家是德国的柯林斯（Collins Corers）、荷兰的德福里（H. De. Vries）和奥地利的薛尔马克（Von. Tschermak）。因此，1900年被认为是遗传学建立和开始发展的一年。孟德尔被认为是遗传学的奠基人，这时遗传学作为独立的科学分支诞生了。

2. 染色体理论和基因概念的确立 1903年Sutton和Boveri首先发现了染色体的行为与遗传因子的行为很相似，提出了染色体是遗传物质载体的假设。1909年约翰森（W. L. Johannsen）研究植物遗传与环境的关系，发表了"纯系学说"，首先提出以"基因"一词代替孟德尔的"遗传因子"，创立了"基因型"和"表现型"的概念。1910年左右，摩尔根（Morgan）和他的学生们用果蝇作材料，研究性状的遗传方式，得出连锁交换定律，确定基因呈直线排列在染色体上。与此同时，Emerson等在玉米工作中得到同样的结论。这样，就形成了一套经典的遗传学理论体系——以遗传的染色体学说为核心的基因论。这一阶段工作的重要意义在于把遗传学的研究与细胞学紧密地结合了起来，创立了染色体遗传理论，确立了基因作为功能单位、交换单位和突变单位三位一体的概念。

3. 现代遗传学的发展 到了20世纪30年代，通过对基因的功能、性质和基因控制性状的机制进一步研究，发现基因是可以再分的。奥利弗（Olier）1940年报道了果蝇菱形眼基因的进一步分割的问题。1941年比德尔（Beadle）等人又研究了链孢霉的生化突变型，提出"一个基因一个酶"学说，把基因与蛋白质的功能结合起来。1944年艾弗里（Avery）等从肺炎球菌的转化试验中发现，转化因子是脱氧核糖核酸（DNA），而不是蛋白质，接着又积累了大量事实，证明DNA是遗传物质。特别是1953年沃森（J. D. Watson）和克里克（F. H. C. Crick）提出了DNA双螺旋结构模型，用来阐明基因论的核心问题——遗传物质的自我复制，从而开创了分子遗传学这一新的科学领域。20世纪60年代，蛋白质和核酸的人工合成、中心法则的建立以及突变的分子基础的揭示等，已使遗传学的发展走在生物学科的前面。20世纪70年代已进入人工合成基因的时代，开始了基因工程这一新的研究领域。20世纪80年代中期，聚合酶链反应（PCR）技术的出现和应用加快了分子遗传学发展的步伐。1990年人类基因组计划的实施，测定了包括人类在内的一大批生物全基因组的

DNA序列，加深了人们对基因的概念、结构及表达调控的了解，形成了遗传信息学、基因组学等崭新的分支学科，极大地丰富了分子遗传学的研究内容与范畴。

100多年来遗传学的发展历史，清楚地表明遗传学是一门发展极快的科学，几乎每隔10年，它就有一次重大的提高和突破。现今，遗传学已发展有40多个分支，其中分子遗传学已经成为生物科学中最活跃和最有生命力的学科之一；而基因工程是分子遗传学中最重要的研究方向。

（二）家畜育种学的发展简史

1. 凭经验根据体型外貌选留动物 家畜育种工作开始于动物的驯养与驯化。早在旧石器时代后期，人类就已驯化了犬，并在新石器时代驯化了猪、绵羊、山羊、牛和马等。

我国家畜育种工作有悠久的历史。中国古代的"相畜术"是动物育种技术的重要成就之一。在春秋战国时代，出现了伯乐的《相马经》和宁戚的《相牛经》等；在汉朝有卜氏著的《相羊经》；后魏有贾思勰著的《齐民要术》；明朝有《元亨疗马集》等。我国古代相畜的实质是"从家畜的体型外貌来推断其生产性能及体质类型"，属于以自然选择为基础的经验型人工选择，形成了较多的现存动物地方品种，如太湖猪、金华猪、内江猪、滩羊、寒羊、秦川牛、南阳牛、蒙古马、关中驴、狼山鸡、北京鸭、狮头鹅等。

2. 根据生产性能、血统和后裔选留动物 在国外，由于1760年前后产业革命的影响，畜牧业发生很大的变化，出现育种工作的新高潮。Robert Bakewell为近代动物育种的创始人，他成功育成了夏尔马、长角肉牛和肉用来斯特羊。他的选育技术和方法对后来的动物育种理论和实践具有深远影响。从18世纪到19世纪中叶，全世界培育了许多畜禽品种，仅英国一地就育成了10个牛品种、20个猪品种、6个马品种和30个羊品种。通过育种实践，人们在育种技术上，制定了一整套科学方法，如对选种技术进行改进，应用近亲交配，建立良种登记簿，组织品种协会、展览会等。

由于采取了"确立明确的选种目标，采用连续多代近亲交配，严格淘汰不良动物个体，重视引种改良工作，注意后裔成绩"等育种措施，此时的动物育种也取到了较好的成绩。以奶牛为例，19世纪初，欧洲的奶牛一般平均每年泌乳1 500 kg，而经选育提高后，到19世纪末达到了2 500 kg。

3. 现代动物育种体系的建立 孟德尔对遗传规律的发现，开创了动物育种学的新时代。20世纪20年代，英国统计学家和遗传学家费希尔（Fisher）、美国遗传学家赖特（Wright）及英国生理学家和遗传学家霍尔丹（Haldane）奠定了数量遗传学的理论基础。1937年美国学者拉什（Lush）出版了《动物育种方案》（Animal Breeding Plans），初步奠定了现代动物育种的理论基础。20世纪50年代以来，数量遗传理论逐渐应用到动物育种实践中，并逐步成为主要的育种手段。

特别是近几十年来，随着遗传学、细胞学、生物化学等基础学科的发展，国内外家畜育种的理论与实践又有进一步提高。尤其在选种、选配等方面都创造了许多新的方法，并有较大的变革，形成了现代动物育种体系。现代动物育种体系的特点包括：在家畜的选种方法上，由着眼个体发展为着眼群体，从表型选择深入到基因型的选择，对多个性状采用了综合选择、标记辅助选择、BLUP（最佳线性无偏预测法）选择等；在杂种优势利用方面，进入到培育不同品系、近交系或专门化品系作为亲本，为杂交利用开辟了新的途径；传统的外貌评定方法得到完善和发展，如奶畜的外貌线性评定等；更强调动物的品种资源保存；现代生物及信息技术广泛应用于育种中。

在加快新品种培育的速度方面，也创造了许多新的方法和技术。例如把数量遗传学原理及新的研究手段与技术——电子计算机、超声波、生理生化分析、冷冻精液、胚胎移植、克隆技术等运用到动物育种工作上，为提高动物育种的成效展现了美好的前景。

（三）分子遗传学发展对家畜育种的影响

遗传学是动物、植物、微生物育种的理论基础。分子遗传学的产生及其理论和技术的发展，改变了动物育种的观念和策略，其影响几乎涉及选种选配、杂种优势分析和利用、有利基因转移、遗传资源保护等动物育种的所有领域。

1. 数量性状遗传理论的发展 数量遗传学目前所用的各种方法，基本上是从表型来推断基因型，从表型来估计育种值，其中存在相当大的抽样误差，如果能反其道而行之，先探测个体某一性状的基因型，再预测其表型或相对表型，即反求遗传学，就可以解决对影响数量性状的多基因选择及利用标记辅助选择。随着分子遗传学理论和技术的迅速发展，特别是20世纪80年代以后，限制性片段长度多态性（restriction fragment length polymorphism，RFLP）、扩增片段长度多态性（amplified fragment length polymorphism，AFLP）、随机扩增多态性DNA（random amplified polymorphisms DNA，RAPD）、DNA指纹等众多DNA分子遗传标记的出现，改变了数量性状遗传机制的理论，使反求遗传学应用成为可能。

新的理论认为，一个数量性状的主基因或数量性状基因座（quantitative trait locus，QTL）并不很多，一般为4～8个，每个QTL为一个孟德尔遗传因子，它们的效应大小并不相等，有些效应较大，1～2个QTL就能反映一个数量性状表型变异的10%～50%；另一些QTL效应较小。

我们通过分析诸如影响家畜生产性能、抗病力、抗应激反应的QTL与分子标记的连锁关系，确定其在染色体上的位置、单个效应及互作效应，从而通过选择可识别的分子标记来选择具有育种意义的QTL。据估计，在家系内，对用于后裔测定的个体先使用标记进行预选再进行后裔测定，可以提高10%～15%的选择反应；在家系间，应用综合多个标记和性状信息的选择指数，可提高选择反应50%～200%。

2. 动物分子育种的产生 随着分子遗传学理论和技术的发展及其在动物育种中的迅速渗透，动物育种学家从操纵数量性状表现型逐步过渡到操纵数量性状基因型，进行数量性状的分子育种，即基因组育种和转基因动物育种，这使动物育种发生了革命性的变革。

通过基因组育种，能消除环境的影响，大幅度地提高畜产品的产量，优化产品品质，育成牛、猪、羊、鸡、鱼等动物的许多新品种或类型。利用非常规性育种，培育出了带有人类基因或抗病基因的牛、羊、猪、鸡等动物，使它们能够生产各种珍贵的药用蛋白，把"药厂"建在了动物身上，畜牧业生产成为工业生产，畜牧产品成为工业产品。

（四）我国家畜育种概况及发展方向

1. 我国家畜育种概况 我国有计划、有目的的动物育种工作主要是从1949年后开始的。1954年新疆细毛羊的育成，标志着中国动物育种工作已经走上科学化轨道。继新疆细毛羊育成之后，我国陆续育成了关中奶山羊、中国美利奴细毛羊、南江黄羊、山丹马、甘肃白猪、中国荷斯坦牛、北京白鸡等一批畜禽品种。1989年出版的《中国家畜家禽品种志》中共载入畜禽品种约260个（包括地方品种和培育品种），其中马、驴40余个，牛40余个，绵羊22个，山羊22个，猪60余个，家禽50余个，骆驼、兔及特种经济动物近20个。

2. 我国家畜遗传育种工作的成就　新中国成立以来，我国在畜禽经济性状的遗传研究，以及畜禽育种工作方面，都取得了很大成就。

（1）基本调查清楚畜禽品种资源。对各地畜禽资源进行了大量的调查研究，发现了大批优良畜禽品种。例如，我国很多地方猪种繁殖力高，适应性强，肉质好，为国外猪种所不及；宁夏滩羊和沙毛山羊羔皮、浙江湖羊的羔皮都是世界闻名的畜产品；内蒙古的乌珠穆沁羊和新疆的阿勒泰羊，仅尾脂或臀脂就有 15 kg 左右；此外，如北京鸭、狮头鹅都是世界少有的珍贵品种。

（2）引进大量外国优良种畜。新中国成立以来从国外引进了大批优良种畜禽，对加速我国畜禽改良起了很大的作用。各地利用这些良种的公畜（禽）与当地母畜（禽）杂交，或直接引进配套品系，获得良好的杂种优势，不但提高了本地品种畜禽的经济价值，还为培育新品种打下了良好基础。

（3）培育了一批新的畜禽品种。从 1978 年开始，对我国 20 多个畜禽品种的经济性状的遗传规律进行了大量分析工作，主要是对遗传参数进行了估测，对性状间相关进行了分析，并研究了早期选种、间接选种、综合选择、遗传标记辅助选择和杂种优势预测等方法，直接将理论研究应用于育种实践，取得了一定成绩。与此同时，培育成一批新品种或品系，如新疆细毛羊、中国荷斯坦牛、三江白猪、湖北白猪、湘白猪、东北挽马、北京白鸡等，在我国畜牧业生产中，发挥了很好的作用。

（4）建立了畜禽育种指导机构和良种基地。新中国成立以来全国各地根据当地自然条件和经济发展，建立了各种畜禽良种基地和良种场，形成了一套良种繁育体系。例如各地建立的种畜场、育种场、原种场、育种辅导站、人工授精站、育种协作组等，这些机构、组织在提供优良种畜禽、进行杂交改良、指导畜禽育种工作、推广和宣传新技术等方面，都做出了重要贡献。

（5）培养了一支畜禽育种科技队伍。新中国成立前我国畜牧事业落后，机构不全，科技人员极少。新中国成立后，畜牧业迅速发展，逐步建立和健全了各种畜禽良种繁育技术推广体系，并通过各高等和中等农业院校培养了一大批专业人才，还举办了各种畜禽育种训练班和人工授精培训班，壮大了家畜育种技术队伍，提高了育种人员素质，保证了育种工作的顺利开展。

3. 我国畜禽遗传育种今后的研究领域和发展方向

（1）畜禽重要经济性状的遗传分析。主要对畜禽生长速度、胴体和肌肉品质、多产性、杂种优势等重要经济性状开展其遗传规律和分子遗传机理研究，为畜禽产量和品质性状的遗传改良提供有效的新途径。

（2）培育高产优质新品种（系）。应用分子数量遗传学理论，采用分子技术、计算机技术和系统工程技术，挖掘和利用中国猪种繁殖力高、肉质好的优良基因，用标记辅助选择和辅助渗入等方法与常规育种相结合，培育出新型高产优质新品种（系）。

（3）加强畜禽种质资源的保存与利用。应用先进的保种理论，制定国家级总体保种策略，在分子水平上开展畜禽种质遗传差异调查、畜禽种质资源的评估与分类，在原地保种和迁地保种的基础上，研究长期保存冻精、卵细胞与冻胚的新技术，建立我国畜禽遗传资源信息库和基因库。

（4）畜禽基因组学研究。研究畜禽的功能基因组学和比较基因组学，定位影响畜禽重要经济性状的主基因；非孟德尔遗传基因或 QTL 的鉴别及育种应用；研究分子标记辅助育种的技术体系；建立畜禽各种组织的互补DNA（cDNA）文库；建立芯片技术平台，研究成批基因表达、高通量基因型分型。

（5）抗病育种研究。通过对与特异性疾病抗性有关的免疫基因的表达和功能的研究，以尽早鉴别抗病或易感动物；在分子水平上研究病原的遗传变异规律，研究基因组结构、功能基因定位以及致病与免疫机理，开发相应的诊断监测试剂与疫苗。

（6）畜禽生物信息学研究。收集分析国内外基因库数据，建立与动物良种繁育相关的基因组数据库；运用先进有效的农业生物信息学研究手段，结合我国丰富的、特有的遗传资源，开展中国优良家畜资源的单核苷酸多态性（SNP）和插入缺失多态性的研究，分离、克隆有自主知识产权的、有重要经济价值的新基因及重要的基因表达调控元件，发现控制优良性状基因的分子标记。

（7）繁殖新技术研究。研究和利用人工授精技术、胚胎移植、分割和冷冻技术、克隆育种技术、转基因技术和体外受精技术等，快速扩繁优良畜禽。

（8）制定一系列种畜质量监测综合标准和种畜集中测定与现场测定技术规程。根据动物主要经济性状的遗传规律，在大量种畜性能测定的基础上，借鉴国外经验，结合我国国情及大型种畜场现有条件，制定一系列种畜质量监测综合标准和种畜集中测定与现场测定技术规程（包括测定方法、评定方法和良种登记制度）等国家和行业标准，并对全国大型种畜场进行质量统检，为建立种畜质量检测体系奠定基础。

三、家畜遗传育种对发展畜牧业的意义

家畜育种的目的是改进家畜种质，从而提高畜产品的数量和质量，并不断增加畜牧业生产的经济效益。家畜育种工作的内容包括选育提高现有畜群品种，培育高产优质新品种，以及利用杂种优势等几个方面。

家畜育种在畜牧业生产上的意义是多方面的，大致有以下几点。

第一，它能提高优良种畜，以保证畜群生产力的提高。种畜是畜牧业的生产资料，没有良种就不可能大幅度地增加畜产品的数量和改善其质量。实践证明，1只粗毛羊年产毛量一般为1~1.5 kg；而1只细毛羊年产毛4~5 kg，高的可达20~30 kg。荷斯坦牛年泌乳量一般为5 000 kg，高产奶牛甚至可超过15 000 kg。所以，在畜群中不断选优良家畜作为种用和淘汰品质低劣的家畜，就有可能将畜群质量逐步提高。

第二，通过育种可以改变家畜的生产方向。由于各地自然条件和育种工作的不同，所形成的家畜和它们的产品类型有很大的差别。例如，原始的粗毛羊、役用牛、小型土种猪等，随着社会经济的发展，通过先进的育种技术，可以改变家畜生产方向，即将粗毛羊改变为细毛羊，役用牛改变为乳用牛或肉用牛，小型土种猪改变为瘦肉型猪，从而使生产的畜产品更符合人们的需要。

第三，国内外在培育杂交亲本工作中已取得很大进展，从而大大提高了产品数量和质量。目前，杂种优势已广泛应用于畜牧业生产。例如，养猪业中利用杂种优势，一般在育肥猪的增重上可提高10%~20%。

第四，通过育种可以培育出适合工厂化生产的家畜品种，发展商品生产。在工厂化畜牧业中，特别是工厂化养猪、养鸡，畜禽个体大小、生长快慢都有一定的规格与要求，通过适当的育种工作，可以满足这些要求，以适应"全进全出"的生产流程，从而便于科学的经营

管理和增加经济效益。

四、家畜遗传育种课程的内容与任务

　　家畜遗传育种是学习家畜遗传育种的理论和方法的课程。它的内容包括遗传学基本原理和家畜育种原理、方法两大部分。遗传原理部分主要讲述染色体与基因组、动物性状遗传的基本规律、动物群体遗传和数量性状遗传等内容；育种原理和方法部分讲述品种资源及其利用、选种原理与方法、选配体系、品系与品种培育、分子遗传技术在动物育种中的应用等。本课程是畜牧兽医专业的一门专业基础课，通过学习，我们可以掌握家畜遗传与变异的基本规律和改良畜禽的理论和方法，为进一步学好专业课打下基础。

　　近些年来，遗传学特别是分子遗传学、数量遗传学有了迅速的发展。选择方法的改进，使选种效果大大提高。纯系建立和杂种优势的理论对培育高产畜群起到了重要作用。免疫遗传学和遗传工程的发展必将为家畜育种工作的开展带来一定的影响。

　　学习本课程，必须以辩证唯物主义为指导思想，密切联系畜牧业生产和育种实践，加强思考和综合分析，才能掌握好家畜遗传育种的基本原理和方法。对本课程的深入理解，灵活掌握和应用，有利于学好其他专业课，为发展畜牧业奠定必要的理论基础。

第一章

染色体与基因组

本章导读

本章主要介绍了动物细胞中染色体的形态、结构、数目及在细胞分裂过程中的变化规律,简述了基因与基因组的概念、种类及其内容,并阐明了遗传信息改变的原因、特性及应用。

本章任务

弄清染色体的类型与作用,掌握染色体的行为,了解基因与基因组概念,掌握遗传物质改变对家畜性状的影响。

人们对遗传物质的认识是逐步深化的。概括地说,从初期的"种瓜得瓜,种豆得豆"的概念开始,逐步深入到细胞水平,以至今天的分子水平,经历了一个从现象到本质、从抽象到具体的历史发展过程。从 DNA 双螺旋结构模型提出至今,60 多年来,分子生物学取得了一系列令人瞩目的成就,尤其是人类基因组草图正式发表这一里程碑事件,加速推动了生命科学向纵深方向进一步发展。到目前为止,有超过 300 个物种(小鼠、线虫、果蝇、河豚、水稻等)基因组测序工作已经完成,科学家试图比较研究多个物种的基因组序列来破解生命密码,揭示生物体生长、发育、进化的规律。

基因就是一段 DNA,基因就在染色体上,染色体是基因的载体,它们就像一只只小船,荡漾在细胞核的基质中。由于亲代能够将自己的遗传物质 DNA 以染色体的形式传给子代,保持了物种的稳定性和连续性,所以说染色体在遗传上起着主要作用。在整个生物界中,遗传的主要特征是由染色体上 DNA 的单核苷酸组成和结构所决定,因此染色体是遗传物质的主要载体。

第一节 染色体的类型与作用

一般说来,染色体只有在细胞有丝分裂过程中,才可透过光学显微镜清楚地看到,而在细胞生活周期中占较长时间的分裂间期,染色体以松散且无定形的染色质形式存在于细胞核中。染色体与染色质的主要区别并非在于化学组成上的差异,而在于构型不同。

在生物界中，每个物种的染色体都有其特定的数目和形态特征，了解物种染色体的数目和形态特征对于研究物种的起源、演化和分类，鉴别染色体的来源，以及开展基因定位和绘制遗传图谱都具有重要的意义。

一、染色体的数目

在真核生物中，每一物种都有其特定的染色体数。如人有46条，牛有60条，猪有38条，小鼠有40条等。虽然有时两种动物会有相同的染色体数目，如猪有38条，猫也有38条，鸡有78条，而犬也是78条，但是它们染色体的形态、大小、着丝点的位置以及基因结构和功能上却存在着很大差异。

对于同一物种来说，染色体的数目是恒定的，这对维持物种的遗传稳定性有重要的意义。绝大多数高等动、植物体细胞的染色体大多是成对的，即二倍体（2n），即每一体细胞中有两套同样的染色体，这两套染色体分别来自该个体的两个亲本，来自亲本的每一配子的一套染色体，称为一个染色体组（n）。体细胞中含有一个染色体组的生物称为单倍体。所以，在二倍体体细胞中染色体都是成对存在的，这种一条来自父方，一条来自母方，在大小、形态、着丝点的位置、染色粒的排列等都相同的一对染色体称为同源染色体。在真核生物的体细胞中，都有一对性染色体。如果猪2n=38，其中36条染色体雌雄个体都一样，称为常染色体，其余两条随性别不同而不同，称为性染色体。在哺乳动物中，雌性的两条性染色体的形态、大小、着丝点位置均相同，称为X染色体；雄性的两条性染色体只有一条与雌性X染色体相同，而另一条与X染色体存在着很大差异，称为Y染色体。

各物种的染色体数目往往差异很大，目前已知染色体数目最少的物种是马蛔虫（*Ascaris* sp.）变种，只有一对染色体（n=1），而有一种蝴蝶（*Lysandra*）却有191对染色体（n=191）。哺乳动物的染色体数目一般在10～30对。染色体数目多少与动物进化程度无关，有些动物染色体数目相同但是染色体形态大小及所携带的遗传信息差别甚远。现将常见畜禽染色体数目列于表1-1，以供参考。

表1-1 常见畜禽体细胞染色体数

种 类	二倍体数（2n）	种 类	二倍体数（2n）
亚洲水牛（*Bobalus buffelus*）	48～54	猪（*Sus scrofa domes*）	38
普通家牛（*Bos taurus*）	60	马（*Equus caballus*）	64
牦牛（*Poephagus grunniens*）	60	驴（*Equus asinus*）	62
瘤牛（*Bos indicus*）	60	犬（*Canis familiaris*）	78
山羊（*Capra hircus*）	60	兔（*Oryctolagus cuniculus*）	44
绵羊（*Ovis aries*）	54	猫（*Felis domestica*）	38
豚鼠（*Cavia cobaya*）	64	鸡（*Gallus gallus domes*）	78
小鼠（*Mus musculus*）	40	鸭（*Anas domestica*）	80
火鸡（*Meleagris gallopavo*）	82	家鸽（*Calumba livia domes*）	80
家鼠（*Rattus norvegicus*）	42	鹅（*Anser domestica*）	80

二、染色体的形态

细胞分裂后期，当经过碱性染色处理后，在显微镜下可以看到染色体的某些典型形态

（图1-1）。染色体一般呈圆柱形。外有表膜，内有基质。基质中两条平行而又卷曲相互缠绕的染色丝纵贯整个染色体。染色丝上还含有许多大小不匀、易于着色的颗粒，称为染色粒，也会发现一个不着色的缢缩部位，称为主缢痕，在细胞分裂过程中，纺锤丝就附着在该区，它对于染色体向细胞两极的运动具有重要作用，所以主缢痕又称着丝点。着丝点在不同染色体上的位置是相对稳定的，在这个区域两侧的染色体部分称为染色体的臂，染色体臂染色较深，将主缢痕区明显地显现出来。

染色体臂末端的特化部分称作端粒。它是一条完整染色体所不能缺少的，端粒能把染色体末端封闭起来，使得染色体末端不具黏性，染色体之间不能彼此相连接，保护染色体末端，维持染色体的稳定性。染色体的端粒没有明显的外部形态特征，但往往表现对碱性染料着色较深。

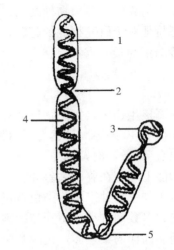

图1-1 一个后期染色体的形态与结构
1. 染色质丝 2. 次缢痕 3. 随体
4. 染色体基质 5. 着丝点（主缢痕）
[E. D. P. 戴罗伯底斯等，1961.
普通遗传学（中译本）]

有的染色体还有另一直径较小的地方，称为次缢痕（也与主缢痕一样，染色较淡）。次缢痕末端的圆形或略呈长形的突出体称为随体。次缢痕的位置也是固定的。在细胞分裂过程中，核仁总是出现在次缢痕处，所以该处又称核仁形成区。染色体的主缢痕处能弯曲，次缢痕处不能弯曲。

在光学显微镜下观察细胞分裂中期的染色体时，每个染色体由一个着丝点相连的两条相同的染色单体（chromatid）构成，互称为姐妹染色单体（sister chromatid）。姐妹染色单体是在细胞分裂间期经过复制形成的，它们携带相同的遗传信息。着丝点的位置决定着两臂长度的比例与分裂后期染色体的形态。

根据着丝点的位置、染色体臂的长短与随体的有无，可以将染色体分成4种类型（图1-2）。

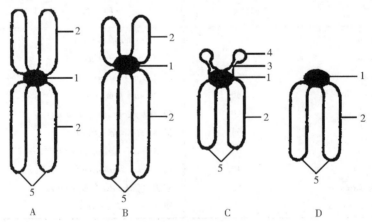

图1-2 细胞分裂中期染色体的形态和类型
A. 中间着丝点染色体 B. 亚中间着丝点染色体 C. 近端着丝点染色体 D. 端着丝点染色体
1. 着丝点 2. 染色体臂 3. 次缢痕 4. 随体 5. 染色单体

(1) 中间着丝点染色体　着丝点在染色体中央，两臂长短相近。
(2) 亚中间着丝点染色体　着丝点位于靠近染色体中央，染色体有一条长臂和一条短臂。
(3) 近端着丝点染色体　着丝点位于染色体一端附近，长臂与短臂差异明显。
(4) 端着丝点染色体　着丝点位于染色体的一端，染色体仅有一臂。

染色体的形态标志主要有染色体长度、着丝点、次缢痕、随体等，其中以染色体的长度和着丝点的位置最为重要。每种家畜的各对染色体的着丝点都有一定的位置，而且其相对长度在细胞分裂的各个时期基本稳定。因此，根据染色体的大小和着丝点的位置，可以识别各对染色体。

三、染色体的结构

真核生物染色体与染色质是在细胞周期的不同时期中存在的同一遗传物质的两种形式。在细胞间期以伸展状态的染色质形态存在，呈纤维状结构，称为染色质丝，染色质纤维的直径10～30 nm。当细胞进入分裂期时，每条染色质丝均高度螺旋化，变短变粗，成为一个圆柱状或杆状的染色体，直径可达 1 μm。不言而喻，在细胞间期我们只能看到染色质，在细胞分裂期则只能看到染色体。

真核生物的染色体在电子显微镜下观察是一个高度折叠的螺旋化结构，形成如此复杂的结构通常需要四级装配。

第一，双螺旋结构的 DNA 分子缠绕在八聚体核心组蛋白上形成核小体。核小体由核心颗粒（core particle）和连接区 DNA（linker DNA）两部分组成，染色体的每一条染色单体是由一条完整的 DNA 双螺旋分子与组蛋白相结合的纤丝，在电镜下可见其成串珠状，又称作核小体链。每形成一个核小体 DNA 分子缠绕 1.75 圈，需要长度约为 140bp 的 DNA 双链，相邻两核小体之间由长约 60bp 的 DNA 连接。核小体的形状类似一个扁平圆柱体，直径为 11 nm，高 6 nm。核小体是构成染色质的基本结构单位。

第二，核小体是 DNA 紧缩的第一阶段，在此基础上，核小体链进一步螺旋成每圈 6 个核小体、直径 30nm、中空的筒状纤维结构，这种螺旋化形成的线圈结构，构成了螺线体。如果把核小体链称为染色体的一级结构，则螺线体是染色体的二级结构。30 nm 螺线体是常染色质和异染色质的基本组成成分。

第三，30nm 螺线体扭曲成直径为 400nm 的襻，这是染色质的三级结构。

第四，襻进而高度折叠和螺旋化形成的圆筒状的直径为 700nm 的超螺旋体，即染色质丝。（图 1-3）。

根据四级结构模型，估计 DNA 双链的螺旋化到形成染色体先后经过四级压缩的倍数，分别约为 7、6、40 和 50 倍。所以，染色体中的 DNA 双螺旋最初的长度大致被压缩近 10 万倍。

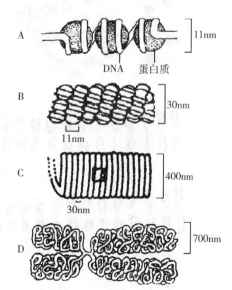

图 1-3　染色体四级结构模式
A. 核小体链　B. 螺线体　C. 襻
D. 染色质丝（示有丝分裂中相连的姐妹染色单体）

四、染色体组型

染色体组型是指应用显微摄影或显微描绘的方法将一个处于细胞分裂中期的生物体细胞中的染色体图像进行剪切，按照同源染色体配对、分组，依大小排列（将性染色体列在最后）形成的图像，也称核型。核型反映了一个物种所特有的染色体数目及每一条染色体的形态特征，包括染色体相对长度、着丝点的位置、臂比值、随体的有无、次缢痕的数目及位置等。核型是物种最稳定的细胞学特征和标志，代表了一个个体、一个种，甚至一个属或更大类群的特征。

核型分析是制成特定生物的核型图，并进行染色体特征分析的过程。在核型分析中，一般观察50个以上细胞的染色体形态，记录染色体数目，测量长度，在提交的染色体核型报告中需要有染色体核型排列图，以反映生物的核型特征，标明染色体的数目和结构变异的染色体序号，附上分裂中期图片，即构成核型图，根据核型分析，分辨和识别各个染色体形态结构及其有无异常，进行不同生物核型比较，探讨其进化规律。

由于染色体检查在动物遗传育种和临床医学中的广泛应用，染色体异常的报道也日益增多，对动物核型表示法做统一的标准显然是十分必要的。核型表示方式也称核型式，它能简明地表示一个个体、一个品种或一个物种染色体的组成。一般前面数字代表一个个体、一个品种或一个物种细胞内染色体的总数，在逗号后的两个字母代表性染色体的组成和类型，如牛（60，XX），表示染色体60，性染色体XX，即为正常母牛核型（图1-4）。

图1-4　牛的染色体组型

(Frederick B, 1964. Hutt Animal Genetics)

第二节　染色体的行为

在所有生物全部的生命活动中，繁殖后代并且保证该物种的遗传稳定性，是生命得以延续的一个重要特征。亲代将遗传物质传给后代，后代通过自身的生长发育，使其性状得以表达，从而产生与亲本相似的性状。在这一系列过程中，细胞的分裂和繁殖是一切生命活动的前提条件。

就单细胞原核生物来说，细胞分裂就意味着无性繁殖，从而使原来的个体形成一个新个体。在真核生物中，无论是单细胞的生物个体，还是多细胞的生物个体，细胞繁殖的基本形式是有丝分裂，通过有丝分裂，实现细胞的分化和组织的发生，从而完成个体发育的整个过程。因此，有丝分裂是真核生物繁殖的基础。

细胞分裂的方式可分为无丝分裂和有丝分裂两种。无丝分裂也称直接分裂，多见于原核生物，真核生物的某些组织和细胞也采取这种分裂方式，如肿瘤细胞和愈伤组织。其分裂方式较简单，在分裂过程中，不出现纺锤丝，而只是细胞核拉长、缢裂成两部分，接着细胞质也分裂，从而成为两个子细胞。

一、细胞周期与有丝分裂

细胞周期是指一次细胞分裂结束到下一次细胞分裂结束所经历的整个过程。在这一过程中，细胞内的遗传物质经过复制，各种组分加倍，然后平均分配到两个子细胞中，而每个子细胞含有与母细胞相同的遗传物质。细胞周期分为间期和有丝分裂期，其中有丝分裂期又分为前期、中期、后期和末期（图1-5）。

（一）间期

从一次有丝分裂结束到下一次有丝分裂开始的时期称为间期。在这个时期，光学显微镜下看不到细胞有明显的变化，但是在细胞中，却进行着一系列的生化反应，包括DNA复制、RNA转录和大量蛋白质的合成。同时，在间期细胞生长，使细胞核和细胞质的比例达到最适的平衡状态，从而为细胞分裂发动做好准备。

间期以DNA合成为标志，可以分为DNA合成前期（G_1期）、DNA合成期（S期）和DNA合成后期（G_2期）。细胞分裂后形成的两个子细胞是否进行下次有丝分裂是在G_1期决定的，有的继续分裂，有的则进入分化过程；S期时DNA进行复制；G_2期时DNA和蛋白质合成活跃，为有丝分裂进行物质和能量准备。这三个时期的长短因物种不同而相异，一般说来，G_1期差异最大，S期和G_2期一般都相当稳定。在大多数动物细胞中，S期持续$6\sim 9$ h，G_2期持续$3\sim 5$ h，而G_1期可以是几小时，也可以是几天或几周。

（二）前期

前期发生的主要变化是染色质丝不断螺旋化而逐渐凝集成染色体，核膜核仁消失和形成纺锤体等。

此期核内的染色质凝结成染色丝，染色丝螺旋化，逐渐变短变粗，成为明显的染色体。每一条染色体都包含着两根平行的染色丝，叫作染色单体。它是在染色体复制时纵裂而形成的。每一对染色单体连接在同一个着丝点上，因此又称姐妹染色单体。中心粒一分为二，向核的两极移动，它们的周围出现纺锤丝。核仁逐渐消失，核膜也开始破裂而消失。

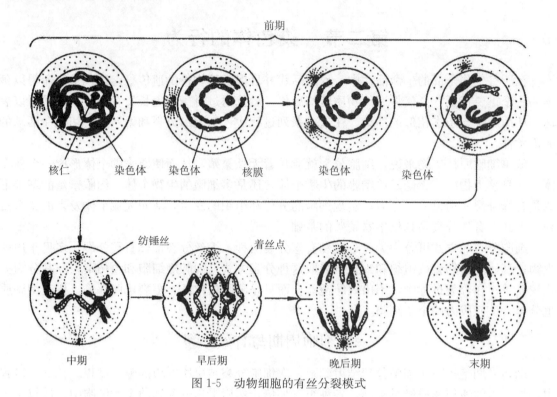

图 1-5　动物细胞的有丝分裂模式

（三）中期

核仁和核膜均消失了，核与细胞质已无可见的界线，细胞内出现清晰可见、由来自两极的纺锤丝所构成的纺锤体。各个染色体的着丝点均排列在纺锤体中央的赤道面上，而其两臂则自由地分散在赤道面的两侧。此时染色体具有最典型的形状，缩得最短最粗，所以适于细胞学研究，是核型分析的最佳时期。染色体的两条染色单体只在未分裂的着丝点处相互连接。中期的结束是以着丝点的断裂和所有姐妹染色单体在着丝点处分开为标志。

（四）后期

后期是活跃和迅速运动的时期，在这一时期中，姐妹染色单体分开并向两极移动。当子染色体到达两极时，此期结束。

每条染色体上的着丝点分裂为二，于是每条染色单体各具一着丝点而成为一条独立的子染色体。着丝点分裂后，两个独立的子染色体即被纺锤丝分别拉向两极。由于各条染色体上着丝点位置不同，致使后期的染色体呈现出 V 形、L 形或棒形。

（五）末期

末期是子染色体到达两极后至形成两个新细胞为止，主要过程是子核形成和胞质分裂。

两组子染色体到达两极，染色体的螺旋结构逐渐消失，核膜、核仁出现，出现核的重建过程。两个子核形成后，接着发生细胞质的分裂过程，即细胞中央出现分裂沟，细胞质分割成两部分，最后形成两个子细胞。子细胞和母细胞在染色体数目、形态结构方面完全相同。

二、减数分裂

有丝分裂是体细胞的分裂方式，其特点是分裂后的两个子细胞染色体数目相等，且与其母细胞的染色体数目相同。但是，在配子形成过程中，还有另一种细胞分裂方式——减数分裂。

有性生殖是生物长期进化过程中所形成的更为进步的一种繁殖方式。通过受精作用，雌、雄配子融合形成合子，其结果既保证了遗传的稳定性，又增加了许多新的变异，增强了生物对环境的适应能力。显然，雌、雄配子在互相融合形成合子时，其染色体数目要增加一倍，因此，需要有一种机制来使配子形成过程中，染色体数目减半，从而保证合子的染色体数目和亲代相同。减数分裂是有性生殖个体性母细胞（精母细胞、卵母细胞）成熟后、配子形成过程中所发生的特殊方式的有丝分裂，它只经过一次染色体复制，却经过两次连续的核分裂，从而使子细胞的染色体数目，只有原来母细胞的一半。减数分裂形成的子细胞，经过配子发生过程发育成配子。

（一）减数分裂前的间期

减数分裂前的间期与有丝分裂的间期很相似，也分为 G_1 期、S 期和 G_2 期。不同的是减数分裂前的 S 期比有丝分裂的 S 期要长，而且 S 期只合成全部染色体 DNA 的 99.7%，其余的 0.3% 在分裂时期的偶线期合成。

由减数分裂的 G_2 期细胞进入两次有序的减数分裂。第一次减数分裂可分为前期Ⅰ、中期Ⅰ、后期Ⅰ、末期Ⅰ。第二次减数分裂可分为前期Ⅱ、中期Ⅱ、后期Ⅱ、末期Ⅱ。两次分裂之间的分裂间期或长或短，但无 DNA 合成。两次分裂中以前期Ⅰ最为复杂，经历时间最长，在遗传上意义也最大，可细分为细线期、偶线期、粗线期、双线期和终变期。这些时期的划分是对一个连续过程进行的人为划分。整个过程如图 1-6 所示。

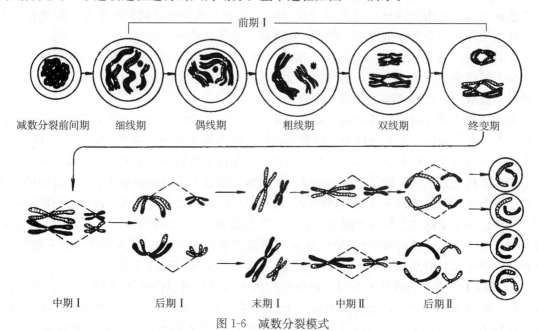

图 1-6 减数分裂模式

（二）减数分裂Ⅰ

1. 前期Ⅰ 前期Ⅰ的一个重要特征是细胞核明显增大，动物减数分裂的前期核体积要比有丝分裂前期核大 3～4 倍。在这一时期，染色体还表现出一些特殊行为：染色体配对、单体交换、相斥和端化作用。

(1) 细线期。这是减数分裂过程开始的时期。核内出现细长如线的染色体，由于染色体在间期已经复制，这时每条染色体都是由共同的一个着丝点连着的两条染色单体所组成。但细线难以区分，还看不出双重性。

(2) 偶线期。染色体的形态与细线期差不多。这时每对同源染色体开始配对，这种现象称为"联会"。$2n$ 个染色体经过联会而成为 n 对染色体。各对染色体的对应部位相互靠拢，沿纵向逐渐联结在一起形成联会复合体，这样联会的一对同源染色体，称为二价体。有多少个二价体，就表示有多少对同源染色体。在通常情况下，同源染色体之间的配对是精确而专一的。在该期有 0.3% 的 DNA 合成，有人认为 DNA 的合成可能和配对机制有关。

(3) 粗线期。该期始于同源染色体配对完成之后。染色体变粗变短，结合紧密。二价体中的一个染色体的两条染色单体，互称为姐妹染色单体；同源染色体间的染色单体，则互称为非姐妹染色单体。同源染色体中的染色单体缠绕在一起，非姐妹染色单体的某些 DNA 片段可能发生交换，即基因交换，其结果导致重组。这种交换现象产生遗传变异，因此具有十分重要的遗传学意义。

(4) 双线期。二价体继续收缩变粗，各个二价体虽因非姐妹染色单体相互排斥而松解，但仍被一两个甚至几个交叉联结在一起。这种交叉现象就是非姐妹染色单体之间某些 DNA 片段在粗线期发生交换的结果。随着双线期的进行，着丝点分开且交叉点减少，交叉向二价体的两端移动，逐渐接近末端，这一过程称为交叉端化。

(5) 终变期。染色体变得更为浓缩和粗短，是观察染色体的理想时期之一。这时各个二价体分散在整个核内，两条同源染色体仍有交叉联系。核仁和核膜消失，姐妹染色单体靠着丝点连在一起，而四分体只靠交叉结合在一起。由于交叉位置和数目的差异，端化程度不同，从而使终变期染色体呈现不同形状，如棒状、单环状或双环状等。

2. 中期Ⅰ 在第一次减数分裂中，核膜的消失、中心体的分离和纺锤体的形成，标志着前期Ⅰ的结束。二价体的着丝点与纺锤丝相连并向赤道板移动，每一对同源染色体的两个着丝点向极取向，标志着减数分裂Ⅰ已进入中期。

有丝分裂中期与减数分裂中期有显著差异。在有丝分裂的中期，姐妹染色单体的着丝点连在一起，并准确地位于赤道板上，同源染色体之间不发生配对。而在减数分裂中期Ⅰ中，同源染色体的着丝点并不位于赤道板上，而是位于赤道板两侧，由于配对而形成的末端交叉点位于赤道板上。当所有的二价体到达这一位置时，则处于暂时的平衡状态。二价体的每条染色体在赤道板两侧的向极分布是随机的，这种随机取向也决定了该染色体在子细胞中的分配，从而造成了染色体之间的不同组合方式（染色体重组）。如果设有 n 对同源染色体，则组合方式有 2^n 种。减数分裂同源染色体分离是孟德尔自由组合定律的实质。所不同的是，孟德尔定律所研究的是基因分离，而减数分裂所涉及的是基因群的分离。

3. 后期Ⅰ 由于纺锤丝的牵引，各个二价体中的两条同源染色体分开，分别被拉向两极，每一极只分到每对同源染色体中的一个。这样，每一极只有 n 条染色体，实现了染色体数目的减半（$2n \rightarrow n$）。不过，这时每条染色体包含两条染色单体，只是着丝点没有分裂开。

4. 末期Ⅰ 染色体移到两极后，末期Ⅰ开始。此时染色体的行为有两种类型：一是染色体解螺旋化而进入间期状态并形成核膜，接着进行细胞质分裂，成为两个子细胞（在雄性，是两个次级精母细胞；在雌性，是一个次级卵母细胞和一个小的极体，极体是只有细胞核、几乎没有细胞质的细胞）；另外一种类型是纺锤丝消失后，染色体并不解螺旋，而是由两极直接进入各自第二次分裂的赤道板。

在末期Ⅰ后，随之而来的是一短暂的停顿时期，此时染色体不合成新的DNA，不存在再复制。

经过减数分裂Ⅰ后，同源染色体平均地分配到子核中，从母细胞的二倍体（$2n$）减少到子细胞中的单倍体（n），但其DNA含量与G_1期相同，因为每条染色体含有两条姐妹染色单体。

（三）减数分裂Ⅱ

与有丝分裂过程基本相同，可分为前、中、后、末4期。在末期Ⅰ和分裂间期染色体已经解旋，则前期Ⅱ染色质重新凝缩和螺旋化，每条染色体的两条染色单体在着丝点处相连。在中期Ⅱ，染色体的着丝点排列在赤道板上，每条染色体上的着丝点分别和不同极的纺锤丝相连，每一着丝点一分为二，每一条染色单体成为独立的子染色体，并在纺锤丝的牵引下移向两极。末期Ⅱ重新组成核仁、核膜，染色体脱螺旋。经过减数分裂，使一个母细胞变成4个子细胞，染色体数目从母细胞的$2n$变成子细胞的n，从而完成减数分裂周期。

至此，整个减数分裂过程全部完成。结果，在动物，每个初级精母细胞通过连续2次分裂，变成4个精子细胞，随后经过变形期，形成4个精子；每个初级卵母细胞通过2次分裂，形成1个卵子和3个极体。

三、高等动物的配子发生和生活史

动物的性腺中有许多性原细胞，雄体的睾丸里有精原细胞，雌体的卵巢中有卵原细胞。这些性原细胞都是通过有丝分裂产生的，所含的染色体数与体细胞里的相同。精原细胞逐渐增大成为初级精母细胞。同样，卵原细胞进一步增大成为初级卵母细胞。初级精母细胞经过减数分裂，产生4个精细胞，最后形成4个精子。初级卵母细胞核经过减数分裂，产生1个卵细胞和3个极体，极体不能受精，最后消失（图1-7）。

在受精时，一般是一个精子进入卵子，使卵子成为受精卵。精核与卵核融合，精核内染色体单倍数加上卵核内染色体单倍数，形成具有双倍染色体数的受精卵。从受精卵经过有丝分裂、分化和发育成新的个体，新个体生长发育到性成熟，产生性细胞；然后通过雌、雄个体交配，两性细胞结合形成受精卵，这样就形成了动物的一个生活周期。这个周期，从细胞分裂来看，是有丝分裂交替的周期；从染色体数看，是二倍体与单倍体交替的周期。这种周期性的变化使动物的染色体数目在世代延续中保持恒定，从而保证了遗传性的相对稳定。

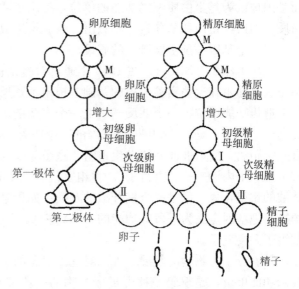

图1-7　性细胞形成过程

M. 有丝分裂　Ⅰ. 第一次减数分裂　Ⅱ. 第二次减数分裂

第三节 基因与基因组

一、基 因

（一）基因的概念

1. 基因的经典概念 1865 年，奥地利遗传学家孟德尔通过对豌豆杂交试验结果的分析，总结出了遗传学的两个基本规律。他在说明什么是支配遗传现象的因素时，提出了"遗传因子"决定性状的假说。1909 年丹麦遗传学家约翰森（Johannsen）用"基因"代替"遗传因子"，并沿用至今。1910 年，美国遗传学家摩尔根（H. Morgan）用果蝇进行遗传学研究，证实了孟德尔的遗传因子（基因）在染色体上呈直线排列，创立了基因学说。

经典遗传学基因的概念具有下列共性：①基因具有染色体的重要特征（即基因位于染色体上），能自我复制，相对稳定，在有丝分裂和减数分裂时，有规律地进行分配；②基因在染色体上占有一定的位置（即座位），并且是交换的最小单位，即在重组时是不能再分割的单位，因此是基因一个重组单位；③基因是以一个整体进行突变的，故它是一个突变单位；④基因是一个功能单位，它控制正在发育有机体的某一个或某些性状，如白花、红花等。总之，经典遗传学认为基因是一个最小的单位，不能分割，既是结构单位，又是功能单位。

2. 基因的现代概念 为了揭示基因的化学本质，科学家们为此做出了很多工作。1928 年，Griffith 首先发现了肺炎球菌的转化现象。1944 年，Avery 等证实肺炎球菌的转化因子是 DNA，并首次证明基因是由 DNA 构成的。后来人们又通过研究发现有些只含有 RNA（核糖核酸）的病毒（如烟草花叶病毒）的遗传物质是 RNA，而非 DNA，进一步揭示了遗传物质的化学本质是核酸。

随着微生物和生化遗传学的发展，认识到基因相当于编码一个蛋白质的 DNA 区域，因而基因被认为是蛋白质编码功能的单位，提出了"一个基因一个酶"学说，后来发现有些蛋白质（如血红蛋白和胰岛素）不只由一种肽链组成，不同的肽链有不同基因编码，因而又提出了"一个基因一条多肽链"的假设。

之后本泽尔（Benzer）在 1955 年通过对噬菌体顺反子的研究，把基因与顺反子联系了起来。本泽尔在这些实验资料的基础上提出了顺反子、突变子和重组子三个概念。顺反子是一个遗传功能单位，一个顺反子决定一个多肽链。一个顺反子可以包含一系列突变单位，即突变子。突变子是 DNA 中构成基因的一个或若干个核苷酸。由于基因内的各个突变子之间有一定距离，所以彼此间能发生重组，重组频率与突变子之间的距离成正比。这样，基因就有了第二个内涵——"重组子"。重组子代表一个有起点和终点的空间单位，可以是若干核苷酸的重组，也可以是一个核苷酸的互换。如果是后者，重组子也就是突变子。顺反子概念的提出把基因定义为一段有功能的 DNA 序列，是一个遗传功能单位，其内部存在有许多的重组子和突变子。

随着分子生物学的发展，人们对基因概念的认识正在逐步深化。现代的基因被定义为是转录功能单位，是编码一种可扩散产物的一段 DNA 序列，其产物可以是蛋白质或 RNA。一个完整的基因应该由两部分组成，即编码区和调控区。编码区的产物可以游离扩散，因而是反式作用的。调控区是不形成产物的 DNA 序列，而是接受调控蛋白的作用，对物理上连锁的编码区实行调控，因而是顺式作用的。基因不仅可以重叠（重叠基因），而且可以被分割（断裂基因），还有一些基因可以在个体之间甚至种间移动（转座子）等。有的基因并不被转录或不完全转录，而作为一个单位转录的也往往不是一个基因。以前认为基因是染色体上成直线排列的独立单元，现已发现一些相关的基因在染色体上的排列并不是随意的，而是由相关功能的基因构成一个小的"家族"或基因群。

现在我们知道，一个完整的基因，不但包括编码区，还包括5′端和3′端长度不等的特异性序列，它们虽然不编码氨基酸，却在基因表达的过程中起着重要作用。因此，我们在分子水平上定义基因：基因是一段制造功能产物的完整的染色体片段。这个定义包含了基因的产物、基因的功能性以及它的完整性（含有编码区与调控区）。

（二）基因的结构与种类

1. 基因的结构 分子生物学的深入研究使我们对基因的认识更加精细。到了20世纪70年代，随着分子生物学、现代遗传基因学及基因工程，特别是DNA序列分析技术的发展与应用，人们才真正从碱基组成水平上了解了基因的基本结构。

（1）基因的组成部分。在DNA链上，由蛋白质合成的起始密码子开始，到终止密码子为止的一个连续编码序列，称为一个开放阅读框架（open reading frame，ORF）。无论是真核生物还是原核生物，从大的方面讲它们的基因都可以划分为如下几个基本的组成部分：编码区、非编码区、启动区和终止区。编码区包含大量的遗传密码，包括起始密码子、终止密码子以及外显子。非编码区指那些存在于基因的分子结构中，是遗传信息表达所必需的，但却不能翻译成蛋白质或多肽的DNA序列，主要有5′-UTR、3′-UTR和内含子。启动区指启动子所在的区段，终止区是位于3′端下游外侧与终止密码子相连的一段非编码的核苷酸短序列区。

（2）原核基因的结构。所谓原核基因是指由原核生物基因组编码的基因、高等植物叶绿体基因组编码的基因，以及线粒体基因组编码的基因。

①原核基因的DNA序列结构（图1-8）：包括启动子序列、编码区（即转录区序列或cDNA序列区）和终止子序列3个组成部分。

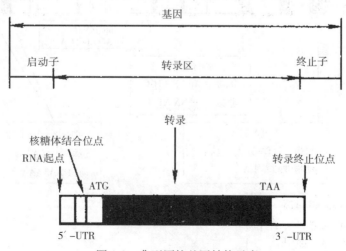

图1-8 典型原核基因结构示意

②原核基因信使（mRNA）的序列结构：包括连续不间断的编码区序列、转录而不翻

译的 5'-UTR、转录而不翻译的 3'-UTR 3 个组成部分。

(3) 真核基因的结构。真核生物的基因在结构上要复杂些，是指由真核细胞基因组编码的基因，感染真核细胞的 DNA 病毒及反转录病毒基因组编码的基因也属于真核基因的范畴。

真核基因 DNA 序列结构（图 1-9）包括侧翼序列区、转录序列区。侧翼序列区是一段不被转录的非编码区，包括启动子、增强子和终止子。侧翼序列是基因的调控序列，对基因表达起调控作用。转录序列包括 5'-UTR 序列区、3'-UTR 序列区、外显子和内含子。

①启动子：启动子（promoter）是一段特定的核苷酸序列，通常位于基因转录起始点上游 25～30 bp 处，是一段 7 bp 长度的高度保守序列，因该位点富含 T、A 而被称为 TATA 框，是 RNA 聚合酶的结合部位，RNA 聚合酶能通过该位点准确地识别转录起始位置。位于转录起始点上游 70～80 bp 处，有一段 9 bp 长度的保守序列，其中有一段共同序列 CAAT，又称作 CAAT 框，是转录起始调控区。

②增强子：增强子（enhancer）是一段 DNA 序列，可以增强启动子发动转录，提高转录效率。可位于基因 5'端启动子上游，也可位于基因的 3'端，有的还可位于基因的内含子中。增强子的效应很明显，一般能使基因转录频率增加 10～200 倍，有的甚至可以高达上千倍。

③终止子：终止子（terminator）由一段回文序列以及特定的序列［poly（A），即 5'-AATAAA-3'］组成，位于基因最后一个外显子后面。其中回文序列为转录终止号，通常是一段富含 GC 对的序列；而 poly（A）为附加信号。终止子是 RNA 聚合酶停止工作的信号，回文序列转录后，可以形成发夹式结构，阻碍了 RNA 聚合酶的移动。poly（A）转录一串 U，U 与 DNA 模板中的 A 的结合不稳定，导致 RNA 聚合酶从模板链上脱落下来，终止转录。

④外显子和内含子：真核生物基因的编码区是不连续的，分为外显子（exon）和内含子（intron），其中外显子可以最终实现表达，而内含子则最终不能表达。在每个外显子和

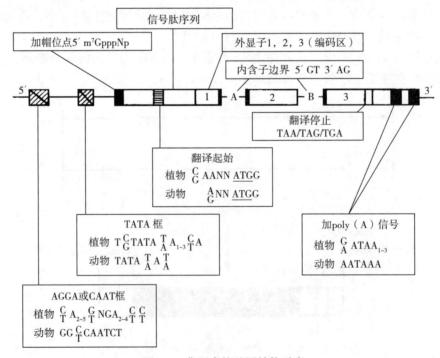

图 1-9 典型真核基因结构示意

内含子的接头区都是一段高度保守的共有序列，内含子的5′端是GT，3′端是AG，这种接头方式称为GT-AG法则，普遍存在于真核生物中，是RNA剪接的识别信号。

2. 基因的种类 生物的一切表型，包括结构与功能均由基因所决定。由于基因的复杂性以及在生物体中行使的具体功能的不同，基因的分类存在多种不同的方法，下面简单介绍几种常用的分类。

（1）根据表达的最终产物划分。

①编码蛋白质的基因：真核基因所有编码蛋白质的基因均由RNA聚合酶Ⅱ转录，因此它们都具有相似的控制转录起始与终止的机制。这些基因在生物体内一般只有1～3个拷贝，有时也称单拷贝基因。

②编码RNA的基因：这些基因与编码蛋白质的基因不同，大多数都是多拷贝。因为编码蛋白质的基因的转录产物mRNA可以反复用于指令合成蛋白质，或者说，这些基因每转录一次可产生多个最终产物，而编码RNA的基因每转录一次只产生一个最终产物。编码RNA的基因大致可分为5个类群，即编码核糖体RNA（rRNA）的基因、编码转运RNA（tRNA）的基因、编码核内小RNA（small nuclear RNA，snRNA）的基因、编码核仁小RNA（small nucleolar RNA，snoRNA）的基因和编码胞质小RNA（small cytoplasmic RNA，scRNA）的基因。

（2）根据产物的类型划分。

①调节基因：这是一类调解蛋白质合成的基因。它能使结构基因在需要某种酶时就合成某种酶，不需要时则停止合成，它对不同染色体上的结构基因有调节作用。

②结构基因：除了调节基因以外的编码任何RNA或蛋白质产物的基因，都称为结构基因。

③操纵基因：该基因位于结构基因的一端，它的作用是操纵结构基因。当操纵基因"开动"时，处于同一染色体的由它所控制的结构基因就开始转录、翻译和合成蛋白质工程。当其"关闭"时，结构基因就停止转录和翻译。

（3）根据表达的时空特异性划分。

①组成基因：组成基因又称为持家基因或管家基因与看家基因，有时也称组成型基因，是一类理论上所有细胞类型中都能进行表达，并为所有类型细胞生存提供必需的基本功能的基因。

②奢侈基因：相对于组成型基因而言的一类仅在某种类型的细胞中表达的基因。

③诱导基因：因环境中某种特殊物质的存在或原有的生存环境发生改变时而被诱导表达的基因，称为"诱导型基因"，简称诱导基因。

（4）根据排列组合特点划分。

①基因家族：真核生物基因组中来源相同、结构相似、功能相关的一组基因可归为一个基因家族，一个基因家族的成员本质上是由一个祖先基因经重复和变异所产生的一组同源基因，又称为多基因家族。基因家族往往编码着一个由许多相关多肽组成的蛋白质家族，属于同一个多家族的各个成员，可以存在于不同的染色体上，也可以位于同一条染色体上。

②基因簇：真核生物基因组中，一个基因家族的成员可以在染色体上紧密地排列在一起，成为一簇，这是一个特殊的组合排列方式。同一基因簇的各个基因在遗传上往往是紧密连锁的，它们可以是属于同一操纵子的不同结构基因，也可以是属于不同操纵子的不同结构基因；它们可以来自同一基因家族的不同成员，也可以来自不同基因家族的不同成员。在人

类基因组中有 12 个大的基因簇，如组蛋白基因簇等。

③孤独基因：指与串联排列的基因簇成员相关，但在位置上是彼此独立的一类基因。孤独基因在功能上与串联基因是有差别的。

(5) 根据结构组成特点划分。

①断裂基因：绝大多数真核生物蛋白质基因的编码序列（外显子）在 DNA 分子上是不连续的，都被或长或短的与氨基酸编码无关的 DNA 间隔区序列（内含子）分隔成若干个不连续的区段，因而称为断裂基因。

②假基因：在一些基因家族中，有一些核苷酸序列与编码某一蛋白质的基因相似，但不具有功能，即不能转录形成成熟的 mRNA 或不能翻译出功能蛋白质，这种序列称为假基因。

③重叠基因：这种基因指核苷酸编码序列彼此重叠的、编码不同蛋白质的两个或多个基因。在十分紧凑的病毒基因组和某些高等生物线粒体基因组中偶然见到，而大多数在原核基因组被发现。

④重复基因：在真核生物基因组发现重复基因现象，是指基因组有多个拷贝的基因，真核生物中的重复基因可以达到 30%。

⑤基因内基因：这种基因结构形式在核基因组中比较普遍，常常一个基因的内含子中包含其他基因。如人类基因组神经纤维细胞瘤Ⅰ型基因的一个内含子中含有一个较短的基因，这 3 个基因也分别含有外显子与内含子。

⑥移动基因：又称跳跃基因或转座子，是指一种可以在染色体基因组上移动，甚至在不同染色体之间、噬菌体及质粒 DNA 之间跃迁的 DNA 短片段。

3. 基因的大小及其表示方法

(1) 基因的大小。由于断裂基因的存在，基因比实际编码的蛋白质要大得多。外显子的大小和数目与基因的大小没有必然的联系，基因的大小主要决定于内含子的长度与数目。内含子长度的差异导致不同物种的基因大小有很大的不同。

不同物种其基因大小不同，一般来看生物越高等，基因的结构越复杂，基因越大。例如，酵母平均基因长度为 1.6 kb，而哺乳动物为 16.6 kb。

(2) 基因大小的表示方法。在遗传育种研究中，通常要描述一个基因或一段 DNA 序列的大小。在文献中常用的度量基因大小的方法主要有以下几种。

①分子质量：组成 DNA 分子的 4 种核苷酸的分子质量平均值为 340 u，一对脱氧核苷酸的分子质量平均值为 680 u。

②碱基对数目：基因是由 A、T、G、C 4 种碱基的不同排列组合而形成的，其大小可用碱基对的多少来度量。常用的单位有碱基对（base-pairs，bp）、千碱基对（kb）、百万碱基对（Mb）来表示，三者的关系为：1 Mb=1 000 kb=1 000 000 bp。碱基对数目表示的基因大小与基因的分子质量之间，可根据 1 bp=680 u 这一关系换算。碱基对数目与蛋白质分子质量之间的换算，可根据 1 kb 为 333 个氨基酸编码，氨基酸的分子质量平均值为 120 u，于是 1 kb DNA≈4×10^4 u 蛋白质。

③质量：提纯冻干的基因或核苷酸可直接称量，然后用质量单位来表示。常用的质量单位有微克、纳克、皮克等 3 个水平。

④光密度单位：核酸溶液在紫外线波长为 260 nm 时，表现最高吸收峰。在 260 nm 处，

1个光密度单位（OD$_{260}$）的核酸溶液对应其质量浓度分别为：双链 DNA 50 mg/L，单链 DNA 33 mg/L，RNA 40 mg/L。

二、基 因 组

（一）基因组的概念

1. 基因组　Winkler 在 1920 年首次提出基因组（genome）一词，意为 gene 与 chromosome 的组合。近年来，随着基因组序列的测定，基因组的概念有所扩大，指一种生物染色体内全部遗传物质的总和，包括组成基因和基因之间区域的所有 DNA。生命是由基因组决定的，不同生物的基因组大小及复杂性不同，进化程度越高，基因组越复杂，但基因在基因组上的排列是有一定规律的。

原核生物和真核生物的基因组在复杂性和基因组特异性都有很大差异。一般来说，原核细胞常为单倍体细胞，其基因组就是原核细胞内构成染色体的一个 DNA 分子；而真核生物的基因包括核基因组和细胞器基因组（图 1-10），真核细胞常为二倍体细胞，所以真核细胞的核基因组是指单倍体细胞内整套染色体所含的 DNA 分子。

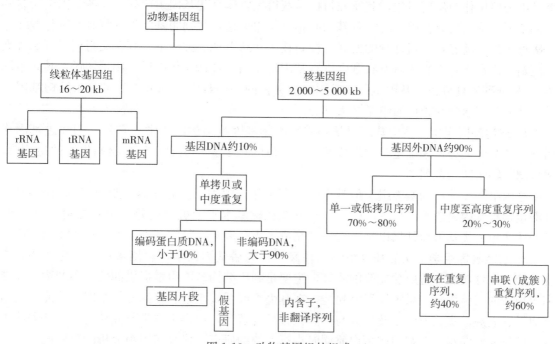

图 1-10　动物基因组的组成

2. C 值矛盾　通常情况下，一个物种单倍体基因组的 DNA 含量总是恒定不变的。我们将单倍体基因组所包含的全部 DNA 量，称为该物种的 C 值。因此，基因组的大小可用 C 值的大小来反映。同一物种单倍体基因组的 C 值是相对恒定的，这是每种生物的一个特性。不同物种 C 值的差异极大，C 值最小的是支原体，小于 10^6 bp；最大的是某些显花植物和两栖动物，可达 10^{11} bp。

随着生物的进化，生物体的结构和功能越复杂，其 C 值就越大，例如，真菌和高等植物同属于真核生物，而后者的 C 值就大得多。这一点是人们容易理解的，因为结构和功能越复杂，所需的蛋白质种类和基因就越多，因而 C 值就越大。但在结构和功能相似的同一类生物中，甚至在亲缘关系很近的物种之间，其 C 值差异仍可达数十倍乃至上百倍。例如，在两栖类、被子植物的不同物种之间，其 C 值小的低于 10^9 bp，大的可达 10^{11} bp。特别是人类的 C 值只有 $3.2×10^9$ bp，而肺鱼的 C 值则为 10^{11} bp，居然比人类高 100 倍。

另外，就哺乳动物来说，由于基因具有内含子，因而基因长达 5 000～8 000 bp，少数的可达 10 000 bp。按这样大小的基因进行推算，哺乳动物的基因组有 $(4～6)×10^5$ 个基因，但目前按各种方法估计的结果表明，哺乳动物编码的基因只有 $3×10^4～1.2×10^5$ 个，远远低于基因组应有的基因数。例如长度为 $3×10^9$ bp 的人类基因组 DNA 编码的基因数目还不到 3 万个。

所以不难看出生物基因组的大小同生物在进化上所处地位的高低无关，物种的基因组大小与遗传复杂性并不是线性相关的，这就是 C 值矛盾。

（二）基因组学

基因组学（genomics）是由美国科学家 Thomas Roderick 于 1986 年提出的，主要研究生物体全基因组（genome）的分子特征。基因组学强调的是以基因组为单位，而不是以单个基因为单位作为研究对象，其研究目标是获得生物体全部基因组序列，注解基因组所含的全部基因，鉴定所有基因的功能及基因间相互作用关系，并阐明基因组的复制及进化规律。

近年来，随着基因组计划的发展，在新技术和新发现的推动下，其含义得到了不断发展和更新。现在将它定义为对所有基因进行基因组作图（包括遗传图谱、物理图谱、转录本图谱）、核苷酸序列分析、基因定位和基因功能分析的一门科学。基因组学可分为结构基因组学、功能基因组学和蛋白质组学 3 大部分。

1. 结构基因组学 结构基因组学是研究生物基因组结构的科学，它是一门通过基因作图、核苷酸序列分析来确定基因组成及基因定位的科学。其主要目标是绘制生物的遗传图、物理图、转录图和系列图。

基因组测序是结构基因组学最基本的研究工作。因为，只有完成了物种基因组的测序，即测定物种基因组的 DNA 序列后，才有可能在碱基水平上破译生物的遗传之谜。自 1990 年开始实施人类基因组计划以来，迄今已完成了 100 多个物种的基因组 DNA 序列的测定。

2. 功能基因组学 功能基因组学往往又被称为后基因组学，它侧重包括生化功能、细胞功能、发育功能和适应功能等的研究，主要是利用结构基因组学提供的信息和产物，发展和应用新的实验手段，系统地研究功能，在基因组或系统水平上全面分析基因的功能。它以高通量、大规模实验方法以及统计与计算机分析为特征，使得生物学研究从对单一基因或蛋白质的研究转向对多个基因或蛋白质同时进行系统的研究，代表基因组分析的新阶段。

研究内容主要包括基因功能发现、基因表达分析及突变检测。主要方法包括微阵列或 DNA 芯片、表达序列标签法、基因表达系列分析法、蛋白质组学分析法、反向遗传学技术以及生物信息学等新的技术手段。

3. 蛋白质组学 所谓蛋白质组就是细胞、器官或组织的蛋白质成分的总称，而蛋白质组学是研究这些成分在指定的时间或特定的环境条件下的表达，鉴定蛋白质表达、存在方式、结构、功能和相互作用方式等。其研究内容包括：蛋白质表达模式的研究，蛋白质组功能模式的研究。蛋白质组学研究的第一步就是蛋白质的分离，双向凝胶电泳是蛋白质组研究中的首选分离技术。目前，蛋白质表达模式的鉴定技术主要有以质谱为核心的技术、蛋白质微测序、氨基酸组成分析以及蛋白质芯片分析等。对蛋白质间的相互作用目前的研究方法主要有酵母双杂交系统、表面等离子共振技术等。

第四节 遗传物质改变对家畜的影响

一、染色体变异

在某些情况下，动物染色体的数目和结构发生变化，这就是染色体畸变。数目畸变包括整倍性和非倍性变异，结构变异包括缺失、倒位、重复和易位等。各种类型的畸变在家畜中是普遍存在的。

（一）染色体数目变异

1. 整倍性变异 在细胞或个体中，成套（组）染色体的增加或减少，称为整倍性变异。动物整倍性变异有单倍体（n）、三倍体（$3n$）和四倍体（$4n$）等。三倍体以上的称为多倍体。

多倍体细胞，即使在正常个体中也可以看到百分之几，但多倍体个体在家畜却很难见到。其原因是多倍体打破了家畜固有的遗传基因平衡，因而导致胚胎的早期死亡。即使个别有幸活下来的多倍个体，也常携带有某种遗传疾病。Fechheimer（1981）曾进行了一项对16只孵化16～18 h的鸡胚样本染色体的研究，其中5.2%的胚胎有异常核型，这些染色体核型中，81%为单倍体或多倍体。研究结果说明单倍体完整地产生于精细胞而不是卵细胞，三倍体主要产生于卵细胞形成过程中的减数分裂错误，其中75%由于减数分裂Ⅱ受抑制，15%由于减数分裂Ⅰ受抑制，其余10%由于双精入卵（2个精子与1个卵子受精）。有迹象表明，母鸡在19～27周龄，产卵率随日龄增加而递减时出现三倍体较多。四倍体的形成可能由于正常二倍体第一次卵裂时细胞有丝分裂受抑制所引起。在926个胚胎中只发现2例五倍体，这可能由四倍体卵与正常精子受精产生。当然，单倍体和多倍体胚胎一般是活不到出壳的。在成鸡中，也有三倍体和四倍体的报道，曾发现一只三倍体鸡有3条同源染色体在同一时间联会。

其他动物的胚胎中也有多倍体及单倍体的报道，Hare（1980）综述了这方面的研究结果，例如，牛胚泡中各种类型多倍体出现的频率为不小于1%；在猪中，类似的出现率为0～27%，而且有迹象表明，多倍体的频率随卵子日龄而增加，延迟受精能增加多倍体出现的频率，多倍体是老化的卵子接受一个以上精子入卵（多精子入卵）的结果。在Charolais牛群中发现，具有肌肥大症的个体，多倍体细胞的发生率高达17%～24%，其主要类型是$4n$，也有少数$6n$和$10n$。对表现为中枢神经系统异常症状的牛进行核型调查时，发现大部分细胞（28例中有23例）是$2n/4n$嵌合体。在猪的早期胚胎（10日龄）中，发现约有10%的胚胎发生染色体畸变，其中包括$3n$、$4n$、$2n/3n/4n$、$2n/4n/8n$、$3n/6n$等，其频率为1%～28%。因此推测，猪早期胚胎死亡的1/3可能性是由于染色体畸变所致。在滩羊中，也发现有$2n/4n$、$2n/5n$嵌合体，但关于这种嵌合体与表型效应的关系尚不十分明了。

2. 非整倍性变异 非整倍体是指在正常体细胞的基础上发生个别染色体的增减现象。非整倍性变异比较多见，这种变异包括以下三种。

(1) 单体。单体是指二倍体染色体组中某对染色体缺少一个的生物，故又称二倍减一体（$2n-1$）。最普通的异常是缺少一条性染色体，缺少一条性染色体的个体称为单体（XO）。在马、猪、猫、鼠等动物中发现有 XO 个体，与人的 XO 个体一样，称为 Turner 氏综合征。XO 个体外形与正常个体稍有不同，XO 型的猪特别矮，四肢骨变形，呈 X 姿势。XO 个体大多不育。

(2) 多体。多体是指相对于一个完整的二倍体染色体组，增加了一条或多条染色体的生物。如果二倍体中某一对染色体多一条（$2n+1$），称为三体。如人类的"21 三体综合征"，即 21 号染色体多了一条，表现为先天愚型等综合征。如果二倍体某一对染色体多两条染色体（$2n+2$），称为四体。如果 2 倍体中某两对染色体各增加一条染色体（$2n+1+1$），称为双三体。

家畜中常染色体三体的个体极为罕见。有几例关于牛 18 号染色体三体的报道，这些病例共同的特征是胎儿下腭不全症。从罗马尼亚牛群中曾发现过 3 例小染色体（未能确认染色体编号）三体，表现为侏儒症。Gluhovshi 等（1972）报道了在 4 头犊牛中发现的 23 三体，这 4 头犊牛均为矮小型个体。水牛中发现的三体也表现为致死性的短腭综合征。曾报道一例 18 号染色体三体的公猪，其外形正常，仅繁殖力有所下降。对鸡胚的调查发现，1 日龄胚胎中出现的三体绝大部分是性染色体三体，而 4 日龄的三体全部是常染色体三体，这种由于胚胎日龄不同而非整倍性的类型亦不同的原因，还有待进一步的研究。

(3) 性染色体畸变。性染色体畸变的结果导致家畜的性异常，在家畜中发现的各种性染色体非整倍性变异见表 1-2。

在正常猪群中常出现间性个体，发生频率在 0.1%～0.6%。这些间性猪从细胞遗传学的角度通常可分为 3 类：一类显示正常的雌性核型（38，XX）；另一类为雌雄核型嵌合体（38，XX/38，XY）。两种核型的比例从 94∶6、10∶1、2∶1、1∶3 到 1∶10 各不相等，反映到外形上则从雄或近于雌化的个体到中间个体的各种类型皆有；第三类是性染色体组成异常，主要表现为性染色体缺失和三体。在挪威 Landrace 猪中，发现有一条 X 染色体缺失的间性猪，核型为（37，XO），其表现与人类的 Turner 氏综合征（45，XO）相似。另有一种与人的 Klinefelter 综合征（47，XXY）相似的间性猪，核型为（39，XXY）。此外，还发现有（38，XX/38，XO）、（38，XO）、（38，XY/39，XXY）、（39，XXY/40，XXXY）等嵌合体间性猪。

表 1-2 家畜的性染色体非整倍体变异

性染色体	畜种	主要表型效应
XO	猪	间性，卵巢发育不全
	马	卵巢发育不全
	猫	性成熟前死亡
XO/XX	马	卵巢发育不全
XO/XX/XY	猪	间性
XXX	牛	无影响，卵巢发育不全
	马	不育

(续)

性染色体	畜种	主要表型效应
XXY	牛、绵羊、猪、犬、猫	睾丸发育不全
XXY/XY	牛	睾丸发育不全
XXY/XX	牛、猪、马	间性
	猫	睾丸发育不全
XXY/XX/XY	牛	睾丸发育不全
XXY/XY/XO	牛	睾丸发育不全
XXY/XY/XX/XO	马	隐睾
XXXY	马	间性
XXXY/XXY	猪	不详
XYY/XY	牛	无影响

牛群中发现的间性个体大多是嵌合体，已报道的有近 10 种类型。常发生的是（60，XX/60，XY）嵌合体，习惯上称作双生间雌症。据多年的大量调查，在牛的异卵异性双胎中，91.9%的母犊呈现性异常，通常造成不育。除嵌合体外，牛群中还发现有类似人的 Klinefelter 综合征（47，XXY）的个体，核型为（61，XXY）等。

山羊中的间性发生频率比其他家畜都高。对 Saanen、Togenburg 等 4 个欧洲山羊品种调查，间性发生率平均为 8%（4%~15%）。在数以百计的关于间性羊的报道中，其核型全部是（60，XX），即正常的雌性核型。据此认为，山羊的间性是由母羊遗传的。早在 20 世纪 60 年代初期就了解到间性与决定角有无的基因连锁，后来证明它是由无角基因 P 有关的常染色体隐性基因 h 所决定的一种现象。迄今报道的间性羊几乎全是无角的，从遗传学角度考虑是 hh 纯合体雌性分化出现异常的缘故。

在绵羊群体中，双生间雌症的出现频率为 1.0%~1.2%，其形成机理与牛的完全相同。绵羊中 Klinefelter 综合征发生率较高，据对澳大利亚美利奴羊调查报告，其发生率约为 1.3%，这些公羊多因睾丸发育不全而不育。

在对繁殖性能不良的不孕母马的调查中，发现多例性染色体畸变个体，其中包括（63，XO）、（64，XX/63，XO）、（65，XXX）、（65，XXY）、（66，XXYY）、（64，XY/65，XXY）等各种核型。

（二）染色体的结构变异

在性细胞减数分裂时，由于染色体断裂并以不同的方式重新连接起来，造成染色体上基因的反常排列，称为染色体结构的变异。常见的染色体结构变异包括缺失、倒位、易位和重复。染色体结构变异的实质是遗传物质或遗传信息的增减或位置改变，产生遗传学上的剂量效应和位置效应，影响机体的发育和生存。过去由于研究技术落后，有关家畜染色体结构变异方面积累的资料较少。近年来，由于高分辨染色体显带技术的发展，对染色体结构变异的研究也逐渐增强和深化。

1. 缺失 缺失是指染色体上某一区段及其带有的基因一起丢失，从而引起变异的现象。丢失的区段如发生在两臂的内部，称为中间缺失，这种情况比较稳定而常见；如果缺失的区段在染色体的一端，称为顶端缺失。最初发生缺失的细胞内常伴随着断片存在，这种断片即染色体的一段，有时可以粘连到其他染色体上，进一步组合到子细胞核中，有的则以断片或小环的形式暂时存在于细胞质中，经过一次或几次细胞分裂而最后消失，如图1-11所示。

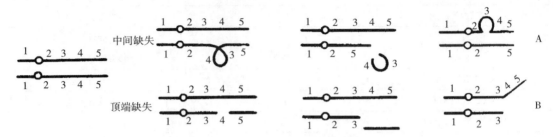

图1-11　缺失的形成及缺失杂合体的细胞学鉴定

A. 中间缺失　B. 顶端缺失

缺失，主要是影响生物的正常发育和配子的生活力。缺失的遗传效应是破坏了正常的连锁群，影响基因间的交换和重组。如果染色体上显性基因丢失，会使隐性基因决定的性状象显性性状那样表现出来，这种现象称为假显性现象。在家畜中仅有少量有关缺失的报道，在德国曾发现4例13号染色体长臂缺失的绵羊，均表现为先天性下腭发育不全；另有一例1号染色体短臂缺失，但表型却完全正常。在猪中曾发现一头约克夏杂种猪由于10号染色体的NOR缺失，致使该猪患有渐进性运动失调和共济失调综合征。

2. 重复　指正常染色体上增加了相同的一个区段。重复区段如按原来顺序相接的称为顺接重复，如按颠倒顺序相接的称为反接重复（图1-12）。重复和缺失往往同时发生，一对同源染色体彼此发生非对应的交换，其中一条染色体重复，另一条染色体就发生缺失了。

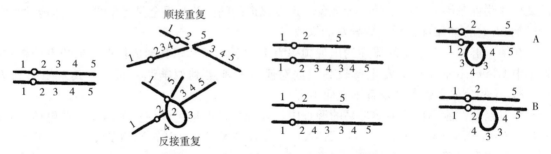

图1-12　重复的形成及重复杂合体的细胞学鉴定

A. 顺接重复　B. 反接重复

重复的遗传效应，同样可破坏了正常的连锁群，影响交换率。同时还可造成重复基因的"剂量效应"，使性状的表现程度加重，如控制玉米糊粉层颜色的基因C的区段重复，颜色便会相应地加深。

3. 倒位　指染色体上某一段发生断裂后，倒转180°又重新连接起来，它上面的基因在数量上虽无增减，但位置改变了（图1-13）。

倒位并没有改变染色体上基因的数量，但是改变了基因序列和相邻基因的位置，因而在表现型上产生了某些遗传变异，这种现象称为位置效应。倒位的遗传效应，也是改变了正常连锁群，影响交换率。当大段染色体倒位时，倒位杂合体表现高度不育。倒位纯合体的生活力并无影响。

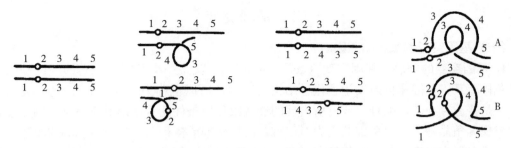

图 1-13 倒位的形成和倒位杂合体的细胞学鉴定
A. 臂内倒位　B. 臂间倒位

4. 易位　易位是指两对非同源染色体之间发生某区段的转移。如果是一条染色体的区段，转移到另一条非同源染色体上，称为单向易位；如果两条非同源染色体互相交换某区段，称为相互易位。易位发生在非同源染色体上，造成了基因交换，但这和正常的同源染色体基因交换有本质的区别（图 1-14）。

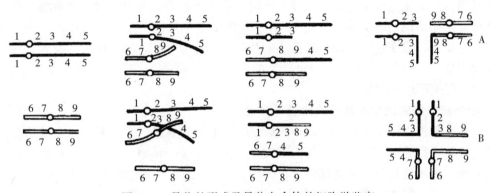

图 1-14 易位的形成及易位杂合体的细胞学鉴定
A. 单向易位　B. 相互易位

易位的遗传效应主要表现为改变了正常的连锁群，使原来同一染色体上的连锁基因经易位而表现独立遗传，反之，原来的非连锁基因也可能出现连锁遗传现象。相互易位染色体的个体，产生的 2/3 的配子是不育的。易位杂合体与正常个体杂交，其 F_1 有一半是不育的。

染色体易位在畜群中的发生频率相对较高。在猪中至少发现有 29 种相互易位，易位发生的部位往往都是染色体上的脆性位点处。易位导致繁殖性能下降，使猪的多产性降低 25%～100%，同时影响到后代的繁殖力。

牛、绵羊和山羊发生的易位主要是罗伯逊易位。所谓罗伯逊易位是指两个端着丝点染色体着丝点部位融合形成一个中或亚中部着丝点染色体。在牛群中至少发现有 18 种类型，报道最多、分布最广的是牛 1/29 易位。这种易位目前已在 26 个国家的 30 多个品种中发现，发生频率平均约 6%。携带 1/29 易位的牛表型正常，但繁殖力下降，使公牛的配种受胎率降低 17.7%，母牛的繁殖力下降 6%～13%。在绵羊群体中，经常发生的有 5/26、8/11 和 7/25 三种罗伯逊易位，如在新西兰调查过的 20 个品种及部分杂种绵羊中发现 4 个品种的易位发生率相当高，平均为 14.1%。

染色体易位严重影响了家畜的生产性能，对用于人工授精的种畜而言，则影响更大。因此，许多国家已开展了对种畜的细胞遗传学检查，收到了明显的经济效益。

二、基因突变

(一) 基因突变的概念和原因

1. 基因突变的概念 基因突变 (gene mutation) 就是一个基因变为它的等位基因,是指染色体上某一基因座位内发生了化学结构的变化,所以也称为"点突变"。基因突变在生物界中是普遍存在的,而且突变后所出现的性状跟环境条件间看不出对应关系。例如有角家畜中出现无角品种,野生型细菌变为对链霉素的抗药型或依赖型,以及卷羽鸡和短腿安康羊等,这些在形态生理和代谢产物等方面表现的对性差异,都是发生基因突变而形成的。基因突变是遗传学中的一个重要课题,在理论上它对认识遗传物质、理解生物进化都具有重要的意义,在实践中不仅是诱变育种的理论基础,而且与环境污染问题的研究也有密切的关系。

2. 基因突变的原因 基因突变,一般认为是由于内外因素引起基因内部的化学变化或位置效应的结果,也就是DNA分子结构的改变。染色体或基因的复制通常是十分准确的,但正像其祖代在进化过程中经历的那样,有时也会发生改变,并且会进一步发展,改变它的遗传结构。换句话说,一个基因仅是DNA分子的一个小片段,如果某一片段中的核苷酸任何一个发生变化,或在这一片段中更微小的片段发生位置变化,即所谓发生位置效应,就会引起基因突变。

(二) 基因突变的类型

1. 根据核苷酸的结构和数目改变进行分类

(1) 碱基替换 (base substitution)。基因序列中的碱基被替换,引起一个碱基对被另一个碱基对代替,称为碱基替换,也称为点突变 (point mutation)。替换的方式有两种:一种是嘌呤和嘧啶之间的替换,称为颠换 (transversion);另一种是嘌呤与嘌呤之间,或嘧啶与嘧啶之间的替换,称为转换 (transition)。通常转换比颠换更为常见。

(2) 移码突变 (frameshift mutation)。基因序列中增加或减少一个或几个单核苷酸造成的突变,称为移码突变。这种突变造成翻译时编码框的位置变化。移码突变也称作插入/缺失。

2. 根据改变遗传信息进行分类

(1) 同义突变 (same sense mutation)。发生基因突变后,原有基因和突变后的基因所编码的蛋白质没发生改变,这种突变称为同义突变,也称中性突变 (neutral mutation)。产生中性突变的原因有二:一是点突变发生在密码子的第三个核苷酸,由于遗传密码的简并性,这个突变后的密码子恰恰同突变前的密码子编码同一种氨基酸,这样,突变不会改变蛋白质中的氨基酸序列;二是点突变虽然改变了所编码的氨基酸,但是并不影响到蛋白质产物原来的活性和功能,比如许多种同工酶 (isozyme) 的氨基酸组成虽有差别,但功能却是相同的。因此中性突变不改变原来的表型。

(2) 错义突变 (missense mutation)。发生基因突变后,原有基因和突变后的基因所编码的蛋白质发生了改变,称为错义突变。产生错义突变的原因是基因突产生的新密码子与原有密码子编码不同的氨基酸,或者改变了原有密码子排列顺序,最终产生另一种蛋白质,这就有可能影响、改变或丢失原有蛋白质产物的功能,或获得新的功能。

(3) 无义突变 (nonsense mutation)。发生基因突变后,使得原有编码氨基酸的密码子变为终止密码子,从而导致了翻译过程中蛋白质合成的终止。在多数情况下,因为无义突变使得合成的蛋白质片段往往是没有活性的,所以将无义突变也称作沉默突变。

(三)引起基因突变的因素

基因突变可分为自然突变和诱发突变两种。凡是在没有特设的诱变条件下,由外界环境条件的自然作用或生物体内的生理和生化变化而发生的突变,称为自然突变;而在专门的诱变因素,如各种化学药剂、辐射线、温差剧变或其他外界条件影响下引起的突变,称为诱发突变。

1. 引起自然突变的因素 一般认为除了自然界温度骤变、宇宙线和化学污染等外界因素以外,生物体内或细胞内部某些新陈代谢的异常产物也是重要因素。

2. 引起诱发突变的因素 一是物理诱变因素,包括电离辐射线(如 X 射线、γ 射线、α 射线、β 射线、中子流等)、非电离射线(包括紫外线、激光、电子流)及超声波等;二是化学诱变因素,有烷化剂(如乙烯亚胺、硫酸二乙酯、亚硝酸、亚硝基甲基脲等),5-溴尿嘧啶、2-氨基嘌呤等某些碱基结构类似物,还有能引起转录和翻译错误的吖啶类染料等。

(四)基因突变的特性

1. 突变的频率 突变发生的频率是指生物体(微生物中的每一个细胞)在每一世代中发生突变的概率,也就是在一定时间内突变可能发生的次数。不同生物以及不同基因的突变频率是不同的,一般高等动、植物中的基因突变频率平均为 $10^{-5} \sim 10^{-8}$,即 10 万至 1 亿个配子中有一个发生突变;细菌和噬菌体的突变率为 $10^{-4} \sim 10^{-10}$,即 1 万至 100 亿个细胞中就有一个突变体。

2. 突变发生的时期和部位 从理论上讲,突变可以发生在生物个体发育的任何一个时期,在体细胞和性细胞中都可以发生。实验表明,发生在生殖细胞中的突变频率往往较高,而且是在减数分裂晚期、性细胞形成前较晚的时期为多。性细胞突变可以通过受精而直接遗传给后代。体细胞突变,由于突变细胞在生长能力上往往不如周围的正常细胞,因此,一般长势较弱甚至受到抑制而得不到发展。在家畜中,体细胞突变的一个例子是海福特牛的红毛部分出现黑斑,但这种突变在生物的育种或进化上都是没有意义的。

3. 突变的多方向性 基因突变可以向多方向进行,一个基因可以突变为 a_1、a_2、a_3 等,即突变成为它的复等位基因。例如,人类的 ABO 血型是复等位基因的典型例证之一。一个基因突变的方向虽然不定,但并不是可以发生任意的突变,这主要是由于突变的方向首先受到构成基因本身的化学物质的制约,同时受内外环境的影响,所以它总是在同样的相对性状的范围内突变,如家兔毛色的变异。

4. 突变的重演性 同种生物中相同基因突变可以在不同的个体间重复出现,称为突变的重演性。例如,20 世纪在挪威也重新出现过短腿安康羊,果蝇的白眼突变也曾经发生过很多次。

5. 突变的可逆性 基因突变的过程是可逆的。显性基因可以突变为隐性基因,如 A→a,称之为正突变;反之,隐性基因也可以突变为显性基因,如 a→A,称为反突变。突变的可逆性从事实上表明基因突变毕竟是以基因内部化学组成的变化为基础的,实验证明,作为遗传物质的 DNA 分子中一个碱基的改变,就可以导致一个基因发生突变。由此可知,突变不是遗传物质(如基因)的缺失造成的,否则便不可能回复突变了。

6. 突变的有害性和有利性 多数事例表明,突变大多数不利于生物的生长发育。因为每种生物都是进化过程的产物，与环境条件之间已形成了高度的协调状态。如果发生突变，就可能破坏或削弱这种均衡状态。严重时，有的突变可以阻碍生物体的生存或传代。基因突变是引起人类和动物遗传病的主要原因。据研究，人类遗传病已达6 437种（1997年），其中基因突变引起的就有4 000多种。常见的如血友病、红绿色盲、白化病、多指（趾）、高度近视等。家畜遗传病的种类也很多，有显性遗传病，如牛的多趾症、马的指骨瘤、猪的螺旋毛等；也有隐性遗传病，如猪的阴囊疝、乳头内陷等，这类遗传病只有在致病隐性基因纯合时才表现。

也有少数突变能促进或加强某些生命活动，是有利于生物生存的，如作物的抗病性、早熟性和茎秆的矮化坚韧、抗倒伏，以及微生物的抗药性等。有些突变虽对生物本身有害，而对人类却有利，短腿羊的短腿突变就是一例。所以突变的有利或有害是相对的。

（五）基因突变的应用

诱变能提高突变率，扩大变异幅度，对改良现有品种的某一性状常有显著效果；诱变性状稳定较快，可缩短育种年限；诱变的处理方法简便，有利于开展群众育种工作。因此，在植物育种中，已作为一项常规育种技术广泛应用，而且已在生产上取得了显著成果。

在微生物选种中，现在已广泛应用诱变因素，来培育优良菌种。例如，青霉菌的产量最初是很低的，生产成本也很高。后来交替地用X射线和紫外线照射，以及用芥子气和乙烯亚胺处理，再配合选择，结果得到的菌种，不仅产量从250 IU/mL提高到3 000 IU/mL，而且去掉了黄色素。在植物方面，应用诱变育种，已培育出许多优良品种，这个方法特别有利于改进高产品种的个别不良性状。

在动物方面，诱变试验首先是用果蝇做的，以后对家蚕、兔、皮毛兽等也做了一些试验，证明诱变有一定效果。但家畜家禽因机体结构复杂，生殖腺在体内保护较好，所以诱发突变比较困难，至今尚未取得理想的结果。

思考题

1. 什么是染色质与染色体？二者有何区别？
2. 什么是常染色体与性染色体？什么是同源染色体与异源染色体？
3. 什么是染色体组型？它有何临床应用价值？
4. 有丝分裂与减数分裂有何异同？这二者在遗传与变异中扮演什么样的角色？
5. 为什么说染色体是遗传物质的载体？它在生物世代传递中起什么作用？
6. 假定一个杂种细胞里含有4对染色体，其中A、B、C、D来自父本，A′、B′、C′、D′均来自母本。通过减数分裂能形成几种配子？写出各种配子的染色体组成。
7. 马的二倍体染色体数是64，驴的二倍体染色体数是62。
(1) 马和驴杂交的后代染色体数是多少？
(2) 如果马和驴的杂交后代的生殖细胞在减数分裂时很少或没有染色体配对，你是否能说明马与驴的杂交后代是可育还是不育？
8. 如何理解基因概念的发展及现代基因的概念？基因的种类如何划分？
9. 真核生物基因结构包括哪几部分？它们的功能分别是什么？什么是基因组？如何理解C值矛盾？
10. 在一牛群中，外貌正常的双亲产生一头矮生的雄犊。这种矮生究竟是由于突变的直接结果，或是由于隐性矮生基因的"携带者"的偶尔交配后发生的分离，还是由于非遗传（环境）的影响？你怎样确定？

11. 为什么说多倍体可以阻止基因突变的显现？同源多倍体和异源多倍体在这方面有什么不同？

12. 有一个三倍体，它的染色体数是 $3n=33$。假定减数分裂时，或形成三价体，其中两条分向一极，一条分向另一极；或形成二价体与一价体，二价体分离正常，一价体随机地分向一极，问可产生多少可育的配子？

13. 两个 21 三体的个体结婚，在他们的子代中，患先天愚型的个体所占的比例是多少？（假定 $2n+2$ 的个体是致死的。）

14. 无籽西瓜为什么没有种子？是否绝对没有种子？

15. 性细胞和体细胞内基因发生突变后，有什么不同的表现？体细胞中的突变能否遗传给后代？

16. 某植株的基因型是 AA，如用隐性纯合体 aa 的花粉给它授粉，在 500 株杂种一代中，有 3 株表现为 aa。如何解释和证明这个杂交结果？

第二章

动物遗传的基本规律

本章导读

孟德尔定律说明了位于非同源染色体上基因之间的遗传关系；连锁互换规律说明了位于同源染色体上不同位点基因之间的遗传关系；伴性遗传规律解释了位于性染色体上基因的遗传方式；最后一节主要介绍了毛色、角型、体型、耳型、冠型等动物形态的遗传规律。

本章任务

掌握孟德尔定律的要点及其应用，理解遗传规律的发展及其实例；掌握完全连锁遗传与不完全连锁遗传的现象；掌握性别决定的类型，并能运用伴性遗传的机理解释畜禽生产中的伴性遗传现象；掌握动物形态遗传的现象与规律。

这一章我们提到最多的词就是性状，所谓性状就是指生物所表现出来的形态特征和生理生化特性。子女酷似双亲，说明性状表现具有遗传性。人们一直认为子代表现的性状就是父本性状和母本性状融合遗传的结果。孟德尔对豌豆的性状遗传做了深入研究，否定了融合遗传，提出粒子遗传的结论，指出双亲的性状在子代体内不是彼此融合，而是相互独立地遗传给后代。他通过杂交试验，揭示了一对性状和两对性状的遗传规律，后来在遗传学中分别称为分离规律和自由组合规律，合称孟德尔定律。以后科学家（贝特生和彭乃特，1906 年）又发现一种不符合孟德尔定律的遗传现象。1910 年以后，美国生物学家摩尔根以果蝇为实验材料，经过深入的研究，提出另一条遗传规律——连锁交换规律。人们在微生物、动物和植物方面进行了广泛的实验研究，反复检验，证明这三条遗传规律是正确的，具有普遍的意义。

第一节　孟德尔定律

一、分离规律

（一）孟德尔实验的方法和特点

一直以来，人类对生物的遗传现象非常好奇，试图揭开其秘密。在孟德尔之前许多人曾经用植物或者动物进行杂交试验,然后观察子代和亲代之间的性状表现,结果找不到明显的规律性。孟德尔总结了前人试验研究方法上的经验教训,在进行豌豆的杂交试验时采用了一套新的方法。他的实验方法有如下特点。

1. 实验材料都是能真实遗传的纯种 孟德尔选用了适宜的遗传材料豌豆。豌豆是一种严格的自花授粉而且是闭花授粉的植物。因此,不易发生天然杂交。他从种子商那儿得到许多豌豆的品种,花了两年时间进行选种,从中选出一些品系用于实验,这些品系的子代的某一个特定性状总是类似于亲代,即具有真实遗传的性状。

2. 选择有明显区别的单位性状作为观察性状 为了方便研究,孟德尔把性状区分为各个单位。例如豌豆的花色、种子的形状、成熟豆荚的形状等。这些被区分开的每一具体性状称为单位性状。每个单体性状在不同个体间又有各种不同的表现。例如,种子的形状有圆形和皱形,子叶的颜色有黄色和绿色,茎的高度有高茎和矮茎等。这种同一单位性状在不同个体间的相对差异称为相对性状。孟德尔在研究性状遗传时就是在具有相对性状的植株之间进行杂交,通过杂交,对其后代表现出来的单位性状进行分析研究,并找出它的遗传规律。

3. 进行系谱记载 对亲代、子一代、子二代等相继世代中性状的表现进行系谱记载。

4. 应用统计方法 孟德尔是把统计学和数学引入遗传研究的第一人。他对每个世代不同类别后代的数目进行了记录和统计分析,以确定带有相对性状的植株是否总是按相同的比例出现。孟德尔的遗传学分析方法——统计在适当杂交的子代中每一类个体的数目,现在仍在使用。事实上,这是 20 世纪 50 年代分子遗传学发现之前唯一的遗传学分析方法。

5. 构思创建理论时表现的独创性 孟德尔用豌豆杂交得出有规律性的实验结果,他又提出一种理论来阐明实验结果,并设计合适的实验来验证理论的正确性。虽然孟德尔的理论是作为一项假说而提出的,但他阐述得相当完美,时间已经证明这个理论基本上是完美而正确的。

(二)一对相对性状杂交实验的结果

杂交,在遗传学上指的是具有不同遗传性状的个体之间的交配。所得到的后代称为杂种。

孟德尔搜集了 34 个豌豆品种,种植两年后,从中选择了 22 个纯系作为实验材料。经过仔细观察,从中选取了具有 7 对相对性状的一些植株,分别进行了杂交实验。试验是在严格的控制传粉条件下进行的,在去雄、人工授粉和套袋中都注意防止自然传粉而发生误差,同时采用了正反交进行比较,即让两个杂交亲本互为父本或母本。例如,选种子圆形的为母本,皱形的为父本视为正交,而种子皱形为母本,圆形为父本则为反交。孟德尔将各对相对性状在杂种后代中的表现都做了仔细的观察、记载,实验一直进行到第 7 代。

现以种子圆形和皱形这一对相对性状个体的杂交实验为例来说明一对相对性状的遗传。其实验过程和结果如图 2-1,图解中的符号"×"代表杂交,它的前面一般写母本,其后写父本,P 代表亲本,F_1、F_2 分别代表杂种第一代和第二代,"⊗"代表自交,即植物自花授粉或动物的高度近交。杂交当代在母本植株上结出的种子,它的胚是雌、雄配子受精后发育而成的,已经属于下一代,所以由杂交产生的种子以及由它长成的植株,都是杂种第一代。同理,由杂种第一代植株自交产生的种子和由它长成的植株,都是杂种第二代。

孟德尔发现,产圆形种子的植株不管是作为父本还是母本,杂种第一代(F_1)杂种植

图 2-1 豌豆一对相对性状杂交实验

株全都结出圆形种子。皱缩性状看来是被圆形性状所掩盖了。他所选定研究的 7 对性状都是这样的情况。在每次试验中，F_1 杂种只出现两个相对性状中的一个。有相对性状的两个亲本杂交，在 F_1 中表现出来的性状称为显性性状，不表现出来的性状称为隐性性状。这样，圆形对皱形是显性性状，皱形对圆形是隐性性状。子一代中不出现隐性性状，只出现显性性状的现象，称为显性现象。

孟德尔种下了 F_1 杂种结出的种子，待长成植株后使其自花授粉。在圆形种子和皱形种子两种植株杂交的子二代植株上结出的同一荚果内同时出现了圆形和皱形两种种子。他统计了这些种子的数目：5 474 颗是圆形的，1 850 颗是皱形的。这个比值非常接近于 3∶1。所有其他的杂交试验都出现同样比值，实验结果如表 2-1。孟德尔把杂种第二代（F_2）中既出现显性性状，又出现隐性性状的现象，称为性状分离现象。

表 2-1　孟德尔豌豆的 7 对相对性状杂交试验的结果

性状的类别	亲代的相对性状	F_1 性状表现	F_2 性状表现及数目		显隐比例
子叶的颜色	黄×绿	黄	6 022 黄	2 001 绿	3.01∶1.00
豆粒的形状	圆×皱	圆	5 474 圆	1 850 皱	2.96∶1.00
花的颜色	红×白	红	705 红	224 白	3.15∶1.00
豆荚的形状	饱满×瘪	饱满	882 饱满	299 瘪	2.95∶1.00
豆荚颜色	绿×黄	绿	428 绿	152 黄	2.82∶1.00
花的部位	腋×顶	腋	651 腋	207 顶	3.14∶1.00
茎的长度	长×短	长	787 长	277 短	2.84∶1.00

上述实验结果显示了如下 3 个有规律性的共同现象。

（1）F_1 只表现出一个亲本的某个性状，即显性性状。例如，圆形种子、黄色子叶、红花等。

（2）杂交亲本的相对性状在 F_2 又分别出现。例如，F_2 既有结圆形种子的，也有结皱形种子的，变得不一致了，出现了性状分离。

（3）F_2 具有显性性状的个体数和具有隐性性状的个体数常成一定的分离比例，都很接近 3∶1。

现在知道，显性现象和分离现象是比较普遍地存在的。在家畜家禽中同样有许多相对性状呈现显隐性关系。具有相对性状的个体杂交，F_2 的性状分离比也是 3∶1。各种畜禽若干性状的显隐关系如表 2-2 所示。

表 2-2　几种畜禽若干相对性状的显隐性关系

畜别	性状	显性	隐性	备注
猪	毛色	白色 黑六白 棕色 花斑（华中型） 白带（汉普夏）	有色（黑、棕、黑六白、花斑） 黑色、花斑 黑六白（巴克夏、波中猪） 黑色（华北型） 黑六白	有时黑六白不全 棕色更深并略带黑斑 F_1 呈不规则的黑白花斑
	耳型	垂耳（民猪） 前伸平耳（长白） 前伸平耳	立耳（哈白） 垂耳 立耳	耳型一般为不完全显性 有时 F_1 耳尖下垂

(续)

畜别	性状	显性	隐性	备注
牛	毛色	黑色 红色（短角） 黑白花 白头（海福特）	红色 黄色（吉林） 黄色 有色头	
	角	无角	有角	
	肤色	黑色	白色	
绵羊	毛色	白色 灰色	黑色 黑色	个别品种相反，或呈不完全显性
鸡	冠形	玫瑰冠 豆冠 胡桃冠	单冠 单冠 单冠	
	羽毛	白色（来航）	有色	
	脚色	浅色	深色	
	羽形	正常羽	丝毛羽	
	脚形	矮脚	正常脚	
	脚毛	有	无	
	蛋壳色	青色	非青色	
马	毛色	青色 骝毛 黑毛 兔褐毛	骝毛 黑毛 栗毛 其他（鼠灰、银灰等）	

（三）分离现象的解释与验证

1. 分离现象的解释　孟德尔提出了以下假设以解释他的豌豆实验的结果。个体是亲代两性配子结合而成的，因此个体性状的表现必定与配子有关。他假设在配子（G）中每一个性状都由一个相应的遗传因子所支配，例如圆形豌豆的雌、雄配子里都有一个"圆形因子"，用 R 表示（孟德尔用大写英文字母来表示具有显性作用的因子）；皱形豌豆的雌、雄配子里都有一个"皱形因子"，用 r 表示（用小写字母表示具有隐性作用的因子）。在体细胞中遗传因子则是成对存在的（RR 和 rr），在配子形成时，成对因子彼此分离，每个配子只含有成对因子中的一个。例如，结圆形种子的豌豆配子中只含有一个 R，结皱形种子的配子中只含有一个 r。当这两种植株杂交时，雌雄配子结合，F_1 成为体细胞中含有 R 和 r 的个体（Rr），恢复了因子成对的状态。在 F_1 的体细胞中，R 和 r 虽然在一起，但不融合，保持各自的完整性，只不过由于 R 对 r 的显性作用，即 R 表现了作用，而 r 没有表现作用，因此 F_1 只表现圆形性状，但 r 因子并没有消失。当 F_1（Rr）形成配子时，这两个因子互相分离，各自进入一个配子。即 F_1 可形成两种不同的配子，一种带 R，另一种带 r，两种配子的数目相等，呈 1:1 的比数，无论是雌配子还是雄配子都是这样。F_1 所形成的雌雄配子在授粉时，由于每种雄性配子与每种雌性配子结合的机会均等，因此在 F_2 中有 3 种因子的组合 RR、Rr、rr，比数为 1:2:1。又由于 R 对 r 为显性，因此按性状的表现来说，只表现圆形和皱形两种，性状分离比数是3∶1。如图2-2所示。

现在可以引进两个术语，即基因型和表现型。前已提到的遗传因子，现在通称为基因。在同源染色体上占据相同位点、控制相对性状的一对基因称为等位基因。成对的等位基因通常用字母来表示，显性基因用大写的字母表示，隐性基因则用小写字母表示。基因型就是生物个体的遗传组成，例如圆形豌豆植株的基因型是RR，皱形豌豆植株的基因型是rr。基因型是肉眼看不到的，要通过杂交试验才能检定。在基因型的基础上表现出来的性状称为表现型（或称表型）。基因型相同的个体，其表现型一般情况下是相同的，表现型相同的个体，其基因型不一定相同，如F_2代的圆形种子的基因型有两种，一种是RR，另一种是Rr。由相同基因组成的基因型个体称为纯合体（也称纯合子），不同基因组成的基因型称为杂合体（杂合子）。

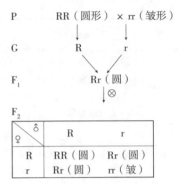

图2-2 一对相对性状遗传分析图解

现将分离规律概括为如下几点。

（1）遗传性状由相应的等位基因所控制。等位基因在体细胞中成对存在，一个来自母本，一个来自父本。

（2）体细胞内成对等位基因虽同在一起，并不融合，各保持其独立性。在形成配子时彼此分离，每个配子只能得到其中之一。

（3）F_1产生不同配子的数目相等，即1∶1。由于各种雌雄配子结合是随机的，即具有同等的机会，所以F_2中等位基因组合比数是1RR∶2Rr∶1rr，即基因型之比为1∶2∶1；显、隐性的个体比数是3∶1，即显、隐表型之比为3∶1。

2. 分离规律的验证 孟德尔的因子分离假设是根据杂交实验结果提出来的。但一种假设，不仅仅在于对已有的事实作出解释，而且还需要用试验方法予以验证，检验一下根据假说的原理所预期的结果，是否与试验的结果相一致。分离假设是否能够成立，关键在于杂合体内是否真有显性因子和隐性因子同时存在，以及在形成配子时成对因子是否彼此分离，产生一半显性配子和一半隐性配子。孟德尔采用测验杂交的方法对假设进行了检验。

测验杂交简称测交或回交，就是把F_1和隐性亲本个体交配。孟德尔所以要使用隐性亲本的理由是：它是纯合体，只能产生一种含隐性基因的配子，这种配子与F_1所产生的两种配子结合，就会产生1/2的显性性状个体和1/2的隐性性状个体。

孟德尔用皱形亲本rr对杂种一代Rr测交，测交子代中有106颗圆形种子、102颗皱形种子，接近于1∶1的分离比例，与预期的比数完全符合，说明杂合体确实是产生2种配子，而且数目相等（经χ^2检验，证明二者无显著差异）。进行测交时，隐性亲本可以用作父本，也可以用作母本，正、反测交的结果是一致的，证明符合孟德尔的预期结果。上述测交方法如图2-3所示。

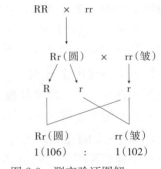

图2-3 测交验证图解

（四）分离比实现的条件

一对相对性状杂交的遗传规律是：F_1 个体都表现显性性状，F_1 自交产生的 F_2 个体显性性状和隐性性状的表型比例是 3∶1。但是这种性状分离的比数，必须在一定的条件下才能实现。这些条件是：

（1）用来杂交的亲本必须是纯合体。
（2）显性基因对隐性基因的作用是完全的。
（3）F_1 形成的 2 种配子数目相等，配子的生活力相同，2 种配子结合是随机的。
（4）F_2 中 3 种基因型个体存活率相等。

从理论上讲，如果这些条件得到满足，性状分离比数应是 3∶1。但是在实践中，杂交个体形成的雌雄配子数量很大，参加受精的是极少数，所以不同配子受精的机会不可能完全相等；合子的发育也受到体内外复杂环境条件的影响，因而其比数一般是接近于 3∶1。如果上述条件得不到满足，就可能出现比例不符的情况。

二、自由组合规律

分离规律只涉及一对相对性状的遗传，但在动物杂交育种中，经常涉及两对和多对性状的遗传，因为通过杂交，总是希望把双亲的优良性状结合在一起，育成一个比双亲都优越的新品种。例如有甲、乙两个品种猪，甲品种猪肉质好但生长速度不快，乙品种猪肉质一般但生长速度快，通过甲、乙两品种的杂交，育成一个既肉质好又生长速度快猪的新品种。这就有必要了解两对和多对性状的遗传规律。孟德尔在研究一对相对性状的遗传现象后，进而对两对和两对以上相对性状的遗传现象进行了分析研究，发现了遗传的第二条规律——自由组合规律（或独立分配规律）。

（一）两对相对性状的遗传实验

孟德尔选用了具有两对性状差别的豌豆品种，一个是具有黄色子叶和圆形籽粒的纯合亲本，另一个是绿色子叶和皱形籽粒的纯合亲本，进行杂交，F_1 代都结出黄色圆形的种子，这说明黄色圆形是显性性状。F_1 自花授粉，在 F_2 代出现了明显的性状分离：总共得到 556 粒种子，其中黄色圆形种子 315 粒，黄色皱形种子 101 粒，绿色圆形种子 108 粒，绿色皱形的种子 32 粒，这 4 种类型的数目比例很接近 9∶3∶3∶1（图 2-4）。

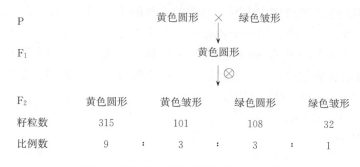

图 2-4　豌豆两对相对性状杂交实验图解

从上述实验结果可以看出，F_2 代一共出现了 4 种类型，其中有两种是亲本类型，即黄色圆形和绿色皱形；另外两种是与亲本不同的新类型，即绿色圆形和黄色皱形；前两种类型显然是亲本原有性状的组合，称为亲本型，后两种类型显然是亲本原来没有的组合，称为重组型。如果对每一对相对性状单独进行分析，就可看出：

种子形状这对相对性状在556粒种子中的数目和所占比例为：

  圆形种子   315+108=423   76.1%
  皱形种子   101+32=133   23.9%

子叶颜色这对相对性状在556粒种子中的数目和所占比例为：

  黄色种子   315+101=416   74.8%
  绿色种子   108+32=140   25.2%

上面重新分类结果表明，圆形与皱形的比例大体上是3：1，黄色和绿色的比例也是3：1。这说明一对相对性状的分离与另一对性状的分离无关，互不影响。同时，两对性状还能重新组合产生新的性状组合类型。

在家畜中也有不少类似的现象。例如牛的黑毛与红毛是一对相对性状；有角与无角是另一对相对性状。从杂交实验得知，黑毛对红毛是显性，无角对有角是显性。让纯合体的黑毛无角的安格斯牛与纯合体的红毛有角的海福特牛杂交，不论谁作父本、母本，F_1全是黑毛无角牛。由F_1群内公母牛交配产生的F_2，也同样分离出4种类型：黑毛无角、黑毛有角、红毛无角、红毛有角。而且4种类型的分离比也符合9：3：3：1。

（二）自由组合现象的解释

在上述杂交实验中，两对性状是由两对基因控制的，以Y和y分别代表控制子叶黄色和绿色的基因，以R和r分别代表决定种子圆形和皱形的基因。已知Y对y为显性，R对r为显性，这样黄色圆形种子的亲本基因型应为YYRR，绿色皱形种子的亲本基因型则应为yyrr。根据分离规律，在亲本形成配子时的减数分裂过程中，同源染色体上等位基因分离，即R与R分离，Y与Y分离，独立分配到配子中去，因此Y和R组合在一起，只形成一种配子YR。同样，yy、rr分离也只组合成一种配子yr。杂交后，YR和yr结合形成基因型为YyRr的F_1，由于Y、R为显性，所以F_1表现型都是黄色圆形；杂合型的F_1代自交，在产生配子的时候，按照分离规律，同源染色体上的等位基因要分离，即Y、y必定分离，R、r也必定分离，各自独立分配到配子中去，因此两对同源染色体上的非等位基因可以同等的机会自由组合。

Y可以和R组合在一起形成YR，Y可以和r组合在一起形成Yr；

y也可以和R组合在一起形成yR，y也可以和r组合在一起形成yr。

基因型是YyRr的F_1能形成含有两个基因的4种配子：YR、yR、Yr、yr，而且这4种类型配子的数目相等。由于雌、雄配子各有4种不同的类型，而且这4种类型的雌、雄配子结合是随机的，那么在F_2就应有16种组合的9种基因型的合子，其表现型将为黄色圆形、绿色皱形、黄色皱形和绿色皱形4种表现型，而且比例为9：3：3：1（图2-5），即：

  黄色圆形：YYRR，2YyRR，2YYRr，4YyRr   9
  绿色圆形：yyRR，2yyRr   3
  黄色皱形：YYrr，2Yyrr   3
  绿色皱形：yyrr   1

由此看来，孟德尔的实验结果完全相符这个比数。

因此，自由组合规律的论点主要有两点：①在形成配子时，一对基因与另一对基因在分离时各自独立、互不影响；不同对基因之间的组合是完全自由的、随机的；②雌、雄配子在结合时也是自由组合的、随机的。

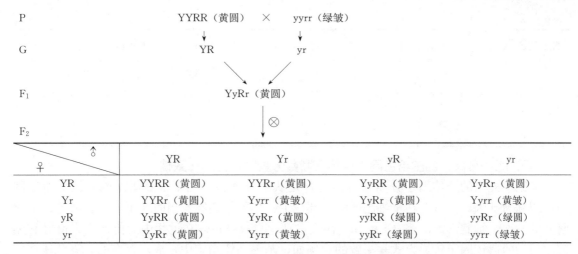

图 2-5 豌豆两对相对性状遗传分析图解

(三) 自由组合理论的验证

自由组合理论能否成立？孟德尔同样采用测交来进行检验，方法是用 F_1 与纯合体隐性亲本回交。依据自由组合理论，以两对相对性状同时遗传为例，F_1 代就应该产生 4 种类型的配子，和隐性纯合体亲本测交时，由于隐性纯合体只产生一种具有隐性基因的配子，因此应该得出 4 种表现型的后代而且数目相等，其比例为 1∶1∶1∶1。测交的结果与预期的完全相符。孟德尔的测交实验图解见图 2-6。方格内 4 种表型的个体数，经卡方（χ^2）检验是符合 1∶1∶1∶1 的比例，说明自由组合理论是正确的。

上面讲的是两对相对性状的杂交情况。那么，多对相对性状杂交会产生怎样的结果呢？根据实验结果及其分析得知，它要复杂得多，但也不是没有规律可循，只要各对基因都属于独立遗传的方式，那么在一对基因差别的基础上，每增加一对基因，子一代产生的性细胞种类就增加一倍，子二代的基因型种类增加两倍。现将两对以上相对性状的个体杂交，其基因型、表型、配子的数目与比数的变化，归纳如表 2-3 示。

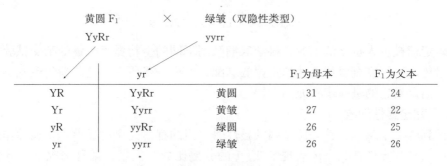

图 2-6 豌豆两对基因的测交结果

表 2-3 多对性状杂交基因型与表型的关系

相对性状的数目	子一代的性细胞种类	子二代的基因型种类	显性完全时子二代表型种类	子二代表型比例
1	$2=2^1$	$3=3^1$	$2=2^1$	$(3:1)^1$
2	$4=2^2$	$9=3^2$	$4=2^2$	$(3:1)^2$

(续)

相对性状的数目	子一代的性细胞种类	子二代的基因型种类	显性完全时子二代表型种类	子二代表型比例
3	$8=2^3$	$27=3^3$	$8=2^3$	$(3:1)^3$
4	$16=2^4$	$81=3^4$	$16=2^4$	$(3:1)^4$
⋮	⋮	⋮	⋮	⋮
n	2^n	3^n	2^n	$(3:1)^n$

（四）因子分离、自由组合同染色体在减数分裂时行为的一致性

孟德尔提出的遗传因子分离和自由组合是从杂交试验的结果推断出来的。但是遗传因子，现称为基因，究竟存在于细胞的哪一部位上？如何传递呢？当时还不清楚。随着细胞学研究的进展，细胞学家萨登（Sutton）研究发现，只有染色体在世代中的传递方式恰好和孟德尔假设的遗传因子传递方式是一致的。例如，基因在体细胞中是成对存在的，染色体在体细胞中也是成对的，体细胞中成对的基因在形成配子时彼此分离，各进入一个配子中，所以每个配子只含其中的一个；体细胞中，成对的染色体（同源染色体）通过减数分裂形成配子时也是这样。

基因的行为和染色体动态的一致性使人们认识到，基因就在染色体上，这种理论后来为美国学者摩尔根通过果蝇的大量实验研究所证实，基因在染色体上呈直线排列。根据这个理论，成对的基因就应该分别位于一对同源染色体上，现把这成对的基因称为等位基因。分离规律的关键在于等位基因的分离，等位基因分离的细胞学基础是减数分裂时，同源染色体彼此分离，位于同源染色体上的等位基因也随着分离。

染色体的行为与基因自由组合也是一致的。根据细胞学提供的材料和实际观察，证明在减数分裂时，同源染色体分离，非同源染色体自由组合。染色体的组合类型和杂交试验推知的遗传因子组合类型和比数也是相同的。

细胞学的证据，说明遗传因子不是抽象的概念，而是存在于细胞染色体上的一个实体，而这个实体的化学结构和性质的奥秘直到20世纪50年代才被真正揭开。

三、孟德尔定律的补充与发展

孟德尔定律被世人重新认识后，科学家们又用不同的生物做了大量的杂交试验，发现某些性状的遗传，并不完全服从孟德尔定律的支配。但进一步研究，这些遗传现象不是否定孟德尔定律，而是对它的进一步补充和发展。

（一）不完全显性现象

前面讲到的一个基因为其等位基因的显性时，指的都是完全的显性。在显性作用完全的情况下，F_1只出现显性性状，F_2表现了3：1的分离比数。但是在某种情况下，等位基因之间的显隐关系并不是那么简单，那么严格。例如，有的等位基因的显性仅仅是部分的、不完全的，这时情况就不同了。可以有两种情况。

1. 镶嵌型显性 镶嵌型显性是指显性现象来自两个亲本，两个亲本的基因作用，可以在不同部位分别表示出非等量的显性。例如，短角品种牛，毛色有白色的，也有红色的，都是纯合体，能真实遗传。这两种类型的牛交配后，后代很特别，既不是白毛，也不是红毛，而全部是沙毛（即红毛与白毛相互间杂）。再让子一代沙毛牛相互交配，生下的子二代有1/4

的个体是白毛，2/4 是沙毛，1/4 是红毛，性状分离比呈 1∶2∶1，而不是 3∶1。这似乎与分离规律不符，其实是更加证明了分离规律的正确性。设白毛中的基因型为 WW，红毛牛的基因型为 ww，则 F_1 的基因型为 Ww，现 F_1 的表现型为沙毛，因此我们可以假定 W 与 w 之间的显隐关系不是那么严格，它们既不是完全明确的显性，也不是完全的隐性，也就是说它们都在发生作用。再让 F_1 个体互相交配，根据等位基因必然分离的原理，F_1 可形成 W 和 w 两种配子，那么 F_2 就有 3 种基因型，即 WW、Ww 和 ww，呈现 1∶2∶1 的比数，根据上面的假定其表型及其比例应为 1 白毛∶2 沙毛∶1 红毛。实际结果与此假定相符。

用沙毛牛与白毛牛回交，后代是 1 沙毛∶1 白毛；用沙毛牛与红毛牛回交，后代是 1 沙毛∶1 红毛。通过回交说明，尽管 F_1 表现出不完全显性现象，似乎与分离规律不符，但从后代基因型和表型来看，证明分离规律是完全正确的。

2. 中间型 所谓中间型是指 F_1 的表型是两个亲本的相对性状的中间过渡类型，看不到完全的显性和完全的隐性。例如，地中海的安达鲁西鸡有黑羽和白羽两个类型，都能真实遗传。如果白羽鸡与黑羽鸡杂交，后代 F_1 都是蓝羽。F_1 自群交配，后代 F_2 中 1/4 是白羽，2/4 是蓝羽，1/4 是黑羽。

另一个例子是，家鸡中有一种卷羽鸡（人们称它为翻毛鸡），其羽毛向外翻卷。这种鸡与正常非卷羽鸡交配，F_1 代羽毛是轻度卷羽，呈现双亲的中间型性状。F_2 为 1/4 卷羽，2/4 轻度卷羽，1/4 正常羽。如将 F_1 轻度卷羽鸡与正常羽亲本回交，得 1/2 轻度卷羽和 1/2 正常羽鸡。

以上两例说明，F_1 表现为中间型，并非两亲本基因的融合，只不过是由于基因的显性作用不完全，因为 F_2 仍然出现了亲本类型，性状又发生了分离。这更加证明了分离规律的正确。另外也可以看出，在显性作用不完全的情况下，F_2 的基因型和表现型是一致的。

（二）等显性

等显性是指一对等位基因的两个成员在杂合体中都显示出来，彼此没有显性和隐性的关系。例如人的 MN 血型是由一对基因 L^M 和 L^N 控制，含有一对 L^M 基因的人的血型是 M 型，含有一对 L^N 基因的人的血型是 N，含有 L^M 和 L^N 基因各一个人的血型是 MN 型。基因 L^M 和 L^N 之间没有显隐性之分，如图 2-7 所示。

图 2-7 人的 MN 血型遗传

（三）致死基因

孟德尔的论文被重新发现后不久，有人就发现小鼠中黄色鼠不能真实遗传，其后代分离比为 2∶1。现列举两个交配方案及其后代表现的材料结果如下：

黄鼠×黑鼠→黄鼠 2 378 只，黑鼠 2 398 只

黄鼠×黄鼠→黄鼠 2 396 只，黑鼠 1 235 只

（以上数据系多次研究资料的综合）

从第一个交配看来，黄鼠很像是杂种，因为与黑鼠交配结果：2 378∶2 398 是属于测交 1∶1 的范畴。如果黄鼠是杂合体，那么黄鼠与黄鼠交配，后代的性状分离比应该是 3∶1，可是以上面第二种交配结果看来，却是 2∶1。以后发现，黄鼠与黄鼠交配产生的子代中，每窝小鼠数要比黄鼠与黑鼠交配产生的小鼠数要少一些，大约少 1/4。于是假设黄鼠与黄鼠交配本应产生 1/4 纯合黄色，2/4 杂合黄色，1/4 黑鼠三种基因组，只因 1/4 纯合黄色一组不能生存，也就是说黄色基因当其纯合时，对个体有致死作用，因而分离比为 2∶1。

这种假设被以后的研究所证实，他们发现黄鼠与黄鼠交配产生的胚胎，有一组在胚胎早期死亡。这是由于黄色基因 A^Y，在纯合时有致死作用，从而出现了这种现象。故存活的黄鼠黄色性状为杂合体，基因型为 A^Ya，黑鼠黑色性状基因型为 aa，黄鼠与黄鼠交配结果如图 2-8 所示。

黄鼠 A^Ya × 黄鼠 A^Ya

↓

$1A^YA^Y : 2A^Ya : 1aa$

死亡　黄鼠　黑鼠

图 2-8　家鼠黄色致死基因的遗传

黄鼠毛色基因 A^Y 对黑鼠毛色基因 a 为显性，当 A^Y 基因纯合时对个体有致死作用，引起 A^YA^Y 个体死亡。这个 A^Y 基因称为纯合致死基因。

致死基因的作用可以发生在配子期、胚胎期或出生后的仔畜阶段。在畜牧业中，致死基因引起的家畜遗传缺陷颇多，如牛的软骨发育不全、先天性水肿，马的结肠闭锁，羊的肌肉挛缩，猪的脑积水，鸡的下腭缺损等，患畜（禽）往往在出生后不久死亡。

（四）复等位基因

相对性状是由同源染色体上的一对等位基因控制的。后来发现，在一个群体内，有比两个基因更多的基因占据同一位点，因此就把在群体中占据同源染色体上同一位点的两个以上的基因称为复等位基因。对于二倍体来说，同一群体内的复等位基因不论有多少个，但每个个体的体细胞内最多只有其中的任意两个，仍是一对等位基因，因为一个个体的某一同源染色体只能是一对。复等位基因的表示方法是：用一个字母作为该位点的基础符号，不同的等位基因就在这字母的右上方做不同的标记。作为基础符号的字母可大写和小写，分别表示显性和隐性。

1. 有显性等级的复等位基因　在家兔中有毛色不同的 4 个品种：全色（全灰或全黑），青紫蓝（银灰色），喜马拉雅型（耳尖、鼻尖、尾尖及四肢末端是黑色，其余部分是白色），白化（白色、眼色淡红）。通过杂交试验，发现全色对青紫蓝，或喜马拉雅型，或白化是显性；青紫蓝对喜马拉雅型，或白化是显性；喜马拉雅型对白化是显性，在 F_2 中都出现 3∶1 的比例。这说明家兔毛色遗传是由复等位基因控制的。如以 C 代表全色基因，c^{ch} 代表青紫蓝基因，c^h 代表喜马拉雅型基因，c 代表白化基因，则可将 4 种兔的毛色基因型和表型列为表 2-4。

从此例可以看出，复等位基因之间的显隐性是相对的，四个复等位基因的显隐性关系可写成 $C>c^{ch}>c^h>c$。

表 2-4　家兔毛色的表型和基因型

表　型	基　因　型	
	纯合体	杂合体
全色	CC	Cc^{ch}，Cc^h，Cc
青紫蓝	$c^{ch}c^{ch}$	$c^{ch}c^h$，$c^{ch}c$
喜马拉雅型	c^hc^h	c^hc
白化	cc	

2. 等显性的复等位基因　例如人的 ABO 血型系统遗传就是由 3 个复等位基因控制的。它们分别是 I^A、I^B 和 i，其中 I^A 和 I^B 对 i 是显性，但 I^A 和 I^B 之间呈等显性。3 个等位基因可以有 6 种基因型，由于 i 是隐性基因，所以只有 4 种表现型，即有 4 种常见的血型：O 型、A 型、B 型和 AB 型（表 2-5）。从表 2-5 可推知 ABO 血型的遗传情况。父母双方如果都是 O 型，则它们的子女都是 O 型；如果都是 AB 型，则他们的子女可能有 A 型、B 型或 AB 型 3 种，但不可能出现 O 型；如果一方是 A 型，另一方是 B 型，则情况比较复杂。

表 2-5　人 ABO 血型系统的基因型和表型

血　型（表现型）	基因型
A	$I^A I^A$、$I^A i$
B	$I^B I^B$、$I^B i$
AB	$I^A I^B$
O	ii

（五）非等位基因间的相互作用

非同源染色体上的基因在遗传时互不干扰，可以自由组合，这并不意味着它们在控制性状的表现上也是彼此孤立的、没有联系的。生物的某些性状是被一对基因决定的，但也有的性状是被两对或两对以上的基因共同决定的。这些非等位基因在控制某一性状上表现了各种形式的相互作用，即所谓基因互作。因此，在性状遗传过程中，等位基因在起作用，而非等位基因间常有着相互联系和影响。

基因互作的现象广泛存在于动、植物中，大致可以归纳为两大类，一类是非同对基因对某一性状的表现起互补累积效应，另一类是对某一性状起抑制的效应，以下分别讨论这些互作类型的遗传表现。

1. 互补作用　非等位的两种或两种以上显性基因相互作用产生新性状，称为互补作用。具有互补作用的基因称为互补基因。如鸡的胡桃冠形的遗传就是基因互补的结果。

家鸡的冠形有豆冠、玫瑰冠、胡桃冠和单冠等几种类型。从实验知道，有些豆冠能真实遗传，有些玫瑰冠也能真实遗传。如果让纯合体的玫瑰冠白温多特鸡与纯合体的豆冠科尼什鸡杂交，F_1 是胡桃冠。如果让 F_1 互交，所产生的 F_2 出现胡桃冠、豆冠、玫瑰冠和单冠 4 种，比数为 9∶3∶3∶1。胡桃冠与单冠都不是亲本类型，而是新冠形。从分离比例看，这牵涉到两对基因的遗传。又根据实验得知，豆冠与玫瑰冠对单冠为显性，而单冠都能真实遗传。因此，可以根据 F_2 比例推知玫瑰冠和豆冠的基因型。

假定控制玫瑰冠的基因是 R，控制豆冠的基因是 P，而且都是显性，那么玫瑰冠的鸡没有显性豆冠基因，所以基因型是 RRpp，与之相反，豆冠的鸡没有显性玫瑰冠基因，所以基因型是 rrPP。前者产生的配子全部是 Rp，后者产生的配子全部是 rP，这两种配子相互结合，得到的是 F_1 的基因型是 RrPp。由于 R 与 P 有相互作用，出现了新性状胡桃冠。F_1 的公鸡和母鸡都形成 RP、Rp、rP 和 rp 4 种配子，数目相等。根据自由组合规律，F_2 应该出现 4 种表型，胡桃冠（R_P_）、豆冠（rrP_）、玫瑰冠（R_pp）和单冠（rrpp），其比数为 9∶3∶3∶1，如图 2-9 所示。

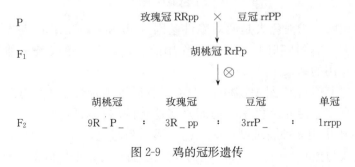

图 2-9　鸡的冠形遗传

2. 累加作用　有些遗传实验中，当两种显性基因同时存在时，产生一种性状，单独存在时分别表现出两种相似的性状。例如，杜洛克品种猪红毛性状的遗传。该品种猪有红、棕、白3种毛色。如果用两种不同基因型的棕色杜洛克猪杂交，F_1产生出红毛，F_2有3种表型和比例：表现为9/16红毛，6/16棕毛，1/16白毛，如图2-10所示。

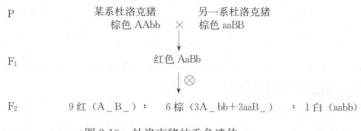

图2-10　杜洛克猪的毛色遗传

由上可知，两对基因都是隐性纯合时形成白毛，如果只有一个显性基因A或B存在时，都表现为棕色毛，而当这两个显性基因A和B同时存在时，则表现为红毛。

3. 上位作用　当两对独立遗传的基因共同对一个单位性状发生作用时，其中一对基因抑制或掩盖了另一对基因的表现，这种不同对基因间的抑制或遮盖作用称为上位作用。起抑制作用的基因称为上位基因，被抑制的基因称为下位基因。如果起上位作用的基因是显性时称为显性上位，如果是隐性时称为隐性上位。

（1）显性上位。上位基因是显性基因，只要有一个上位基因即可以发挥作用。如犬的毛色遗传就是显性上位作用的结果。当白毛犬与褐毛犬杂交时，F_1均为白毛，F_1横交产生的F_2出现3种表型，白毛犬∶黑毛犬∶褐毛犬=12∶3∶1，从这个比例关系可以判定为两对基因的遗传。从犬的毛色归类来看，无色毛（白毛）∶有色毛（黑毛和褐毛）=3∶1，则阻止色素基因产生色素的显性基因设为I，不阻止产生色素的隐性基因设为i；另外在有色犬中，黑毛∶褐毛=3∶1，则设该对基因中显性基因B决定黑毛，b决定褐毛。杂交过程见图2-11。

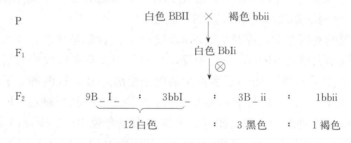

图2-11　犬毛色显性上位遗传

这个遗传现象说明：①褐色犬是两对隐性基因（bb和ii）互作的结果；②黑色犬是一种显性基因（B）与一对隐性基因（ii）相互作用的结果；③白色犬是一种显性基因I对B和b基因表现上位作用的结果。

（2）隐性上位。上位基因是隐性基因，只有隐性基因纯合时才能具有上位作用。如家鼠的毛色遗传。将能真实遗传的黑色家鼠与能真实遗传的白化家鼠杂交，F_1全是灰色鼠，F_1自群繁殖产生的F_2中出现3种表现型：鼠灰色、黑色和白化，并且它们的比例为9∶3∶4。则有色个体（包括灰与黑）与白色个体之比为3∶1，而在有色个体内部，灰与黑也是3∶1，因此可以认为这是两对基因的遗传，设有色性状由C基因控制，白色性状由c基因控制，即白色基因纯合时有色基因不能表达；而在有色性状中，设灰色性状由 G 基因控制，黑色性状由 g 基因控制。杂交过程如图 2-12 所示。

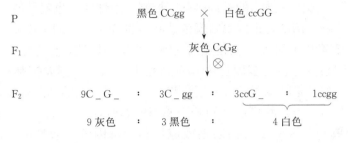

图 2-12　家鼠毛色遗传

图 2-12 说明 cc 抑制了 G 基因表现其作用，也说明 C 和 G 共同存在时，表现为灰色，即灰色是两种显性基因相互作用的结果；C 和 g 共同存在时，表现为黑色，即黑色是一种显性基因 C 和一对隐性基因 gg 互作的结果。说明 C 是决定颜色（灰和黑）的基因。当隐性基因 cc 存在时，G 和 g 都不起作用，表现白色。

4. 重叠作用　有时，两个显性基因都能分别对同一性状的表现起作用，即只要其中的一个显性基因存在，这个性状就能表现出来。在这种情况下，隐性性状出现的条件必须是两个隐性基因都是纯合的，即双隐性。于是 F_2 的分离比数不是 9∶3∶3∶1，而是 15∶1，这类作用相同的非等位基因称为重叠基因。

如猪的阴囊疝的遗传，阴囊疝这种遗传缺陷在出生时是不表现的，但 1 月龄以后的任何时候均可出现。要进行这种缺陷的遗传研究是复杂的，因为这种疝气只表现于一个性别（公猪），母猪不表现，但不等于母猪没有这种遗传缺陷的基因，以致母猪的基因型只能凭后裔测验才能推断。有人将阴囊疝公猪同纯合体的正常母猪交配，F_1 外表都正常，F_2 公猪群体分离为 15 正常∶1 阴囊疝。这一比例实质上是 9∶3∶3∶1 的变形，表明有无阴囊疝受 2 对基因的控制。假定两个显性基因 H_1 和 H_2 都使性状表现正常，即正常猪的基因型是 $H_1\_H_2\_$，或 $H_1\_h_2h_2$，或 $h_1h_1H_2\_$，而阴囊疝是由于两对纯合的隐性基因 $h_1h_1h_2h_2$ 所造成，那么阴囊疝的遗传就可解释了，如图 2-13 所示。

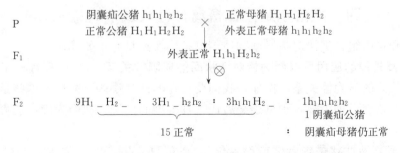

图 2-13　猪阴囊疝的遗传示意图

必须说明，由于阴囊疝只表现于一个性别（即阴囊疝是限性性状），因此仅 F_2 的公猪表现 15∶1 的比例，按所有 F_2 讲则是 31∶1，但若某性状不是限性性状，则仍是 15∶1。

（六）多因一效与一因多效

前面基因互作的实例说明，一个性状的遗传基础不止一个基因，而是经常受许多不同基因的影响。当然并不否定，对一个性状来说，还是有主要基因和次要基因之分。所以一般还保留"某一个基因控制某一个性状"的提法，以说明主要基因的作用。

1. "多因一效" 多因一效指的是许多基因控制一个性状。也就是说，一个性状经常受到许多不同基因的影响。例如，果蝇眼睛颜色性状至少受 40 个不同位点的基因的影响；控制果蝇翅膀大小性状至少有 34 个不同位点的基因；小鼠短尾性状至少受 10 个不同位点的基因控制；家畜中控制某些毛色的基因可由几对到几十对以上，例如控制猪的毛色基因有 7 对。植物也是这样，如玉米叶绿素的形成至少与 50 个不同位点的基因有关。

2. "一因多效" 一个性状可以受到若干基因的影响，相反地，一个基因也可以影响若干性状。我们把单一基因的多方面表型效应，称为基因的多效性或一因多效。基因的多效性是极为普遍的，这是因为生物体发育中各种生理生化过程都是相互联系、相互制约的。基因通过生理生化过程而影响性状，所以基因的作用也必然是相互联系和相互制约的。由此可见，一个基因必然影响若干性状，只不过程度不同罢了。例如，前面提到的卷羽鸡。卷羽基因 F 在杂合（Ff）时，能引起羽毛翻卷，容易脱落；如果是纯合体（FF）翻卷严重，有时几乎整个身体都没有羽毛。这一基因 F 不但影响了羽毛的形状和脱落性，而且由于羽毛向上卷或脱落，体热容易散失，从而引起一系列后果：体温不正常，细胞的氧化作用和新陈代谢过程加速，心跳增加，心室肥大，血量增加，脾脏异常大；另一方面，由于代谢作用增强，采食量增加，引起消化器官的扩大和增加了肾上腺、甲状腺等重要分泌器官的负担，因而使繁殖能力降低。这说明一个基因能够不同程度地影响某些形态结构和机能等性状。

从生物个体发育的整体概念出发，可以很好地了解"多因一效"和"一因多效"是同一遗传现象的两个方面。生物个体发育方式和发育过程中的一系列生化变化，都是在一定环境条件下由整个遗传基础控制的。不难理解，一个性状的发育一定是许多生化过程连续作用的结果。已经知道，生化过程中每一步骤都由特定的基因所控制，这样就产生了"多因一效"的现象。如果遗传基础中某个基因发生了突变，不但会影响到一个主要的生化过程，而且也会影响到与该生化过程有联系的其他生化过程，从而影响其他性状的发育，产生"一因多效"的现象。

四、孟德尔定律在畜禽育种实践中的意义

分离规律和自由组合规律对指导动物遗传育种的实践具有重要作用。

1. 通过分离规律的应用可以明确相对性状间的显隐性关系 在家畜育种工作中，必须搞清楚相对性状间的显隐性关系，例如，我们要选育的性状哪些是显性，哪些是隐性，以便我们采取适当的杂交育种措施，预见杂交后代各种类型的比例，从而为确定选育的性状、群体大小提供依据。

2. 判断家畜某种性状是纯合体或杂合体 在畜牧业生产中，常常需要培育优良的纯种，首先要选择出某些性状上是纯合体的种公畜（禽）。例如，在山羊的育种中，如果我们需要无角的纯合体种公羊，而对现有的或引进的无角公羊究竟是纯合体还是杂合体不清楚的话，这时我们可以把这个待检定的无角公羊与有角母羊（有角是隐性）进行测交。测交后代如果全部是无角，则此公羊是纯合体；否则，就是杂合体。

3. 淘汰带有遗传缺陷性状的种畜 种用畜禽应是没有遗传缺陷的。遗传缺陷性状大多

数是受隐性基因控制的,在杂合体中表现不出来,所以杂合体就成为携带者,可在畜群中扩散隐性基因。尤其是种公畜禽,如果是携带者,将会给畜牧业带来不可估量的损失。因此,在育种工作中,我们不仅要把具有遗传缺陷性状的隐性纯合体淘汰,而且要采用测交的方法,检出携带者,并把它从畜群中除掉。

4. 培育优良新品种 在畜禽育种工作中,选择具有不同优良性状的品种或品系,根据自由组合规律,杂交亲本的优良性状可以重新组合,逐步使之纯化,可培育成兼有双亲优良性状的新品种。例如,猪的一个品种适应性强,但生长慢,另一个品种生长快,但适应性差。让这两个品种杂交,在杂种后代中有可能出现生长快,适应性强的新类型。只要我们加强选择,就有可能育成新品种。

第二节 连锁交换规律

众多的遗传实验和细胞学基础都证明了基因位于染色体上,染色体是基因的载体。然而任何一种生物体细胞核中的染色体数目是有限的几对或几十对,而每个物种的基因数目却很多,常常是数以千万计。例如,普通果蝇的染色体是 4 对,已知的基因有 500 个以上;人类的染色体是 23 对,而基因数目有 3 万个左右,这都说明基因的数目大大超过了染色体的数目。因此,每个染色体上必然带有许多基因,显然凡位于同一染色体上的基因,将不能进行独立分配,它们必然随着这条染色体作为一个共同的行动单位而传递,从而表现了另一种遗传现象,即连锁遗传。摩尔根在孟德尔之后,用果蝇作实验材料,揭示了这一重要的遗传现象。

一、连锁和交换的遗传现象

最早发现性状连锁遗传现象的是贝特生(Bateson)和彭乃特(Punnett)。1906 年贝特生和彭乃特用香豌豆做了两组杂交试验,第一组是紫花长花粉(PPLL)品种与红花圆花粉(ppll)品种杂交,杂交结果如图 2-14 所示。

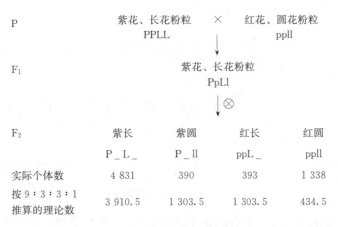

图 2-14 香豌豆杂交试验结果(一)

第二组实验是紫花圆花粉(PPll)品种与红花长花粉(ppLL)品种杂交,杂交结果见图 2-15。

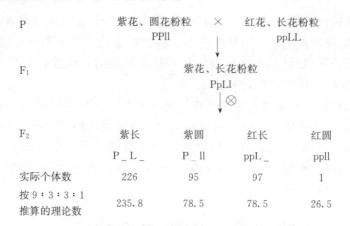

图 2-15 香豌豆杂交实验结果（二）

两组实验结果基本相同，同自由组合规律 9∶3∶3∶1 的遗传比例数相比较，F_2 代表现型中亲本组合性状的实际数多于理论数而重组性状的实际数少于理论数。实验结果表明原来为同一亲本所具有的两个性状，在 F_2 代中常有联系在一起遗传的倾向，这一现象称为连锁遗传现象。连锁遗传可分为完全连锁和不完全连锁两种情况。

1. 完全连锁 如果 F_2 中只有亲本型性状，而没有重组型性状出现，这称为完全连锁。在生物界中完全连锁的情况是很少见的，典型的例子是雄果蝇和雌蚕的连锁遗传，现以果蝇为例说明。

果蝇的灰身（B）对黑身（b）是显性，长翅（V）对残翅（v）是显性。用纯合体的灰身长翅雄果蝇与纯合体的黑身残翅雌果蝇杂交，F_1 全部是灰身长翅（BbVv）。用 F_1 中的雄果蝇与双隐性亲本雌果蝇进行测交，按照自由组合规律，应该出现灰身长翅、黑身残翅、灰身残翅、黑身长翅 4 种类型，而且是 1∶1∶1∶1 的比例。可是实验的结果与理论分离比数不一致，后代只有灰身长翅和黑身残翅两种亲本型果蝇，其数量各占 50%，并没有出现灰身残翅和黑身长翅的果蝇。这表示 F_1 形成的精子类型可能只有 BV 和 bv 两种，也就是说，这里基因没有重新自由组合（图 2-16）。

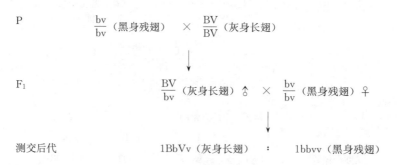

图 2-16 雄果蝇完全连锁图解

从图 2-16 可以明显地看出，杂合的 F_1 代雄果蝇在形成配子时，B 和 V 这两个基因连锁在一条染色体上，b 和 v 连锁在另一条对应的同源染色体上。由于雄体能产生两种配子（BV 和 bv），雌体只产生一种配子（bv），所以测交后代只有灰身长翅和黑身残翅两种类型，比例是 1∶1，这就是完全连锁的遗传特点。

2. 不完全连锁（交换）

不完全连锁指的是连锁的非等位基因，在配子形成过程中发生了交换，F_2 中既有亲本型性状又有重组型性状。例如，在家鸡中，鸡羽的白色（I）对有色（i）为显性，卷羽（F）对常羽（f）为显性。用纯合体白色卷羽鸡（IIFF）与纯合体有色常羽鸡（iiff）杂交，F_1 全部是白色卷羽鸡，用 F_1 代母鸡与双隐性亲本公鸡进行测交，获得结果如图 2-17 所示。

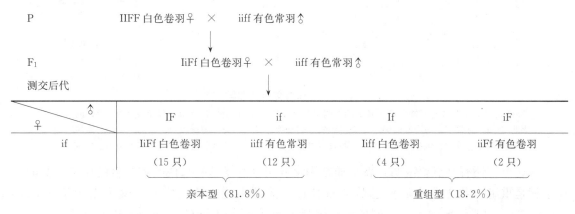

图 2-17　家鸡的测交实验

从图 2-17 可以看出，F_1 形成的 4 种类型配子的数目确实是不相等的，且亲本型（白色卷羽和有色常羽）个体数占 81.8%，重组型（白色常羽和有色卷羽）个体数只占 18.2%。我们知道，在自由组合情况下，亲本型和重组型应该各占 50%，或者说，4 种类型各占 25%。上述回交的结果与这个理论数相差很大。现在的问题是，F_1 所产生的 4 种类型的性细胞的数目为什么不相等？为什么亲本型性细胞总是出现得多，而重组型性细胞总是要少些呢？

二、连锁交换遗传的解释

我们知道，染色体是基因的载体，每一条染色体必定有许多基因存在。存在于同一条染色体上的非等位基因，在形成配子的减数分裂过程中，如果非姐妹染色单体之间没有发生交换，就会出现完全连锁遗传的现象。例如上述雄果蝇的测交实验，由于 B 和 V 连锁在一起，b 和 v 连锁在一起，因此，F_1 只产生两种配子（BV 和 bv），所以测交后代只有亲本型而没有重组型。

但是，在大多数生物中见到的往往是不完全连锁。当两对非等位基因不完全连锁时，F_1 不仅产生亲本型配子，也产生重组型配子。其原因是 F_1 在形成配子时，性母细胞在减数分裂的粗线期，非姐妹染色单体之间发生 DNA 片段交换，即基因交换，其结果导致产生了新组合的配子。

连锁与交换的机制表明，只要某一性母细胞在两基因座位之间发生一次交换，形成的配子中必定有一半是亲本组合，一半是重新组合，最后 4 种配子的比例恰好是 1∶1∶1∶1（图 2-18）。但测交实验表明，F_1 产生的 4 种配子比数并不相等，亲本组合配子多于重组合配子，这又如何解释呢？

实际上，多数情况下并不是全部性母细胞都在某两个基因座位之间发生交换，不发生交换的性母细胞所形成的配子都属于亲本组合。当有 40% 的性母细胞发生交换时，重新组合配子占总配子数的 20%，刚好是发生交换的性母细胞的百分数的一半。由此可以推知，如有 90% 的性母细胞在两个基因座位之间发生交换时，重新组合配子数占总配子数的 45%。可见，在连锁遗传情况下，F_1 产生的 4 种配子比数不相等，亲本组合配子多于重新组合配子，原因就在于只有部分性母细胞发生了交换。

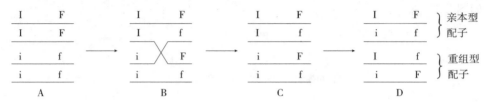

图 2-18 基因交换的图解

A. 四分体，染色体已复制，位于其上的基因也随之复制 B. 非姐妹染色单体发生交叉 C. 染色单体片断交换，有些基因与同源的另一条染色体的基因交换了位置（即 f 与 F 交换） D. 产生 4 种基因组合不同的染色单体，包括两条重组合，两条亲组合，经过减数分裂可形成四种不同基因组合的性细胞

在这里，还有一点要说明，就是通常用交换率（互换率）来说明重组合的比例。所谓交换率就是重组合数占测交后代总数的百分比。前例中鸡的测交实验，交换率等于 18.2%（即 6/33）。但要注意的是，不同的连锁基因，交换率是不同的，低的可以在 0.10% 以下，高的可以接近 50%。

在一定条件下，连锁基因的交换率是恒定的，这在理论上有很大意义。交换率去掉百分号可以表示这对连锁基因在染色体上的距离，在同一对染色体上，如果交换率愈低，则两对基因相距愈近；反之，交换率愈高，则两对基因相距愈远。根据这个原理，可以采用一些方法，确定各种基因在染色体上的位置。

第三节　性别决定与伴性遗传

性别是动物中最易区别的性状。有性生殖的动物群体中，包括人类，雌雄性别之比大都是 1∶1，这是典型的一对基因杂合体测交后代的比例，说明性别和其他性状一样，是和染色体及染色体上的基因有关。前面已提到，在染色体组型中有一对特殊的性染色体，它是动物性别决定的基础。

一、性染色体类型

动物的性染色体类型常见的有 XY、ZW、XO 和 ZO 型 4 种。

1. XY 型　硬骨鱼类、两栖类、哺乳动物（如牛、马、猪、羊、兔等）等的性染色体属于这种类型。雌性是一对形态相同的性染色体，用符号 XX 表示；雄性只有一条 X，另一条比 X 小，并且形态也有些不同的染色体，可以用符号 Y 表示，故雄性是 XY。

2. ZW 型　全部鸟类（如鸡、鸭、鹅、火鸡等）、若干鳞翅类昆虫、某些鱼类等的性染色体属于这种类型。这一型的性别决定方式刚好和 XY 相反，雌性为异型性染色体，雄性为同型性染色体。为了和 XY 相区别，用 Z 和 W 代表这一对性染色体，雌性用符号 ZW 表示，雄性用符号 ZZ 表示。

3. XO 型和 ZO 型　许多昆虫属于这两种类型。在 XO 型中，雌性是 XX；雄性只有一

第二章　动物遗传的基本规律

条 X，没有 Y 染色体，用 XO 代表。在 ZO 型中，雌性只有一条 Z 染色体，用 ZO 表示；雄性是两条性染色体，用 ZZ 表示。

二、性别决定

生物类型不同，性别决定的方式也往往不同，多数雌雄异体的动物，雌、雄个体的性染色体组成不同。它们的性别是由性染色体的差异决定的。如 XY 型染色体中，当减数分裂形成生殖细胞时，雄性产生两种配子，一种是含有 Y 染色体的 Y 型配子，一种是含有 X 染色体的 X 型配子，两种配子的数目相等；雌性只产生一种含有 X 染色体的卵子。受精后，卵子与 X 型精子结合成 XX 合子，将来发育成雌性；卵子与 Y 型精子结合成 XY 合子，将来发育成雄性。

ZW 型与 XY 型相反，雄体产生一种含 Z 染色体的 Z 型精子，而雌体可产生两种卵子，一种是含有一条 Z 染色体的 Z 型卵子，一种是含有一条 W 染色体的 W 型卵子，两种卵子的数目相等。通过受精，Z 型卵子与 Z 型精子结合，将来发育成雄体；W 型卵子与 Z 型精子结合，将来发育成雌体。

各种两性生物中，雌性和雄性的比例是 1∶1，其原因在于雄性（或雌性）个体可产生两种配子，而雌性（或雄性）个体可产生一种配子。这个比数和一对相对性状杂交时，F_1 的测交后代比数完全相同。

三、性别的分化

性别分化是指受精卵在性别决定的基础上，在环境条件的作用下，进行雄性或雌性性状分化和发育的过程。这个过程和环境具有密切的关系，当环境条件符合正常性分化的要求时，就会按照遗传物质所规定的方向分化为正常的雄体和雌体。如果不符合正常性分化的要求时，性分化就会受到影响，从而偏离遗传物质所规定的性分化方向。机体内外环境条件影响性分化的例证很多，这里仅举几个实例来说明。

1. 外界条件对性分化的影响　蜜蜂分为蜂王、工蜂和雄蜂 3 种。雌蜂都是受精卵发育成的，它们的染色体组是相同的（$2n=32$）。雄蜂是未受精的卵发育成的（$n=16$）。受精卵可以发育成能育的雌蜂（蜂王），也可以发育成不育的雌蜂（工蜂），这取决于营养条件对它们的影响。在雌蜂中，只有在早期生长发育中获得蜂王浆营养较多的一个雌蜂才能成为蜂王，并且有产卵能力，其余都不能产卵（成为工蜂）。在这里，营养条件对蜜蜂的性分化起着重要作用。

2. 激素对性分化的影响　"自由马丁"牛是很像雄性的母牛。它是这样形成的：牛的双胎，由于胎盘绒毛膜的血管沟通，当两个胎儿性别不同时，雄性的睾丸先发育，产生的雄性激素，通过绒毛膜血管，流向雌性胎儿，影响了雌性胎儿的性腺分化，使性别趋向间性，失去生育能力。同时，胎儿的细胞还可以通过绒毛膜血管流向对方，所以在孪生公犊中曾发现有 XX 组成的雌体细胞，在孪生母犊中曾发现有 XY 组成的雄性细胞，由于 Y 染色体在哺乳动物中具有强烈雄性化作用，所以 XY 组成的雄性细胞可能会干扰孪生母犊的性分化。在鸡中也曾发生过母鸡啼鸣的现象，这称为性转变。性转变是性激素影响性别发育的最生动的现象。

四、伴性遗传

性染色体是决定性别的主要遗传物质，其上也承载着一些控制其他性状的基因，这些性状表现总是与性别连在一起，这种与性别相伴随的遗传方式称为性连锁，也称伴性遗传。伴性遗传一般指的是 X 和 Z 染色体上基因的遗传。伴性遗传的特点是：性状分离比数与常染色体基因控制的性状分离比数不同；两性间的分离比数不同；正、反交结果也不一样。现举例说明如下。

芦花鸡的毛色遗传。芦花鸡的绒羽黑色，头上有白色斑点，成羽有横斑，是黑白相间的。如用芦花母鸡与非芦花公鸡交配，得到的 F_1 中，公鸡都是芦花；母鸡却是非芦花。F_2 中，母鸡中一半是芦花，一半是非芦花，公鸡也是如此。这个遗传现象如何解释呢？可假定芦花基因 B 在 Z 染色体上，而且是显性。这样，芦花母鸡的基因型是 Z^BW，非芦花公鸡的基因型为 Z^bZ^b。两者交配，F_1 公鸡的基因型是 Z^BZ^b，是芦花；母鸡的基因型是 Z^bW，是非芦花。F_2 中，母鸡的基因型一半是 Z^BW，是芦花，一半是 Z^bW，是非芦花；公鸡的基因型一半是 Z^BZ^b，是芦花，一半是 Z^bZ^b，是非芦花。芦花母鸡与非芦花公鸡杂交（正交）如图 2-19 所示。

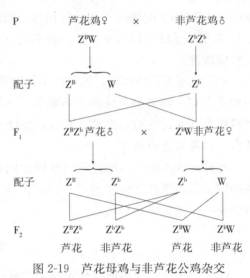

图 2-19 芦花母鸡与非芦花公鸡杂交

如果以非芦花母鸡（Z^bW）与芦花公鸡（Z^BZ^B）杂交（反交），结果就大不相同，F_1 公鸡和母鸡的羽毛全是芦花。F_1 公、母鸡互交，F_2 的公鸡全是芦花，母鸡则半数是芦花，半数是非芦花。这说明，正交和反交结果是不相同的，两性间的分离比数也是不相同的。非芦花母鸡与芦花公鸡杂交（反交）结果如图 2-20 所示。

人类的色盲遗传方式同芦花鸡的毛色遗传是完全一样。色盲有许多类型，最常见的是红绿色盲。经调查分析得知，控制色盲的基因是隐性基因 b，位于 X 染色体上，Y 染色体不携带有它的等位基因。如果母亲色盲（X^bX^b），父亲正常（X^BY），所生子女中，男孩必定是色盲（X^bY），女孩正常（X^BX^b），但她是一个色盲基因的携带

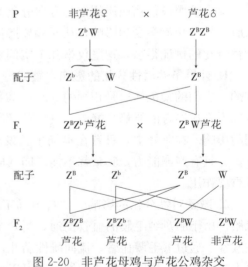

图 2-20 非芦花母鸡与芦花公鸡杂交

者。这个女孩以后如果和一个色盲男子婚配，他们所生的子女中，无论男孩或女孩中均有半数为色盲，半数正常。如果母亲正常（X^BX^B），父亲色盲（X^bY），他们所生的子女中，男孩（X^BY）或女孩（X^BX^b）均正常，但女孩带有一个色盲基因，像这种色盲父亲的色盲基因（b）随 X 染色体传给他的女儿，不能传给他的儿子，这种现象称为交叉遗传。如果该女

儿以后和一个正常男子婚配（X^BY），所生子女中，女孩正常，但其中半数带有一个色盲基因；所生男孩中，将有半数为色盲，半数正常。这两种色盲遗传的情况如图2-21所示。

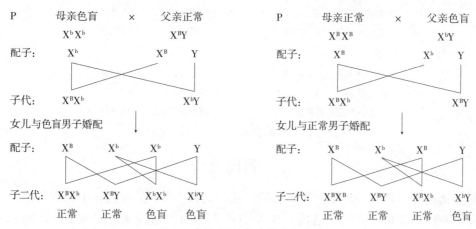

图2-21 人类色盲遗传情况图解

伴性遗传原理在养鸡业中广泛应用。鸡的Z染色体较大，包含的基因多，已有17个基因位点被精确定位于Z染色体上，有4对性状（慢羽对快羽、芦花羽对非芦花羽、银色羽对金色羽、正常型对矮小型）在育种中常用来自别雌雄。例如，用芦花母鸡和非芦花（洛岛红）公鸡杂交，在F_1代雏鸡中，凡绒羽为芦花羽色（黑色绒毛，头顶上有不规则的白色斑点）为公雏，全身黑色绒毛或背部有条斑的为母鸡；褐壳蛋鸡商品代目前几乎均利用伴性基因金银羽色基因（s/S）来自别雌雄，金色羽是隐性，银色羽是显性。用银色羽母鸡和金色羽公鸡杂交，F_1凡绒羽为银色羽的为公雏，反之为母雏；褐壳蛋鸡父母代也可利用羽速基因（K/k）自别雌雄，慢羽是显性，快羽是隐性。用慢羽的母鸡和快羽的公鸡杂交，F_1公雏皆慢羽，母雏皆快羽。

在蛋鸡制种过程中，往往父母代采用一对自别雌雄性状，商品代采用另一对自别雌雄性状，设计4系配套自别雌雄的杂交模式，如图2-22所示。

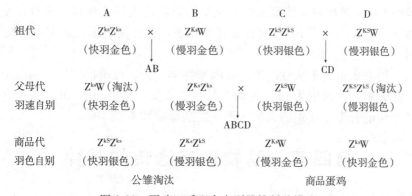

图2-22 蛋鸡四系配套自别雌雄制种模式

矮小体型基因dw在现代养鸡业中应用也很广泛，主要用于生产矮小型蛋用母鸡和肉用矮小型种母鸡。矮小型蛋用母鸡的生产过程为：培育矮小型父本品系与正常型母系交配，子代母鸡体型矮小，用作商品蛋鸡，公鸡为外表正常的dw基因携带者，一般在雏期淘汰。肉用矮小型种母鸡的利用价值在于降低种蛋生产成本，与正常公鸡交配，可以产生正常的商品肉用仔鸡，这样既不影响商品肉鸡的生产性能，又提高了经济效益。矮小基因 dw 的利用模式如图 2-23 所示。

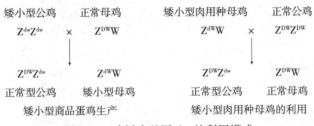

图 2-23 鸡矮小基因 dw 的利用模式

五、限性遗传

除伴性遗传外，还有一种限性遗传。限性遗传是指 Y 和 W 染色体上基因的遗传，其中 Y 染色体上基因的遗传又称限雄遗传，W 染色体上基因的遗传又称限雌遗传。例如人的毛耳性状遗传就是限雄遗传。限性遗传与伴性遗传不同，只局限于一种性别上表现；而伴性遗传则既可在雄性也可在雌性上表现，只是表现频率有所差别。限性遗传还区别于限性性状，限性性状是指某些性状只限于雄性或雌性上表现。例如，哺乳动物的雌性有发达的乳房，公孔雀有美丽的尾羽等。控制限性性状的基因或处在常染色体上，或处在性染色体上。限性性状既可指极为复杂的单位遗传性状，例如公畜遗传缺陷之一的隐睾症或单睾症，也可指极为复杂的性状综合体，例如产仔性状、泌乳性状、产蛋性状等。由此可知，控制限性性状的基因极为复杂。

六、从性遗传

从性遗传又称性影响遗传，其控制的性状称为从性性状（又称性影响性状）。从性性状是指性状的显隐性表现受性激素的影响，在雌性或雄性个体上表现不同，即同一基因在不同的性别中显隐性关系不同。控制该性状的基因处在常染色体上。例如，人的秃顶性状就是从性遗传。基因型 BB 在男性和女性都表现为秃顶，但女性秃顶症状轻于男性；基因型为 bb，则男、女性均不秃顶；杂合子 Bb 在男性表现为秃顶，在女性则表现正常，即性别不同，Bb 的表型也不同。

绵羊角的遗传方式也属于从性遗传。如陶塞特羊，公、母羊都有角，基因型为 HH；雪洛浦羊公、母都无角，基因型为 hh，这两个品种羊杂交，基因型为 Hh，公羊有角而母羊无角。由此可见，角的有无受性别的影响，不同性别显隐性关系不同。

第四节 动物形态遗传的规律

遗传标记是指可追踪染色体、染色体某一节段或某个基因座在家系中传递的任何一种遗传特性，是表示遗传多样性的手段。遗传标记具有两个基本特征：一是遗传性，即遗传标记要能够从上一代传递给下一代；二是可识别性，作为遗传标记要能够观察得到，或用物理、化学、生物的方法测定得到。因此，生物的任何有差异表型的基因突变型均可作为遗传标记。

任何遗传分析都是以遗传标记为基础的。19 世纪孟德尔完成的植物杂交试验所限定的性状就是遗传标记，但遗传标记这一术语却始见于20世纪50年代的微生物遗传研究领域，后来随着遗传学研究和育种实践的发展，遗传标记一词便频繁出现在各种遗传育种的研究与应用中。20世纪70年代以后，随着分子遗传技术的发展，遗传标记由形态、细胞、生化扩展到分子水平的标记，如RFLP标记、RAPD标记、DNA指纹等DNA标记，这里主要介绍形态遗传标记。

动物的形态遗传标记是一种可观察到的特定外部特征，如毛色、耳型等，也包括生理特性、生殖特性、抗病性等有关的一些特性。形态标记具有简单直观、经济方便等优点，且影响形态标记的基因及其在染色体上的位置大部分已清楚。因此，这些标记可作为动物品种或类型起源、演化及分类研究的标记。在动物中，这种标记很多，并且仍然在发展，主要的有毛色和体态特征。

一、毛色遗传标记

动物的各种毛色是由于色素的性质、颗粒形状、酶作用方式以及在皮毛中的分布和数量等的不同而形成的，属于质量性状。总的来说决定毛色的基因较少，作用效应较大，容易识别。例如，猪的白毛只有两个基因位点控制，而在另一些物种，毛色除受主要基因决定外，还有许多修饰基因在影响毛色的产生，遗传关系极为复杂，例如，鸡的毛色受20多个基因位点的影响。与遗传育种关系密切的各种动物的毛色遗传标记见表2-6。

表2-6 动物的毛色遗传标记

（钟金城，陈智华.2001.分子遗传学与动物育种）

物种	毛色性状表现	基因位点	等位基因		
			数目	基因符号	显隐关系
普通牛和瘤牛	红色	R	2	R, r	R>r
	黑色	B	2	B, b	B>b
	色片	S	5	S^D, S^H, S^C, S, s	$S^D>S^H>S^C>S>s$
	稀释深色	D	2	D, d	D>d
	隐性淡化	W_n	2	W_n, w_n	$W_n>w_n$
	显性淡化	W_p	2	W_p, w_p	$W_p>w_p$
	黧色	B_r	2	B_r, b_r	$B_r>b_r$
	季节性黑斑	B_s	2	B_s, b_s	$B_s>b_s$
	白斑	I_n	2	I_n, i_n	$I_n>i_n$
	白色	W_h	1	W_h	—
	晕毛	W	2	W, w	W>w
	局部淡化	D_p	2	D_p, d_p	$D_p>d_p$
水牛	皮肤颜色	B	2	B, b	B>b
	被毛颜色	R	2	R, r	R>r
猪	着色	C	3	C_I, C_B, C_R	$C_I>C_B>C_R$
	白带	S	2	S, s	S>s
	色斑	I_n	2	I_n, i_n	$I_n>i_n$

(续)

物种	毛色性状表现	基因位点	等位基因		
			数目	基因符号	显隐关系
绵羊	毛色	D	4	D, d, d_1, d_2	$d_1>D>d>d_2$
	显性上位	O	2	O, o	O>o
	稀释毛色	G	2	G, g	G>g
	色片分布	S	3	S, S^p, s	S>S^p>s
	黑色	E	2	E, e	E>e
山羊	野生型毛色	A	2	A, a	A>a
	稀释毛色	D	2	D, d	D>d
	上位白色	I	2	I, i	I>i
	白斑	S	3	S^t, S^d, s	S^t (S^d) >s
	背线	D	2	D, d	D>d
马	色带	A	2	A, a	A>a
	黑色	B	2	B, b	B>b
	白色	D	2	D, d	不完全显性
	沙色	R	2	R, r	R>r
	灰色	G	2	G, g	G>g
	色素扩散	E	3	E^D, E, e	E^D>E>e
	白色显性纯合致死	L_w	2	L_w, l_w	L_w>l_w
	白斑	P	2	P, p	P>p
	白流星	S	2	S, s	S>s
	白蹄	W_s	2	W_s, w_s	W_s>w_s
鸡	显性白色	I	2	I, i	I>i
	隐性白色	c	2	C, c	C>c
	非白化	A	2	A, a	A>a
	黑色	E	7	E, e^{wh}, e^+, e^p, e^s, e^{bc}, e^y	E>e^{wh}>e^+>e^p>e^s>e^{bc}>e^y
	银色	S	3	S, s, s^{al}	S>s>s^{al}
	芦花	B	2	B, b	B>b
	稀释深色	D_i	2	D_i, d_i	D_i>d_i
	加深深色	C_b	2	C_b, c_b	C_b>c_b
	青灰色	BL	2	BL, bl	不完全显性
	色斑	S_p	2	S_p, s_p	S_p>s_p
兔	形成色素	E	5	E^D, E^S, E, e^i, e	E^D>E^S>E>e^i>e
	决定野生型毛色	A	5	A^y, A^w, A, a^t, a	A^y>A^w>A>a^t>a
	白化	C	6	C, C^{ch3}, C^{ch2}, C^{ch1}, C^H, c	C>C^{ch3}>C^{ch2}>C^{ch1}>C^H>c

二、体态遗传标记

(一) 牛

1. 角 在牛品种中，角的有无和形状是一个最明显的形态标记。牛的无角和有角多数是由一对等位基因控制，无角基因 P 对有角基因 p 为显性，但在无角牛中常表现出角的痕迹，称为"痕迹角"。但在非洲瘤牛中，无角和有角由两对等位基因控制，有角基因对无角基因是上位。牦牛角的有无与普通家牛牛角性状的遗传方式相同。

2. 肩峰与胸垂　瘤牛、印度野牛及我国的南方牛的有肩峰有胸垂对无肩峰无胸垂为显性。但二者的发达程度，还受与性激素有关的许多微效基因影响。

3. 双肌尻　指牛的臀部和股部肌肉异常发达，在肌肉之间缺乏脂肪组织，进而形成臀沟，这一种现象存在于安格斯、夏洛来、海福特等一些肉牛品种中。双肌尻是由一对等位基因中的隐性基因 d_m 纯合造成的。

4. 体型　乳用牛与肉用牛的体型是由一对不完全显性的等位基因决定的。两种体型牛杂交后，F_1 代前躯为肉用型，后躯为乳用型。

（二）猪

1. 耳型　猪的耳型是由一对不完全显性的等位基因控制的，当纯合的垂耳猪与竖耳猪杂交时，F_1 代表现为半垂耳，F_2 代中垂耳、半垂耳、竖耳的数量为 1∶2∶1。

2. 背型　猪的背型也是由一对不完全显性的等位基因控制的。当纯合的凹背猪与直背猪杂交时，F_1 代表现为稍轻微的凹背，F_2 代凹背、稍轻微的凹背、直背的数量为 1∶2∶1。

（三）鸡

1. 冠形　鸡的冠形主要有单冠、豆形冠、玫瑰冠、胡桃冠等 4 种。是由 P 和 R 两对非等位基因互作控制的。

2. 羽形　鸡的丝毛羽由一对等位基因控制，隐性纯合体时为丝毛羽，显性纯合体与杂合体时为常羽。卷羽由一对不完全显性的等位基因控制。毛腿受两对等位基因控制，有毛对无毛均为显性。无羽属伴性遗传，由隐性基因 n 决定，显性基因 N 表现为有羽。

（四）绵羊

1. 角　绵羊角的遗传由 3 个复等位基因控制，其显性等级为：雌雄无角（H）＞雌雄有角（H'）＞雌无角雄有角（h）。但美利奴羊角属于从性遗传，雄性有角为显性，雌性无角为显性。因此探测各种羊的角基因型如下：

有角母羊：H'H'，H'h。

无角母羊：HH，H H'，Hh，hh。

有角公羊：H'H'，H'h，hh。

无角公羊：HH，H H'，Hh。

2. 耳型　耳型的遗传与几对基因有关，垂耳羊与竖耳羊交配的 F_1 代为半垂耳，即耳型之间存在有不完全显性。

3. 耳长　耳的长度与几对基因有关，无耳对长耳为不完全显性，无耳羊与长耳羊交配的 F_1 代为短耳（短耳羊在我国俗称为"马耳朵"羊）。

（五）山羊

1. 角　山羊角的有无由一对等位基因控制，无角对有角是显性，其无角基因与间性基因连锁于同一染色体上。

2. 毛髯　山羊的毛髯为伴性遗传性状，并以从性遗传方式遗传。在公羊中，有髯为显性，无髯为隐性；在母羊中，无髯为显性，有髯为隐性。

3. 耳型　垂耳与竖耳之间为不完全显性，两种类型的纯合子杂交后的 F_1 代为半垂耳。

4. 肉疣 由一对等位基因控制，显性基因可使喉部出现肉疣，多见于欧洲内陆起源的品种。

思考题

1. 一对基因杂合体的自交后代中，分离出 3 种基因型的个体，你认为其表现型之比是否一定是 3∶1？

2. 基因型为 AaBbCCddEeFfGG 的个体，可能产生的配子类型数是多少？

3. 分离规律的关键是什么？请从理论和实践上加以证实。

4. 自由组合规律的实质是什么？怎样证实？为什么？

5. 自由组合规律表明，F_2 代是选择的最好时机，为什么？如果在 F_2 代选得性状理想的个体，你怎样证明它是纯合体还是杂合体？

6. 连锁与交换规律的特点是什么？为什么重组合类型总低于 50%？

7. 哺乳动物中，雌雄比例大致接近 1∶1，怎样解释？

8. 你怎样区别某一性状是常染色体遗传，还是伴性遗传？举例来说明。

9. 伴性遗传、限性遗传、从性遗传的不同点有哪些？

10. 大约在 70 个表型正常的人中有一个白化基因杂合子。一个表型正常其双亲也正常但有一白化弟弟的女人，与一无亲缘关系的正常男人婚配。问他们如果有一个孩子，其患白化症的概率是多少？如果这个女人与其表型正常的表兄结婚，其子女患白化症的概率是多少？

11. 牛的无角状态（P）对有角状态（p）为显性。无角公牛分别与 3 头母牛杂交，其杂交方式和结果如下：

有角母牛 A×无角公牛→无角小牛

有角母牛 B×无角公牛→有角小牛

无角母牛 C×无角公牛→有角小牛

试分析其亲本和后代的基因型。

12. 某一羊群公羊都有角，另一羊群公母羊都没有角，这两类羊群杂交后，有角状态公羊都是显性，母羊是隐性。白毛对黑毛是显性，不分羊群或公母都是如此。今有纯种有角白毛公羊与纯种无角黑毛母羊杂交，F_1 和 F_2 角和毛色表型如何？有角黑毛公羊与无角白毛母羊杂交，产生了下列子代：公羊，1/4 有角白毛，1/4 有角黑毛，1/4 无角白毛，1/4 无角黑毛；母羊，1/2 无角黑毛，1/2 无角白毛，试问其亲本基因型如何？

13. 真实遗传的黑羽无头冠家鸡与真实遗传的红羽有头冠家鸡杂交。测交该交配之黑羽有头冠 F_2，产生的子裔总的比例是：4 黑羽有头冠∶2 黑羽无头冠∶2 红羽有头冠∶1 红羽无头冠。问：

(1) 哪一性状是由显性基因决定的？

(2) 亲本的基因型是什么？

(3) $F_1 \times F_1$ 交配，预期子裔的类型和比例如何？

14. 在鹰类中，有一种雕类，绿条纹鹰与全黄色鹰交配，子代全绿色和全黄色，其比例为 1∶1。当全绿 F_1 彼此交配时，产生比例为 6∶3∶2∶1 的全绿、全黄、绿条纹和黄条纹的小鹰。你如何解释这个现象？

15. 在家鸡中，B 是引起波纹羽的显性性连锁基因；b 呈全色羽。C 基因是任何着色所必需的；不管 B 基因是否存在，cc 为全白色。一个波纹羽公鸡与非波纹羽母鸡交配，产生 3 只白羽，2 只波纹羽，3 只全色羽仔鸡。问这对交配的理论预期如何？

16. 2 个正常的双亲有 4 个儿子，其中 2 人为血友病患者。以后，这对夫妇离了婚并各自与一表型正常的人结婚。母方再婚后生 6 个孩子，4 个女儿表型正常，2 个儿子中有 1 人患血友病。父方二婚后生了 8 个孩子，4 男 4 女都正常。问：

(1) 血友病是由显性基因还是隐性基因决定？

(2) 血友病的遗传类型是性连锁，还是常染色体基因的遗传？

(3) 这对双亲的基因型如何？

17. 两个色盲的双亲能否生出一个正常的男孩？能生出色盲的女孩吗？两个正常的双亲能生出一个色盲的男孩或色盲的女孩吗？

18. 在果蝇中已知灰身（B）对黑身（b）为显性，长翅（V）对残翅（v）为显性。现有一杂交组合，其 F_1 代为灰身长翅，试分析其亲本的基因型。如果以 F_1 的雌蝇与隐性亲本雄蝇测交，得到以下结果：

灰身长翅	黑身残翅	灰身残翅	黑身长翅
822	652	130	161

(1) 试分析说明这个结果是否属于连锁遗传？有无交换发生？

(2) 如属连锁交换，试求出交换率。

(3) 根据其交换率说明有多少性母细胞发生了交换。

19. 家畜的形态遗传主要有哪些规律？请从生产实践中找到 3 种以上家畜的毛色遗传现象，并加以解释。

第三章

动物群体的遗传

本章导读

本章主要阐述了群体遗传的规律,通过基因频率与基因型频率的概念与关系,介绍了基因平衡定律的要点,并进行了证明;依不同遗传情况对基因频率的计算方法进行了介绍,并利用实例讲解了其应用;同时就改变基因频率的因素,包括选择、突变、遗传漂变、群体混合与杂交及同型交配等进行了讲述;与此同时,还从染色体多样性、生化遗传多样性、DNA 多样性等角度介绍了遗传多样性的研究方法与应用。

本章任务

弄清基因频率与基因型频率的关系;掌握群体遗传平衡定律的要点并能应用于对群体遗传情况进行判断;学会从不同的遗传角度来计算基因频率;理解改变群体基因频率的因素;了解染色体多样性、生化遗传多样性、DNA 多样性等遗传多样性的内容及其应用。

群体遗传学最早起源于英国数学家哈迪和德国医学家温伯格于 1908 年提出的遗传平衡定律。以后,英国数学家费希尔、遗传学家霍尔丹和美国遗传学家赖特等建立了群体遗传学的数学基础及相关计算方法,从而初步形成了群体遗传学理论体系,群体遗传学也逐步发展成为一门独立的学科。群体遗传学是研究生物群体的遗传结构和遗传结构变化规律的科学,它应用数学和统计学的原理和方法研究生物群体中基因频率和基因型频率的变化,以及影响这些变化的环境选择效应、遗传突变作用、迁移及遗传漂变等因素与遗传结构的关系,由此来探讨生物进化的机制并为育种工作提供理论基础。从某种意义上来说,生物进化就是群体遗传结构持续变化和演变的过程,因此群体遗传学理论在生物进化机制特别是种内进化机制的研究中有着重要作用。

第一节 基因频率与基因型频率的关系

一、群体及孟德尔群体

遗传学所研究的群体不是机械的个体集合体,指一群可以相互交配而能够产生健全正常后代的个体，即一个物种、一个亚种、一个品种或一个变种所有成员的总和。群体中的每一个成员称为个体。例如秦川牛，不管是什么地方，只要是秦川牛，都属于秦川牛这个群体，每个秦川牛都是这个群体中的一个个体。但不同类群生物个体的总和不能称为群体，如马和驴组成的个体群。

在群体遗传学中所指的群体一般指孟德尔群体。最大的孟德尔群体可以是一个物种。所谓孟德尔群体指具有共同的基因库，并且是由有性交配的个体所组成的繁殖社会。如所有中国人即可视为一个孟德尔群体。但是居住在同一地域的同种个体，未必属于一个孟德尔群体。如1989年以前的南非共和国由于种族歧视，禁止黑种人和白种人结婚，阻碍了两者之间的基因交流，所以白种人和黑种人保持着各自不同的基因库。这就是说在同一地域的同一物种内，可以共存若干个孟德尔群体。在这个群体中全部个体所有基因的总和称为基因库。群体中每个个体的基因，都是群体基因库中的组成成分，在一群体内，不同个体的基因可能有不同的组合，但群体中所有的基因总是一定的。

孟德尔群体是以有性繁殖为前提的，经常指异交的生物群体，这里所说的异交就是群体内不同基因型个体之间的杂交。完全无性繁殖的生物不发生孟德尔分离现象，结果形成无性繁殖系或无性繁殖群，其基因的分配规律就不能用孟德尔的方法进行研究和鉴别。自交的植物和动物通常不发生基因交换，这些纯系也不能称作孟德尔种群。

孟德尔群体的研究对象是具有二倍体的染色体数，在个体水平上符合孟德尔定律，即后代都是由孟德尔分离所产生的配子随机结合而形成的，在这样的群体里虽然是研究许多基因在群体中的遗传，但它仍以孟德尔遗传定律为基础，是孟德尔遗传定律的发展。

个体的遗传结构指个体的基因型，除发生突变外，个体的基因型终身不变。由于时空的限制，个体无论如何优秀，其遗传影响面不大，且不持久。群体的遗传结构是指群体的基因频率和基因型频率。然而群体的成员多，分布面广，而且世代延续，所以群体遗传不受时空限制，可以广泛而长久地发挥遗传影响。同时，群体的遗传结构可以改变。现代动物育种的特点就在于利用各种手段，改变群体遗传结构，使符合人类需要的基因频率上升，不符合需要的基因频率下降，从而提高品种性能，达到品种改良的目的。当品种性能提高后，又通过各种措施去稳定群体遗传结构，从而保持品种特性。

二、基因频率

群体中的遗传基因和基因型需要保持平衡，才能保证畜种的世代延续。在研究群体变化、群体中某遗传病的变化时，需要了解该病的发病率及其遗传性状，这就要分析并计算基因频率。

基因频率是指一个群体中某一基因占其等位基因总数的相对比率。基因频率是群体遗传组成的基本标志，不同的群体的同一基因往往频率不同。

例如牛角性状是由一对等位基因控制的，决定无角的基因是显性，用P表示；决定有角的基因是隐性，用p表示。有的牛群（如黑白花奶牛）多数有角，少数无角；有的牛群（如无角海福特牛）则几乎全是无角。只是这两种牛群中P基因和p基因所占的比率不相同。在黑白花牛群中，无角基因P的频率占1%，有角基因p的频率占99%。而在无角海福特牛群中，p的频率为100%，P的频率为0。

在一个群体中，各等位基因频率的总和等于1。如上例黑白花奶牛群中，0.01+0.99=1；

无角海福特牛群中1+0=1。若是复等位基因，各基因的频率总和还是等于1。如人的ABO血型决定于3个等位基因：I^A、I^B和i。据C. S. FAN 1944年调查资料，中国（昆明）人中I^A基因频率约为0.24，I^B基因频率约为0.21，i基因频率约为0.55，3者的总和0.24+0.21+0.55=1。

由于基因频率是1个相对比率，是以百分率表示的，因此其变动范围在0~1，没有负值。

三、基因型频率

基因型频率是指一个群体中某一性状的各种基因型间的比率。仍以牛角性状为例，牛角有无决定于一对等位基因P和p，它们组成的基因型有3种：PP、Pp和pp，前2种表现为无角，后一种表现为有角。在各牛群中，3种基因型比例各异。某牛群中，PP占0.01%，Pp占1.98%，pp占98.01%，也就是说，PP的频率为0.0001，Pp的频率为0.0198，pp的频率为0.9801，3者之和等于1，即100%。

基因型频率并不是表型的比率，因为基因型不等于表型。上述的基因型有3种，而表型只有2种，即无角和有角，两者的比率是1.99%（0.01%+1.98%）和98.01%。

四、基因频率和基因型频率的关系

基因型是生物个体遗传组成类型（即基因组成的类型），因此基因和基因型之间有密切的关系。基因我们看不到，基因型我们也不能直接看到，只能用观察到的表型来决定其基因型，根据表型频率来计算基因型频率，进而计算基因频率。所以，要计算基因频率就必须研究基因频率和基因型频率的关系。

现以一对基因为例，设A和a是一对等位基因，其频率分别为p和q，$p+q=1$。这一对基因能构成AA、Aa和aa 3种基因型，它们的频率分别用D、H和R表示。其基因型频率如表3-1所示。

表3-1 基因频率与基因型频率

基因型	AA	Aa	aa
基因型频率	D	H	R
群内A基因位点	$2D$	H	0
群内a基因位点	0	H	$2R$

在整个群体中，如果群体总个体数为N，就有DN个AA基因型，每个基因型含两个A基因，因此有$2DN$个A基因；另有HN个Aa基因型，共有HN个A基因和HN个a基因；还有RN个aa基因型，包含有$2RN$个a基因。

这样，A基因的频率p为：$p = \dfrac{2DN + HN}{2N} = D + \dfrac{1}{2}H$

a基因的频率q为：$q = \dfrac{HN + 2RN}{2N} = \dfrac{1}{2}H + R$

一般难以分析整个群体的所有个体，就难以得到群体基因型频率（D、H、R）和等位基因频率（p、q）。但在群体中，我们可以抽取一些可供分析的个体（样本群体），通过计算基因型频率，我们就可以通过基因频率与基因型频率的关系计算基因频率。

第二节 基因平衡定律

一、基因平衡定律要点

1908年,英国数学家哈代（Hardy）和德国医生温伯格（Weinberg）分别发表了有关基因频率和基因型频率的重要规律,后来人们称之为哈代-温伯格定律,或称基因平衡定律、遗传平衡法则。这个定律的要点是：

(1) 在随机交配的大群体中,若没有其他因素的影响,基因频率一代一代下去始终保持不变。

(2) 任何一个大群体,无论其基因频率如何,只要经过一代随机交配,一对常染色体基因的基因频率就达到平衡状态。没有其他因素影响,以后一代一代随机交配下去,这种平衡状态始终保持不变。

(3) 在平衡状态下,基因型频率与基因频率的关系是：

$$D=p^2, \quad H=2pq, \quad R=q^2$$

随机交配,指群体内任何一个雌雄个体与其任何一个异性个体交配的概率均等。平衡群体,是指在世代更替的过程中,基因频率和基因型频率不变的群体。一个平衡群体必须具备以下条件：大群体、随机交配、无迁移现象、无突变、无选择。只有符合以上条件,才能建立并保持平衡群体的特性。

基因平衡定律在群体遗传学中是很重要的,它揭示基因频率和基因型频率的规律。由于这一规律,一个群体的遗传特性才能保持相对稳定。生物遗传特性的变异是由基因和基因型的差异引起的,这样就影响到基因频率和基因型频率的差异。但是在群体内各个个体间如果进行随机交配,那么将保持平衡,而不发生改变。即使由于突变、选择和迁移及杂交等因素改变了群体的基因频率和基因型频率,只要这些因素不继续产生作用,而进行随机交配,则这个群体仍将保持平衡。但是,群体平衡是有条件的,尤其在人工控制下通过选择、杂交或人工诱变等途径,就可以打破这种平衡,促使生物个体发生变异,因而群体的遗传特性也会随之改变。动物育种的目的就是在于打破群体中的固有基因频率和基因型频率,使之建立新的遗传平衡。

二、基因平衡定律的证明

(一) 数学上的证明

现以一对基因为例。设一对基因A和a组成的群体,0世代的基因频率分别是p_0和q_0,基因型频率分别为D_0、H_0和R_0；1世代的基因频率为p_1和q_1,基因型频率分别为D_1、H_1和R_1；2世代的基因频率为p_2和q_2,基因型频率为D_2、H_2和R_2。在一个大群体中,任何一个配子带有某一基因的概率为该基因在这个群体中的频率。因此,0世代个体产生的配子带有A基因的频率为p_0,带a基因的频率为q_0,也就是说,有p_0个配子带有A基因,有q_0个配子带有a基因。

在随机交配下,各雌雄配子随机结合,形成1世代个体的各基因型频率见表3-2。

表 3-2　基因和基因型及其频率

配子		精　子				
卵子	基因		A		a	
		频率	p_0		q_0	
	A	p_0	AA	p_0^2	Aa	$p_0 q_0$
	a	q_0	Aa	$p_0 q_0$	aa	q_0^2

由表 3-2 可见，1 世代的基因型频率：
$$D_1 = p_0^2, \quad H_1 = 2p_0 q_0, \quad R_1 = q_0^2$$
由此可计算 1 世代的基因频率：
$$p_1 = D_1 + \frac{1}{2}H_1 = p_0^2 + \frac{2p_0 q_0}{2} = p_0^2 + p_0 q_0 = p_0(p_0 + q_0) = p_0$$
$$q_1 = \frac{1}{2}H_1 + R_1 = p_0 q_0 + q_0^2 = q_0(p_0 + q_0) = q_0$$

同样可以证明：$p_2 = p_0, \ p_3 = p_0, \ \cdots, \ p_n = p_0$
$$q_2 = q_0, \ q_3 = q_0, \ \cdots, \ q_n = q_0$$

也就是一代一代传下去，基因频率保持不变。

无论 0 世代的基因型频率如何，其基因频率总是 p_0 和 q_0。在随机交配下，1 世代的基因型频率就是 p_0^2、$2p_0 q_0$ 和 q_0^2，基因频率仍是 p_0 和 q_0，因而 2 世代的基因型频率仍是 p_0^2、$2p_0 q_0$ 和 q_0^2。

由于 $p_0 = p_1 = p_2 = p_3 = \cdots = p_n$，$q_0 = q_1 = q_2 = q_3 = \cdots = q_n$，因此足码可以取消，从 1 世代开始，每个世代的基因型频率都是 p_0^2、$2p_0 q_0$ 和 q_0^2，始终保持不变。

例：某群体 0 世代的基因型频率：$D_0 = 0.4$，$H_0 = 0.6$，$R_0 = 0$。则基因频率：
$$p_0 = D_0 + \frac{1}{2}H_0 = 0.4 + 0.3 = 0.7$$
$$q_0 = \frac{1}{2}H_0 + R_0 = 0.3 + 0 = 0.3$$

1 世代的基因型频率：$D_1 = p_0^2 = 0.7^2 = 0.49$
$$H_1 = 2p_0 q_0 = 2 \times 0.7 \times 0.3 = 0.42$$
$$R_1 = q_0^2 = 0.3^2 = 0.09$$

1 世代的基因频率：$p_1 = \frac{1}{2}H_1 + D_1 = 0.21 + 0.49 = 0.70$
$$q_1 = \frac{1}{2}H_1 + R_1 = 0.21 + 0.09 = 0.30$$

2 世代的基因型频率：$D_2 = p_1^2 = 0.7^2 = 0.49$
$$H_2 = 2p_1 q_1 = 2 \times 0.7 \times 0.3 = 0.42$$
$$R_2 = q_1^2 = 0.3^2 = 0.09$$

2 世代的基因频率：$p_2 = D_2 + \frac{1}{2}H_2 = 0.79 + 0.21 = 0.7$

$$q_2 = \frac{1}{2}H_2 + R_2 = 0.21 + 0.09 = 0.3$$

由上可见，基因型频率虽然 $D_1 \neq D_0$，$H_1 \neq H_0$，$R_1 \neq R_0$，但经过一代随机交配，$D_1 = D_2 = \cdots = D_n = p^2$，$H_1 = H_2 = \cdots = H_n = 2pq$，$R_1 = R_2 = \cdots = R_n = q^2$。基因频率自始至终保持不变。

（二）生物学证明

以人类 MN 血型为例来证明基因平衡定律。例如人的 MN 血型是由一对常染色体基因控制的。MN 血型的基因型与表现型一致，可以用人群内表现型比率代替基因型比率，而且人群为大群体，血型为随机婚配。这一性状构成的群体满足基因平衡定律所要求的群体条件。据研究，人的 MN 血型是由一对常染色体基因控制，在人的红细胞中只有 M 抗原的为 M 型血型，只有 N 抗原的为 N 型血型，两者兼有的为 MN 型血型。我们假定 L^M 和 L^N 的基因频率为 p 和 q，$L^M L^M$、$L^M L^N$、$L^N L^N$ 的频率分别为 D、H 和 R。

1977 年某中心血站曾对居民中的 1 788 人进行了 MN 血型调查，资料如表 3-3 所示。

表 3-3　MN 血型分析结果

血型	M	MN	N	总计
基因型	$L^M L^M$	$L^M L^N$	$L^N L^N$	
观察值	397	861	530	1 788
观察频率	0.222 0	0.481 6	0.296 4	1

$L^M L^M$、$L^M L^N$、$L^N L^N$ 基因型频率依次为 $D=0.222\,0$、$H=0.481\,6$、$R=0.296\,4$，总和为 1。以此数据可计算 L^M、L^N 基因频率 p 和 q。

$$p = D + H/2 = 0.222\,0 + 0.481\,6/2 = 0.462\,8$$
$$q = R + H/2 = 0.296\,4 + 0.481\,6/2 = 0.537\,2$$

进而求出 M、MN、N 血型的理论频率和理论人数，并与这 3 种血型的实际人数和频率比较，看看该群体是否是一个平衡群体。分析的结果如表 3-4 所示。

表 3-4　MN 血型分析结果

血型	M	MN	N	总计
基因型观察频率	0.222 0	0.481 6	0.296 4	1
基因型理论频率	$p^2 = 0.462\,8^2 = 0.214\,2$	$2pq = 2 \times 0.462\,8 \times 0.537\,2 = 0.497\,2$	$q^2 = 0.537\,2^2 = 0.288\,6$	1
实际观察人数	397	861	530	1 788
理论人数	$1\,788 \times 0.214\,2 = 383$	$1\,788 \times 0.497\,2 = 889$	$1\,788 \times 0.288\,6 = 516$	1 788

3 种血型的实际人数及频率与平衡群体的理论值十分接近，同时用卡方进行检验表明，观察值与理论值相吻合。以上证明了 MN 血型在人群中基因频率和基因型频率均处于平衡状态，也证明了基因平衡定律。

（三）基因平衡定律的意义

这个定律揭示了在一个随机交配的大群体中，基因频率与基因型频率的遗传规律。

（1）正因为具有这样的规律，群体的遗传性才能保持相对稳定。生物的变异归根结底是基因和基因型的差异所引起的。同一群体内个体间的变异是由于等位基因的差异，而同物种的不同群体间的变异是由于基因频率的差异。因此基因频率的平衡对群体的稳定性起着保证作用。

（2）即使由于各种因素（选择、杂交、人工诱变、迁移等）改变群体的基因频率，只要这些因素不继续作用，又可恢复平衡。

（3）目前，改变群体的基因频率，仍是动植物育种工作中的主要手段之一。

三、基因频率的计算

1. 无显性或显性不完全时 这是最简单的情况。因为这时由表型可以直接识别基因型，统计表型比例就可以得到基因频率。例如，安达鲁西鸡的羽毛有黑、白和蓝3种，蓝色鸡是非常美丽的观赏型鸡。据遗传分析，黑羽鸡的基因型为BB，白羽鸡的基因型为bb，蓝羽鸡的基因型为Bb，B对b为不完全显性。调查大群安达鲁西鸡的结果，黑羽鸡占49%，白羽鸡占9%，蓝羽鸡占42%。我们马上就知道，BB基因型频率为$D=0.49$，Bb基因型频率为$H=0.42$，bb基因型频率为$R=0.09$。由此可计算出B基因的频率$=0.49+0.21=0.7$，b基因频率$=0.21+0.09=0.3$。

2. 显性完全时 当完全显性时，一对等位基因的基因型有3种，而表型只有两种。显性纯合子和杂合子的表型相同，不能区别，隐性纯合子却很容易辨认。根据推导，在一个随机交配大群体中，$R=q^2$，$q=\sqrt{R}$，$p=1-q$。例如，某一黑白花牛群统计，约有1%的牛为红白花，求这个牛群中红白花的基因频率。因为黑白花为显性，因此红白花的基因型必定是隐性纯合体，其频率$R=0.01$，$q=\sqrt{R}=0.1$，黑白花基因频率$p=1-q=1-0.1=0.9$。

3. 伴性基因 一对伴性基因，在雄异型生物中，雄性个体的表型和基因型一致；雌异型生物中，雌性个体的表型和基因型一致。因此以上两种情况皆可以从表型识别基因型，基因型频率就是基因频率。例如，人的红绿色盲，男人中色盲者所占的比例就是色盲基因在整个人群中的频率；又如在一个只有黑色羽和芦花羽两种羽色的随机交配大鸡群中，雌鸡中芦花羽的比例就是芦花羽基因在这个鸡群中的基因频率，黑色羽所占的比例就是黑羽基因在该群的基因频率。

4. 复等位基因 由于等位基因较多，基因型种类也多，因此计算比较复杂，下面以3个等位基因的计算方法为例来说明。

设A_1、A_2、A_3为复等位基因，其频率分别为p、q、r，那么，在一个随机交配大群体中，6种基因型的比例为：

$$\left(\begin{array}{ccc}A_1 & A_2 & A_3 \\ p & q & r\end{array}\right)^2 \rightarrow \left(\begin{array}{cccccc}A_1A_1 & A_1A_2 & A_1A_3 & A_2A_2 & A_2A_3 & A_3A_3 \\ p^2 & 2pq & 2pr & q^2 & 2qr & r^2\end{array}\right)$$

3种基因及频率　　　　　　6种基因型及频率

在求解复等位基因频率时，总是可以把3个等位基因当作2个等位基因来对待，采取剖分频率的方法，逐个求解。

例如，决定兔毛色的基因中有3个复等位基因，其中C对c^h和c表现为显性，c^h对c显性，CC、Cc^h、Cc都表现为全色，c^hc^h和c^hc表现为八黑，即为喜马拉雅毛色，cc表现为白化。某一随机交配大群体中，全色兔占75%，八黑兔占9%，白化兔占16%，求3种基因频率。

解：设 C 的频率为 p，c^h 的频率为 q，c 的频率为 r，又设八黑兔的比率为 H，白化兔的比率为 A，全色兔的比率为 $1-H-A$。模式分析：

$$\left(\frac{C\ \ c^h\ \ c}{p+q+r}\right)^2 = \left(\frac{CC\ \ Cc^h\ \ Cc\ \ c^hc^h\ \ c^hc\ \ cc}{p^2+2pq+2pr+q^2+2qr+r^2}\right)$$
$$\text{全色}(1-H-A)\ \ \text{八黑}(H)\ \ \text{白化}(A)$$

由于 $H+A = q^2+2qr+r^2 = (q+r)^2 = (1-p)^2$

已知，$H=0.09$，$A=0.16$，

因此，c 的频率 $r = \sqrt{A} = \sqrt{0.16} = 0.4$

C 的频率 $p = 1 - \sqrt{H+A} = 1 - \sqrt{0.09+0.16} = 1 - 0.5 = 0.5$

c^h 的频率 $= 1-p-r = 1-0.5-0.4 = 0.1$

第三节　改变基因频率的因素

任何群体的基因频率和基因型频率的平衡都是有条件的、相对的。无论是自然群体，还是人工饲养的群体，其基因频率和基因型频率每时每刻都可能受到各种因素的影响，研究这些因素，对阐明群体遗传进程和加速家畜品种改良都有重要意义。

一、突　变

基因突变对群体遗传组成的改变有两个重要的作用。第一，它供给自然选择的材料，没有突变，选择即无从发生作用；第二，突变本身就改变了基因频率。例如，一对等位基因，当基因 A 突变为基因 a 时，群体中 A 的频率就逐渐减少，a 的频率则逐渐增加。突变有时会连续发生，单位时间内突变发生的次数称为突变率，但在自然条件下，突变率是非常低的。有正突变 A→a，正突变率用 u 表示；也有反突变 a→A，反突变率用 v 表示。某一世代 a 的频率为 q，则 A 的频率为 $p=1-q$。那么下一代 A 的基因频率将发生两方面的改变：一方面减少 $u(1-q)$，另一方面增加 vq，如果减少和增加的正好相等，基因频率就保持平衡，即：

$$u(1-q) = vq$$
$$q = u/(u+v)$$
$$p = 1-q = v/(u+v)$$

基因频率未达到平衡时，则群体内 A 的频率的改变（Δp），将是基因 A 频率的增加量（qv）减去基因 A 频率的减少量（pu），即 $\Delta p = qv - pu$。当 $\Delta p = 0$ 时，即 $qv = pu$ 时，群体就达到平衡。如果一对等位基因的正、反突变速率相等（即 $v=u$），则 p 和 q 的平衡值是 0.5。若一对等位基因的正突变速率是反突变速率的 2 倍，即 $u=2v$，则 a 的基因频率逐代增加，到 $q = u/(v+u) = 2v/(v+2v) = 2/3 = 0.67$，$p = 1-q = 0.33$ 时，这个群体的 A 和 a 的基因频率又达到了新的平衡。

由于正、反突变频率不同，群体中上、下代间的频率也就发生了改变。但基因的自然突变率一般很小，所以在短时间内对群体遗传组成影响极微。

在自然界中，如果突变型有更大的适应性，突变基因便容易保存下来，否则就容易消失。如果显性基因突变为隐性基因，而且是一个有害基因，由于纯合的概率很小，有害性状

暂时不表现出来，而不被淘汰，有害基因就会在群体中慢慢增多而扩散。如果突变基因对人类有利，在人工选择的作用下，这个突变基因的频率将得到较快增加。

二、选　择

自然选择和人工选择都是改变基因频率的重要因素。在自然界，由于长期自然选择的作用，改变了群体基因频率，使生物形成了各式各样的生态类群，即不同的物种和变种。可以说，自然选择是生物进化的决定因素。与自然选择相比，人工选择的作用要大得多。在人工选择的作用下，群体基因频率和基因型频率朝着一定方向改变，逐渐形成了符合人类要求的各种各样的畜禽品种。可以说，品种是人工选择的产物，品种间的差别就在于它们的某些性状在基因频率上有差异。所以，人工选择是家畜育种的根本内容。关于选择对基因的影响将在第六章中较详细叙述。

三、遗传漂变

基因平衡定律适用于无限大的群体，这样基因频率才不致因取样误差而随机波动，然而群体并非总是无限大的，因而基因频率也会发生波动。这种在有限的群体内，由于个体的随机选留和个体间随机交配，以及基因在配子里的随机分离和在合子里的随机重组，所产生的随机误差而引起群体基因频率的变化，称为遗传漂变或基因随机漂移。这是由于在一个小群体内与其他群体隔离，不能充分地随机婚配，因而在群体内基因不能达到完全自由分离和组合，致使基因频率容易发生偏差，这种偏差不是突变、选择等因素引起的，而是由于小群体内基因分离和组合时产生的误差所引起的。

例如，在一个具有 1 000 头种猪的猪场中，有 20 头猪是某一隐性有害基因的杂合子（表型与正常猪无区别）。这一隐性基因在该猪群中的频率为 1%。如果有两个买主来场购买种猪，甲买主购买的 10 头种猪中没有一头带有该隐性基因，因而该隐性基因由原来的 1% 一下子降到 0；若乙买主购买的 10 头种猪全部是带有隐性基因的杂合子，于是该隐性基因由原来的 1% 猛增到 50%。

又如，某牧场的猪群中引起阴囊疝的基因（隐性）频率为 0.01，其等位基因的频率为 0.99；群体中显性纯合体的频率为 $D=0.99^2=0.9801$，杂合体频率 $H=2\times0.99\times0.01=0.0198$。如果从这个猪群中选购 1 公 1 母两头猪，有 3 种可能性：

（1）取两头都是显性纯合体的概率为 $0.9801\times0.9801=0.9606$，由这两头猪繁殖成的新群体中 $p=1$，$q=0$。

（2）取两头都是杂合体的概率为 $0.0198\times0.0198=0.0004$，由这两头猪繁殖成的新群体中 $p=0.5$，$q=0.5$。

（3）取一头是显性纯合体，一头是杂合体的概率为 $2\times0.9801\times0.0198=0.0388$，由这两头猪繁殖成的新群体中 $p=0.75$，$q=0.25$。

由上述例子可知，来自同一群体的子群体，基因频率各不相同，与原群体也不相同。一个频率很低的基因，很容易在一个子群体中消失，也可能向高漂变，但概率很小。相反，一个频率高的基因，也有可能在子群体中消失，但概率很小，而向高漂变的概率很大。

一个群体愈小，遗传漂变的作用愈大；群体愈大，遗传漂变作用就缓慢。当群体很大时，个体间容易达到充分的随机交配，遗传漂变的作用就消失了（或者当群体纯化了，遗传漂变作用就消失了)。群体大小与遗传漂变的关系如图 3-1 所示。

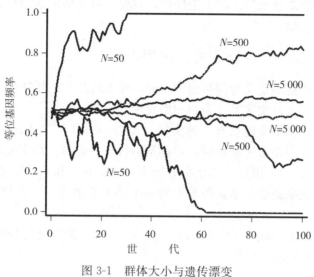

图 3-1 群体大小与遗传漂变

四、迁 移

迁移指群体间个体的流动或基因的交流。个体的迁移同样也是影响群体基因频率的一个因素。设有一个大的群体,每代的迁入比例为 m,原有个体比例为 $1-m$,迁入个体某基因频率为 q_m,原有个体某基因频率为 q_0。则在混合群体内基因频率 q_1 为:

$$q_1 = mq_m + (1-m)q_0 = m(q_m - q_0) + q_0$$

迁入一代引起的基因频率变化 Δq 为:

$$\Delta q = q_1 - q_0 = m(q_m - q_0)$$

可见,在有迁入的群体里基因频率的变化等于迁入率同迁入个体基因频率与本群体基因频率的差异的乘积。

五、杂 交

杂交实际上是不同群体的混杂。两个基因频率不同的群体混合,当代的基因频率是两个群体各自基因频率的加权均数。例如一个 1 500 只蛋鸡群(全是母鸡),a 基因的频率为 0.6;另一个 100 只公鸡群中 a 基因的频率为 0.2。公、母鸡混群后,a 基因频率为:

$$q = \frac{1\,500 \times 0.6 + 100 \times 0.2}{1\,500 + 100} = 0.575$$

如果两个群体杂交,F_1 群体的基因频率为两个亲本群体原有基因频率的算术平均数。例如,某牛场有 1 000 头海福特母牛(无角基因频率为 0,有角基因频率为 1),与两头安格斯公牛(无角基因频率为 1,有角基因频率为 0)杂交,所产后代杂种群的无角基因频率为 $(0+1)/2 = 0.5$,有角基因频率 $= (1+0)/2 = 0.5$。

在畜牧生产中,杂交对基因频率的影响是很复杂的,两个家畜品种并不是所有的基因频率都不相同。例如,约克夏和长白猪,在毛色方面,白色基因频率都等于 1,黑色基因频率为 0,这样两个群体杂交,在毛色的基因频率上就不会发生改变。可是,往往群间并不全面杂交，有些仍保持纯繁，有些杂种后代进行横交，还有的进行回交，种种情况全有。因此，其基因频率的变化是非常复杂的。但无论如何，只要没有其他因素影响，混杂群体的基因频率总是趋于原两群体之间。

六、同型交配

如果把同型交配严格地定义为同基因型交配，那么近交和同质选配都只是部分地同型交配，只有极端的近交方式自交才是完全的同型交配。

以一对基因为例，同型交配仅有3种类型：AA×AA；Aa×Aa；aa×aa。第一种和第三种交配类型所生子女与亲本完全相同，即都是纯合子，而第二种交配类型所生子女则分离为3种基因型，即AA、Aa和aa，其比率分别为0.25、0.5和0.25，也就是说，通过一代同型交配，杂合子的比率减少一半，但减少的一半并不是消失了，而是分离为两种纯合子，AA和aa各占1/4。

现设原始群体的基因型频率 $D=0$，$H=1$，$R=0$，如果连续进行同型交配，各代的基因型频率变化如表3-5所示。

表3-5 连续同型交配各代的基因型频率变化表

世代	不同基因型的频率		
	AA	Aa	aa
0	0	1	0
1	0.250 0	0.500	0.250 0
2	0.375 0	0.250 0	0.375 0
3	0.437 5	0.125 0	0.439 5
4	0.468 8	0.062 5	0.468 8
5	0.484 4	0.031 2	0.484 4
6	0.492 2	0.015 6	0.492 2

各代基因频率：

0世代　$p=0+1/2=0.5$　　　　　　　　$q=1/2+0=0.5$

1世代　$p=0.25+0.5/2=0.5$　　　　　$q=0.5/2+0.25=0.5$

2世代　$p=0.375+0.25/2=0.5$　　　　$q=0.25/2+0.375=0.5$

3世代　$p=0.4375+0.125/2=0.5$　　　$q=0.125/2+0.4375=0.5$

从以上可以看出，基因型频率虽然代代变化，但基因频率都始终不变。可见同型交配本身只能改变基因型频率，却不能改变基因频率。但是在畜禽近交过程中，由于近交个体有限，加上严格选择，因此基因频率会发生显著变化，这并不是近交本身的效应，而是遗传漂变和选择的效应。

第四节　遗传多样性

遗传多样性是指存在于生物个体内、单个物种内以及物种之间的基因和基因型的多样性。一个物种的遗传组成决定着它的特点，这包括它对特定环境的适应性，以及它被人类的可利用性等特点。任何一个特定的个体和物种都保持着大量的遗传类型，就此意义而言，它们可以被看作单独的基因库。基因多样性，包括分子、细胞和个体3个水平上的遗传变异度，因而成为生命进化和物种分化的基础。遗传多样性与物种多样性和生态系统多样性彼此有机联系，共同构成生物的多样性，而遗传多样性是物种及生态系统多样性的重要基础。

一个物种的遗传变异愈丰富，它对生存环境的适应能力便愈强；而一个物种的适应能力愈强，则它的进化潜力也愈大。我国有着丰富多样的野生动、植物和微生物资源。其物种、亚种或变种都具有丰富的遗传变异，是遗传多样性的珍贵宝库。几千年来，我国人民在农业生产活动中，驯化和培育了许多栽培植物和饲养动物，它们的遗传多样性也十分丰富。正是这些丰富的遗传多样性为中国物种的多样性奠定了基础，而通过丰富的物种多样性又形成我国不同类型的生态系统。

在生物的长期演化过程中，遗传物质的改变（突变）是产生遗传多样性的根本原因。近年来随着分子生物学技术的迅猛发展，对家畜的遗传多样性进行了大量研究。其研究方法主要是从染色体、蛋白质和DNA水平来分析畜禽的遗传多样性。

一、染色体多样性

动物细胞染色体的变异，它包括染色体核型和染色体带型的变化。染色体数目和结构在第一章中已作了论述，本节仅对染色体的各种带型进行讨论。

染色体带型是指染色体标本经过某种特殊的理化方法及染料染色后，其上不同部位显示一系列连续的明暗相间或深浅不同的带纹或标记，其变异种类以及变异在群体内和群体间出现的频率是检验遗传多样性的重要指标。20世纪70年代以来，染色体的显带技术不断发展，能显示的带数也不断增加。染色体显带技术的发展，对医学、家畜遗传资源学研究都具有十分重要的意义。最常用的显带技术有Q带、G带、C带、R带、T带、Ag-NOR带和SCE带等，这些分带已用于哺乳动物的染色体研究。

（一）染色体带型

1. Q带 Q带也称荧光带，用喹吖因等荧光染料进行哺乳动物染色体处理后，在整个染色体上显示出来的一系列明暗带。Q带是最早应用的显带方法，目前可结合电脑图像分析系统作Q带核型分析。

2. G带 G带是指用胰蛋白酶处理染色体标本后，通过姬姆萨（Giemsa）染色而在整个染色体臂上显示出的一系列明暗带。G带在人类和动物染色体的研究中得到广泛应用，人们已根据显带的带型特征绘制出牛、猪、山羊、绵羊等动物的染色体G带模式图，作为G带的带型标准用于各种比较分析。

3. C带 C带是专门显示结构异染色质的选择性分带。对染色体用特殊方法，如酸、碱、高温处理等，才可显示C带。C带的一个显著特点是在一个物种内，其大小、位置、数目、DNA成分和着色强弱均有很大的多态性，都以严格的孟德尔方式遗传。哺乳动物的Y染色体，往往整条或整个长臂都是异染色质，C带极为明显，这一点可以作为一些物种识别Y染色体的重要标志。

4. R带 R带是指用高温（通常87℃）的离子溶液处理染色体标本，再用Giemsa或吖啶橙染色后在整个染色体上出现的明暗带。R带的着色正是Q带和G带的阴性带。因此，在染色体识别中，将这3种显带技术相结合，则可收到相辅相成的效果。

5. T 带 T 带是采用比 R 显带技术更为剧烈的热处理或者联合应用染料或荧光素识别 R 带亚组——着色最深的 R 带后呈现的区带，典型的 T 带呈绿色。采用此方法可识别最富 GC 的 R 带，又称端粒带。

6. 银染（Ag-NOR）带 染色体的次缢痕区域包合拷贝数不等的 18 S＋28 S rRNA 基因，它在细胞分裂过程中决定核仁的形成，因而称为核仁组织者（NOR）。在用硝酸银染色时，这一区域特异性地被染成黑色，称为银染带（Ag-NOR 带）。在动物中，NOR 的数目和着色强弱或大小在不同的物种、品种、个体之间均有差异，而 NOR 在任一特定染色体着色的程度又是一种固有的特性。因此，与 C 带一样，Ag-NOR 带也是一种物种的多态性的特征，目前已被广泛应用于动物遗传育种研究中。

7. 姐妹染色单体交换带 姐妹染色单体交换（sister chromatid exchange，SCE）是指两条姐妹染色单体在相同位置上发生同等对称的片段交换，而染色体的外形不变，因而在常规 Giemsa 染色时，由于两条姐妹染色单体均染成相同的颜色而无法识别，故在细胞培养时，加入一定量 5-溴脱氧尿嘧啶（BrdU），由于 BrdU 能取代胸腺嘧啶核苷而掺入新复制的 DNA 链中，因此用 Giemsa 染色时，可清楚看到双股都含有 BrdU 的 DNA 链组成的单体着色浅，而单股含 BrdU 的 DNA 链所组成的单体着色较深。这样就可以利用这一姐妹染色单体分化着色的技术，检查细胞中姐妹染色单体交换情况。许多突变剂和致癌剂可诱发 SCE 和诱发染色体断裂、重排，这些因素对 SCE 要比染色体畸变敏感得多。因此，SCE 分析已成为检测 DNA 损伤、生物稳定性、染色体脆性位点常用的细胞遗传方法。

8. 高分辨染色体分带 为了增加 G 带的数目，细胞遗传学家研究出大量制备前期或中前期染色体标本的方法，即高分辨染色体显带技术，这种染色体称为高分辨染色体。随着高分辨技术的不断发展，家畜染色体的显带数目将随着增加，从而大大提高人们对染色体的分辨能力。这无疑有助于研究染色体的结构，检测染色体的畸变，分析种间或品种间染色体的差异，从而进行基因的准确定位等。

（二）染色体多样性的应用

1. 分类和品种鉴定 染色体是基因的载体，它支配着遗传和变异，并控制着发育。而染色体自身的结构和行为也受基因的调控。不同生物种属间染色体数目、染色体带型各不相同，因此可作为动物分类的依据。染色体组分析法的基本思想是以衡量染色体的同源程度来研究物种与物种之间，以至于属与属之间的亲缘关系及演化规律，从而建立以不同染色体组构成为基础的分类单位——属。

在动物分类方面，如中国黄牛包括 49 个地方品种和 4 个育成品种。中国是世界上家牛品种较多、基因资源较丰富的国家之一。《中国牛品种志》根据地理环境分布、生态条件及体型特征，将中国黄牛分为北方黄牛、南方黄牛和中原黄牛 3 大类型。随着细胞遗传技术的发展，我国学者用常规法、G 带、C 带和 Ag-NOR 技术对中国黄牛的染色体做了大量的研究工作，发现《中国牛品种志》的分类基本上是正确的，但有些出入。例如西藏牛、丽江牛、迪庆牛的 Y 染色体为中着丝点或亚中着丝点，应属北方黄牛；鲁西牛、南阳牛的 Y 染色体为近端着丝点，应属南方黄牛；岭南牛的 Y 染色体为中着丝点和近端着丝点，应属中原黄牛。这充分说明运用细胞遗传标记可以区分形态差别小或者形态差异无法分辨的动物。此外，细胞遗传标记也是转基因动物检测的重要指标。许多转基因动物的染色体数目不变，但其内部结构有所变化，同时在细胞有丝分裂过程中可能出现反常现象。

2. 亲缘关系和演化 随着物种分化和进化，染色体的结构和数目会发生较大的变化，形成物种间染色体的多态性。如 Makino 通过观察绵羊、山羊染色体的形态之间存在很大的相似性，首先提出了绵羊、山羊可能起源于共同的祖先。王子淑（1982）以 Ag-NOR 为指标，探讨了家猪起源进化的关系，结果表明 NOR 银染程度与家猪的血缘有一致的关系，欧洲家猪与亚洲家猪有显著的差异。对洞角反刍科的山羊、绵羊和牛的 G 带和 Ag-NOR 进行比较，发现它们的 Ag-NOR 数目和变化范围相近，同时 G 带也有极大的相似性。

3. 基因定位和基因图谱构建 目前大量的基因定位研究项目已经开展起来，通常有 5 种不同的定位途径，包括家系中重组频率的研究、细胞杂交的方法、原位分子杂交的方法、RFLP 的应用以及微卫星技术的应用等。其中细胞杂交法和原位分子杂交法属于细胞遗传标记范畴。高分辨技术能提高定位的准确性，它的应用为发现和定位更多的细微染色体异常，诸如细小的缺失、重复、易位、倒位等提供了条件。例如用高分辨显带技术准确地将人类 β-2 微球蛋白基因定位于 15 号染色体上。因此，可以预言，把高分辨显带技术与原位杂交等分子遗传技术的有关技术结合使用，必将有助于绘制完善和准确的生物基因定位图。

4. 在医学中的应用 病理的变化是从基因水平发生改变，或是转录、翻译过程发生改变，最终导致基因表达产物或者代谢功能发生变化。现在运用细胞化学定位、流式细胞仪、荧光分子杂交等细胞遗传技术手段，不仅可以测得病体生化物质分布的量的改变，甚至可以直接从基因水平了解疾病的发生。

在肿瘤研究中，不少研究者应用高分辨显带方法获得了质量较高的白血病染色体标本。已有的资料表明，多数白血病淋巴瘤都有染色体间的易位、DNA 的互换，以及染色体片段的丢失。

二、生化遗传多样性

生化遗传多样性是指能反映生物变异和生物多样性的生化特征特性的遗传多样性。生化遗传多样性是在蛋白质多态性的基础上发展起来的标记方法，主要是指各种血型性状，包括免疫遗传多样性和蛋白型遗传多样性。血型遗传多样性是指由遗传决定的各种血液特性，主要有两大类：一类是以细胞膜抗原结构的差异为特征的红细胞抗原型和白细胞抗原型，另一类是以蛋白质化学结构微小差异为特征的蛋白质多态性和同工酶。目前所指的生化多样性主要是蛋白质多样性，通常可分为非酶蛋白多样性和酶蛋白多样性。在非酶蛋白中，用得较多的是血液蛋白。酶蛋白则包括同工酶和等位酶。

（一）生化遗传多样性的类型

1. 红细胞血型 从 19 世纪 40 年代到现在，人们已对家畜的红细胞血型进行了较为详细的研究，不同品种家畜的血型表现多态性，即等位基因频率有差异，具有品种特征，但呈简单的遗传方式。从理论上来说，要作为遗传标记来提高数量性状育种值是有限的，除非发现对数量性状有重要影响的基因，才可能有效地用于家畜经济性状的选择。

对红细胞血型常用的方法是用抗体去区分血样中含有的抗原，依此分成一定的血型。如人的 ABO 系统、Rh 系统；牛的 A 系统、B 系统、C 系统、D 系统……T 系统等。

2. 血液蛋白型 对于血清、血红蛋白、乳汁、精液、胃液等液态的样品，可用电泳的方法分离蛋白质，按其所含的蛋白质成分划分血型。如血清的运铁蛋白型、白蛋白型、后白蛋白型、前白蛋白型、碱性磷酸酶型、淀粉酶型、血浆铜蓝蛋白型，乳汁的 α-乳清蛋白、β-

乳清蛋白等。

目前，已经在家畜的血液、肌肉、脏器和其他体液中陆续地鉴定出许多蛋白质和非蛋白质变异类型。在普通家牛和瘤牛中，至少发现了 30 多个血液蛋白（酶）存在多态性，共 100 多个等位基因。在家猪中，共检测了 36 个血液蛋白（酶）座位，发现有 20 个左右座位存在多态性。在山羊中，共检测了 33 个血液蛋白（酶）座位，发现有 22 个座位存在多态性。在绵羊中，共检测了约 30 个血液蛋白（酶）座位，发现有 20 多个座位存在多态性。在家鸡中，共检测了 40 个左右血液蛋白（酶）座位，发现有 20 多个座位存在多态性。

（二）生化遗传多样性在遗传育种中的应用

生化多态性的研究是从蛋白质分子水平阐明群体中基因频率变化的有效手段，它的研究对于揭示品种或群体的种质遗传特性，分析品种或群体的起源、进化及亲缘关系，筛选与经济性状相关的有效标记，预测杂种优势，识别具有优良基因的个体，探讨生化遗传标记与地域适应性及抗病性的关系等方面都具有重要的学术意义和实用价值。

1. 揭示品种或群体的种质遗传特性　国内外就不同畜种以及同一畜种内的不同品种或群体已经进行了相当广泛的研究，涉及常见的猪、牛、羊、兔、驴、鸡、鸭等畜禽，其研究成果成为家畜品种资源评价、保护与合理利用的科学依据之一。研究表明，不同家畜品种或群体多型座位的基因型不同，其基因频率也不尽相同，即使同一品种内的多个群体间也可能不同，而且每一个品种所具有的多态性座位数、等位基因数目以及基因频率等方面构成了其本身的遗传结构和基因储备。

2. 分析品种或群体的起源、进化及亲缘关系　动物的血型标记数目多，检测简单易行，等位基因之间大多数是共显性关系，且现存的基因基本上都经过了长期的自然选择和遗传演变过程而体现了品种的形成历史。因此，以生化遗传多样性作为有效标记，在研究家畜品种或群体的遗传结构、分析品种间亲缘关系、进行品种分类、解决同种异名问题、探讨家畜品种起源系统以及进化历程等方面发挥了积极作用，具有十分重要的理论和实用价值。如在山羊上曾有报道，用血液蛋白多样性对山羊胚胎切割后所产羔羊的亲子鉴定成功率达 100%。

3. 筛选与经济性状相关的有效标记　对于生化遗传多样性与经济性状之间的关系，人们已经作了较为细致的研究。业已发现，家畜的若干经济性状与生化遗传多样性具有一定的关系，主要包括生长性能（初生重、日增重等）、肉质性状（瘦肉率、背膘厚等）、繁殖性能（精液品质、受精率、胚胎死亡率、产仔数、双羔率等）、泌乳性状（泌乳量、乳脂率等）以及产毛性能等。控制这些经济性状的基因可能直接或间接与生化遗传标记有关，搞清这种关系后，人们就可根据生化遗传标记来进行标记辅助选择，加速品种的改良或育种进程。但是，由于目前人们对大多数数量性状的遗传基础并不十分清楚，这种相关性尚无法找到一个十分令人信服的结论。

4. 预测杂种优势　杂种优势的利用不仅仅是个杂交问题，更主要的是杂交组合的配合问题。从理论上讲，遗传距离大的两个亲本杂交，杂种才会在生产性能等方面具有优势。王忠华等（2002）测定了杜洛克猪（杜）、长白猪（长）、大白猪（大）、杜×长大、大×长大、长×大、大×长共 7 个品种（组合）的 8 个血浆蛋白（酶）位点的多样性及部分生长和胴体性状，以探讨血浆蛋白（酶）多样性与杂种优势的关系。结果表明，平均杂合度与遗传距离呈正相关，与日增重、屠宰率、背膘厚、后腿比例的实测值或杂优率呈正相关，与眼肌面积的实测值和杂优率呈负相关。同时，证实平均基因杂合度和亲本间遗传距离都可为预测杂种优势提供客观依据。

5. 探讨生化遗传标记与地域适应性及抗病性的关系　国内外的研究报告证实,某些单一的生化遗传标记往往与地域适应性之间存在较强的相关性,反映了家畜适应于特定生态环境的生理特性。例如,绵羊、山羊和牦牛等家畜血红蛋白基因 Hb^A 频率随海拔升高而增加,AA 型个体对高海拔、氧气稀薄的环境更适应。

近年来的研究结果还显示出家畜对某些疾病的抵抗性和易感性是可以遗传的,而且它们与少数生化遗传标记的基因型之间具有一定的联系,可以将基因型作为识别抗病性的标记。例如,山羊羔羊死亡率与母羊转铁蛋白型存在相关性,鸡血清碱性磷酸酶的多样性与对马立克病毒抗性的强弱以及对蛔虫的抗性强弱也有相关性。

三、DNA 多样性

DNA 多样性直接反映生物个体在 DNA 水平上的遗传差异。其研究方法是 20 世纪 70 年代才发现的,由于具有直接以 DNA 的形式出现、无上位效应、不受环境的影响、多态性几乎遍及生物的整个基因组等其他遗传标记无法比拟的优点,一问世就被广泛应用于动植物遗传育种研究中。随着分子数量遗传学的建立和发展,未来的动物育种工作将是以分子育种为主的实践过程。因此,运用分子生物学技术改良畜禽生产性能的研究已成为当今世界畜禽遗传育种研究中最为热门的课题之一。DNA 分子标记是以 DNA 多态性为基础的遗传标记,多态性丰富,能够稳定遗传,且遗传方式简单,可以反映生物的群体和个体特征,已得到广泛应用。

20 世纪 70 年代后期,限制性内切酶的发现以及重组 DNA 技术的创立,使得分子遗传标记的产生和应用成为可能。20 世纪 80 年代以来,分子生物学技术取得了突破性进展,特别是聚合酶链反应(PCR)技术和新的电泳技术的出现,使得分子遗传标记技术迅速发展。分子遗传标记的种类很多,目前已发展出十几种 DNA 标记技术,它们各具特色并为不同的研究目标提供了丰富的技术手段。

(一) DNA 多样性的研究方法

1. 限制性片段长度多态性标记　1974 年由 Grodjicker 等人提出限制性片段长度多态性(restriction fragment length polymorphism,RFLP)标记方法,它是 20 世纪 70 年代中期在分子生物学技术发展和完善的基础上形成的一种分子标记。作为第一代分子遗传标记,它最早用于人基因组的研究,随着 PCR 技术和电泳技术的不断完善,RFLP 在动物的遗传育种上也得到了广泛的应用。

2. 随机扩增多态性 DNA 标记　随机扩增多态性 DNA(random amplified polymorphisms DNA,RAPD)标记,是 1990 年由 William 和 Welsh 领导的两个研究小组同时提出的,它是通过对 PCR 产物的凝胶电泳检测,检测出基因组 DNA 在这些区域的多态性。与 RFLP 相比,它较便宜,方便易行,DNA 用量少,实验设备简单,而且不需要同位素,安全性好。但是 RAPD 受条件影响很大,因此对设备、条件及操作的要求都很严格,若达不到要求,稳定性和重复性就很难保证。

3. 扩增片段长度多态性标记　扩增片段长度多态性(amplified fragment length polymorphism,AFLP)标记是在 PCR 和 RFLP 技术的基础上发展起来的一种 DNA 标记。通过一些实验室和科学家的使用和验证,AFLP 被认为是一种十分理想的、有效的分子标记技术，它可以在短时间内提供巨大的信息量，因而有着广泛的应用。尽管它产生时间还不长，但在指纹图谱技术、遗传图谱构建中使用很广泛，预计 AFLP 在动物分子育种中将发挥更大的作用。其缺点为：实验成本较高，基因组的不完全酶切影响实验结果，所以实验对 DNA 纯度和内切酶的质量要求较高，同时要求实验人员有很高的操作技能。

4. 聚合酶链反应-单链构象多态性标记 聚合酶链反应-单链构象多态性（polymerase chain reaction-single strand conformation polymorphism，PCR-SSCP）标记方法最早是日本学者金泽等在 1984 年发明的。继之，1989 年日本学者 Orita 等将此法用于检测复杂基因组中单拷贝 DNA 中的多态现象。1992 年，日本学者 Hoshino 等对 SSCP 分析法做了大胆改进，改用敏感的银染法直接对电泳后的凝胶进行染色，从而使 SSCP 法变得简便、快速、安全、经济、易于掌握，并且无需探针制备、杂交、酶切等步骤，该法很快备受关注，并得到广泛研究和应用。

SSCP 技术能够检测到碱基变化的 DNA 片段范围为 100~300 bp，如果检测片段过长，则检出率不高，对于大于 300 bp 的片段，依其序列不同，表现出复杂的图谱，不适于作 SSCP 分析。

5. 微卫星 DNA 标记 微卫星（simple sequence repeat，SSR）是真核生物基因组中 2~8 bp 的串联重复序列。微卫星在结构上类似于小卫星，但其核心序列更小，在基因组中均匀分布。而小卫星核心序列为 10~25 bp，主要分布在非编码区，如基因间隔区、基因的内含子中（黄海根，1995）。

牛基因组中约每 188 kb 就有一个 $(AC/TG)_n$ 微卫星。Moore 等（1991）用牛的微卫星引物分别在羊、马、和人的基因组中扩增，结果发现在羊中 56% 的引物可扩增出特异性的产物，其中 42% 的扩增产物表现出多态性。另外，Laurent Pepin 也曾利用牛的 70 个微卫星去检测在山羊基因组中的扩增结果，结果表明：其中的 43 个微卫星可用于山羊，其中 20 个具有多态性（20/43），3 个微卫星可用于亲权认定，14 个能在山羊基因组中克隆出其序列，大约有 41% 的牛基因组的微卫星对绵羊基因组的研究有帮助或用于发现品种中的一些重要遗传位点。

6. 单核苷酸多态性 单核苷酸多态性（single nucleotide polymorphism，SNP）是指在基因组水平上由单个核苷酸的变异引起的 DNA 序列多态性，即基因组内 DNA 中某一特定核苷酸位置上存在转换、颠换、插入、缺失等变化。SNP 是第三代遗传标记，它广泛地分布于染色体上。自 1996 年开始，美国几家公司先后致力于基因组 SNP 的开发，并试图申请这些数据的专利。美国政府也投入大笔资金，参加 SNP 的开发竞争，并将有关数据转入公共数据库，以供研究者自由使用。SNP 的开发对于目前遗传学领域和医学工业领域的研究具有极大的潜力。同时 SNP 不仅作为一种研究工具，更重要的是它作为一种遗传学研究的策略在遗传的研究中适应了当前研究情况的各种要求，弥补了其他研究方法的不足。

SNP 比微卫星标记密度更高，可以在任何一个待研究基因的内部或附近提供一系列标记。在人类基因组中，近来的研究表明人类基因组中每 300 bp 就出现一个 SNP，而以性染色体上的 SNP 最少，截至 2003 年 3 月 16 日，美国国立生物技术信息中心（NCBI）已收录了分别用 124 种方法鉴别 127 个人群后已定位的 2 840 707 个 SNP 位点。中国科学家通过对人类 21 号染色体上的 127 个已知基因的大规模 SNP 筛查研究工作，获得了较系统的中国人 SNP 类型和频率，初步总结出中国人的 SNP 单倍型特征，并初步建成了代表中国人群的

SNP 数据库。在其他哺乳类动物中 SNP 的频率为每 500～1 000bp 出现一次。SNP 在基因组内可以人为地划分为两种形式：第一，基因编码区的功能性突变，主要分布于基因编码区（coding region），故又称其为 cSNP；第二，遍布于基因组的大量单碱基变异。

7. 基因芯片技术 基因芯片又称 DNA 芯片（DNA chips），是按特定方式在每平方厘米范围内固定几万到几十万 DNA 探针的硅片、玻片或金属片，标记样品变性后与探针杂交，然后洗脱，非互补 DNA 片段将被洗掉，对每一个位点同时有一组 5 个探针方阵进行检测（4 个检测方阵，一个对照方阵），根据分子杂交原理，样品单链 DNA 一定条件下只能与和它的序列完全互补的探针方阵杂交上，然后通过显微扫描，用计算机对扫描结果进行处理。这样不但可以检出 SNP 的存在，而且可以得到任何部位发生哪一种突变的信息，实现快速、准确、大样本的 SNP 检测，是具有高度集成化、并行化、多样化、微型化和自动化的 SNP 检测技术。DNA 芯片是最理想的 SNP 检测技术，但是该项技术还不够成熟，例如由于杂交条件对不同 GC 含量的 DNA 是完全不同的，还没有找到一种普遍性的杂交条件，另外还需要解决重复序列对杂交准确度的影响。

（二）DNA 多样性在动物遗传育种中的应用

目前分子标记技术主要有 RFLP、RAPD、简单重复序列区（inter simple sequence repeat，ISSR）分析、AFLP、SSR、序列特异性扩增区（sequence-characterized amplified region，SCAR）、SNP、表达序列标签（EST）等。由于 PCR 技术的优点，基于 PCR 的标记体系类型多样，应用广泛，但各自的复杂性、可靠性与遗传信息不同。如 RAPD 方法简单、成本低，但重复性较差、检测位点不多；SSR 多为共显性、重复性好，但位点较少、引物开发成本高；AFLP 谱带多，但分析程序复杂、成本高，有时要用到同位素，而且由于基因组 DNA 的甲基化会影响对甲基化敏感的限制酶的切割效率，可导致"假多态性"产生，识别 AATT 位点的 *Mse* I 酶常会引起一些物种基因组中标记分布不均衡；多数情况下，RAPD 与 AFLP 标记测序需要克隆，增加了工作量。

思考题

1. 一个基因型频率为 $D=0.38$、$H=0.12$、$R=0.5$ 的群体达到遗传平衡时，其基因型频率如何？为什么？

2. 已知牛角的有无由一对常染色体基因控制，无角（P）为显性，有角（p）为隐性。计算一个无角个体占 78% 的平衡群体的基因频率。

3. 改变基因频率的因素有哪些？试扼要说明之。

4. 在 Shmoos 群体中，有 1/100 是红色的。已知红色是由于隐性基因（rr）引起的。假设这个群体为遗传平衡群体。
   (1) 红色基因的频率是多少？
   (2) 白色群体中纯合子和杂合子的比例各为多少？
   (3) 假设，在该群体中只知有 42% 是杂合子，那么 R 和 r 的基因频率各是多少？

5. 如果一个群体的构成是：550AA、300Aa 和 150aa。试问这个群体是遗传平衡群体吗？

6. 在南太平洋沿岸 A 岛屿上白化病占 1%，B 岛上占 4%。已知白化病是由隐性基因引起的。假定这两个群体的大小相等，并且，对该白化基因而言，婚配是随机的。由于地壳运动，两岛由隆起的地峡连接，逐渐变为一个随机婚配单位。

问：这个联合群体中白化基因的频率将变为多少？在该联合群体中，下一代白化病之发病率多高？将它与两岛合并前白化病发病率的平均数作一比较。

7. 人的 ABO 血型决定于 3 个等位基因，其中 I^A 对 I 呈显性，I^B 对 i 呈显性，而 I^A 与 I^B 为等显性。设 I^A 的基因频率为 p，I^B 的基因频率为 q，i 的基因频率为 r。试计算一个 A 型人的比率为 14%、O 型人的比率为 8% 的平衡群体中各种基因的频率和基因型频率。

8. 鸡的一个隔离种群变为野生，并进行自由交配，发现 3 种颜色类型如下：黑色 490 只、灰色 420 只、白色 90 只。试用哈代-温伯格定律来说明这个比例。

9. 以一对等位基因 A/a 为例，说明为什么在一个大的随机交配的种群里，品种的典型性能够保持代代相传而不发生变化。

10. 遗传多样性有哪些类型？各有何应用？掌握遗传多样性对提高畜禽品质与生产性能有何意义？

第四章

数量性状的遗传

本章导读

在家畜育种中所重视的大多数重要经济性状都是数量性状，要想高效开展家畜育种改良工作，对数量性状遗传进行深入的研究是非常必要的。本章首先对动物性状进行了分类，对质量性状、数量性状、阈性状进行了比较；并从多基因假说、基因的非加性效应、数量性状基因座等方面阐述了数量性状遗传的基础；主要介绍了数量性状的三个最基本遗传参数（遗传力、重复率与遗传相关）的概念、估算方法及其应用。

本章任务

掌握质量性状、数量性状、阈性状的特征，对动物的性状能正确归类；理解数量性状的遗传基础，了解数量性状遗传的新进展；理解数量性状遗传参数的概念及其应用；了解数量性状遗传参数估算的方法。

第一节 数量性状的遗传基础

一、性状的分类

动物的性状按它的表现方式和人们对它的考察、度量手段来看，基本上可分为两大类：一类为质量性状，性状的变异可区分为明显的不同类型，一般用形容词来描述，例如，牛角的有无、鸡的芦花毛色与非芦花毛色、猪的毛色等。这些性状由一对或少数几对基因控制，它不易受环境条件的影响，相对性状间大多有显隐性的区别，它的遗传比较容易由孟德尔定律和连锁交换规律来分析。另一类为数量性状，性状的变异呈连续状态，界限不清楚，不易分类，通过称、量、数等方法加以度量，只能用数量来区别。动物的经济性状大多是数量性状，如泌乳量、日增重、饲料利用率等，都属于数量性状。通过对数量性状的大量度量后发现，属于中间类型的个体数较多，而趋向两极的个体数愈来愈少，也就是说大部分数量性状的频数分布都接近于正态分布。数量性状的遗传要比质量性状的遗传复杂得多，它是由许多基因控制的，而且它们的表现容易受环境条件变化的影响。因此，在研究数量性状遗传时，往往要分析多对基因的传递，并要特别注意环境的影响。

在众多的生物性状中，还有一类特殊的性状，不完全等同于数量性状或质量性状，它们具有一定的生物学意义或经济价值，其表现呈非连续型变异，与质量性状类似，但是又不服从孟德尔定律。一般认为这类性状具有一个潜在的连续型变量分布，其遗传基础是多基因控制的，与数量性状类似，通常称这类性状为阈性状。这类性状具有潜在的连续分布遗传基础，但其表型特征却能够明显区分开。例如，可以通过计数方式表示的性状，如产仔数、鸡的脚趾数、母猪的乳头数等；可以用等级或分类表示的性状，如蛋黄颜色分为 9 级；还有最极端的阈性状是"两者居一"性状，又称"全或无"性状，如发病与不发病、存活与死亡等只有一个阈的性状。然而，对于状态过多的性状，是不宜作为阈性状来处理的。例如，鸡的产蛋数、猪的窝产仔数等。这一方面是由于状态过多的阈性状分析太复杂；另一主要原因就是状态过多的表型分布可近似地作为连续分布的数量性状来处理。

总体而言，质量性状、数量性状与阈性状在遗传基础、表现方式、主要性状类型等方面的差异可粗略地列入表 4-1。

表 4-1 质量性状、数量性状与阈性状的比较

	质量性状	数量性状	阈性状
性状主要类型	品种特征、外貌特征	生产、生长性状	生产、生长性状
遗传基础	少数主基因控制 遗传关系较简单	微效多基因系统控制 遗传关系复杂	微效多基因系统 遗传关系复杂
变异表现方式	间断型	连续型	间断型
考察方式	描述	度量	描述
环境影响	不敏感	敏感	敏感
研究水平	家庭	群体	群体
研究方法	系谱分析、概率论	生物统计	生物统计

二、数量性状的遗传基础

数量性状也受染色体上基因的控制。目前，众多学者对数量性状遗传基础的解释主要还是基于 1908 年瑞典遗传学家 Nilsson-Ehle 提出的多基因假说。

（一）多基因假说

Nilsson-Ehle 通过对小麦籽粒颜色的遗传研究，提出了数量性状遗传的多基因假说。他以一个种子深红色的小麦品种同白色品种杂交，F_1 结出中等红色的种子。F_2 中有 15/16 是红色，1/16 是白色。进一步观察，他发现 F_2 的红粒中又呈现各种程度的差异：有的深红，有的中红，有的浅红，有的最浅红；其中，深红色的最少，约占 F_2 总数的 1/16，大多数是不同程度的中间红色。

Nilsson-Ehle 提出，在这例子中，小麦粒色由两对基因 R_1（r_1）和 R_2（r_2）决定。这两对

基因的作用是累加的，R对r并不是简单的显性关系,红的程度取决于R基因的数目(图4-1)。

Nilsson-Ehle假说的主要论点如下：数量性状是由大量的、效应微小而类似的并且可累加的基因控制，这些基因在世代相传中服从孟德尔定律，即分离规律和自由组合规律，以及连锁交换规律，这些基因间一般没有显隐性区别。

随后，统计学家Fisher等在玉米、烟草等作物数量性状的遗传研究中进一步发展了这一学说，为分析和解释数量性状遗传提供了依据，其要点为：

(1) 数量性状是由许多对基因（称为多基因）所控制的。

(2) 多基因中的各个基因对于性状的表现所起的效应是很微小的，但这些基因的效应大致是相等并且是累加的。1941年英国数量遗传学家Mather把这类控制数量性状的基因称为微效基因，相应地把效应显著而数量较少的控制质量性状的基因称为主基因。

(3) 控制数量性状的等位基因之间一般没有明显的显隐关系。控制数量性状的基因符号可用小写字母表示减效，用大写字母表示增效。

(4) 微效多基因与主基因一样都在染色体上，具有分离、重组、连锁和交换等性质。

(5) 多基因通常有多效性，它一方面对某一数量性状起微效基因的作用，另一方面在其

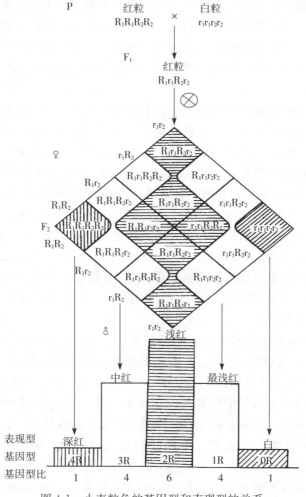

图4-1 小麦粒色的基因型和表现型的关系

他性状上可以作为修饰基因而起作用。

我们知道，每一种生物的数量性状数目十分庞大，每一个数量性状又有很大的变异范围。因此，控制这些数量性状的多基因系统也应该十分庞大。然而，每一种生物的染色体对数却十分有限，如普通家牛30对、猪19对、鸡39对等，每一条染色体上所携带的基因数量也是有限的。那么，有限的基因如何控制众多的数量性状呢？

一般可归纳为下列3个原因：①基因仅仅是性状表现的遗传基础，它与性状的关系并非是"一一对应"的，基因作用往往是多效的，而控制一个性状的基因数目也很多，因此基因与性状的关系是"多因一效"和"一因多效"的；②基因作用实际上除了加性效应外，还有非加性效应，这些非加性效应的存在，使得基因型间的差异更加难以区分；③数量性状的表现不仅仅取决于基因型，而且不同程度地受到环境效应的影响。正因为如此，由有限数目的基因所控制的数量性状才能够表现出如此丰富多样的变异。显而易见，也正是这些原因给我们研究数量性状的遗传规律带来了很大困难。

（二）数量性状基因座

数量性状遗传基础的微效多基因假说迄今仍然还是一个假说，由于基因数目很多，而每个基因的作用一般都较少，再加上环境的干扰，我们不能对每个基因单独地进行分析，而只能将所有的基因作为一个整体来考虑。自20世纪70年代末，人们在经过长期选择的群体中陆续发现一些对数量性状有明显作用的主基因，例如影响猪的瘦肉率和肉质的氟烷基因，影响绵羊产羔数的Booroola基因等，这些基因的发现使得人们对数量性状的遗传机制有了新的认识。

主基因是指能对数量性状（或阈性状）的表型值产生巨大效应的单个基因或位点。它是相对于数量性状的微效基因而言的，一般认为一个基因的遗传效应（2种纯合基因型的基因型之差）达到0.5~1个表型标准差时，可将其看作主基因。若对这些主基因进行鉴别和利用，就能够加快遗传改进的速度，取得常规育种方法所不能获得的效果。

1975年，Geldermann在对动物数量性状遗传特性的研究中，首次提出了数量性状基因座（quantitative trait loci，QTL）的概念。一个QTL是指在染色体上占据一定区域的影响某一数量性状（或阈性状）的基因位点或一组基因的集合（基因簇）。随着现代分子生物技术的发展和分子标记技术的成熟，使我们可以真正从DNA水平上对影响数量性状的单个基因或染色体片段进行分析。人们将这些单个的基因或染色体片段称为数量性状基因座（QTL），在此基础上，发展起来了QTL的定位方法，为家畜育种从数量性状的表型操作深入到基因型操作奠定了基础。

每个QTL为一个孟德尔遗传因子，它可能是一个基因，也可能是由两个或两个以上的基因组成的基因簇。这些QTL的效应大小并不相等，有些效应很大，一个或两个主QTL就能反映一个数量性状表型变异的10%~50%，甚至更多，相反有些QTL效应较小，这与传统数量遗传学中微效多基因的效应相等的观点不一致。在QTL的效应上，多数QTL既有加性效应也有显性效应，但主要以加性效应为主，显性效应较小，超显性效应和上位效应只有在少数的QTL中才存在，表明一个性状的QTL间一般是相对独立的。相关性状的QTL间以及QTL与相关的质量性状基因间多数具有较大的相关性，这一结果对数量性状的间接选择具有重要意义，同时也是育种中突破不利负相关的一大障碍。QTL一般易受环境条件的影响，特别是效应较小的QTL。同一品种在不同环境条件下检测到的QTL多有不同，这可能是数量性状易受环境条件影响的遗传基础。

因此，新的数量性状遗传理论认为：

(1) 一个数量性状的主基因或数量性状基因位点并不很多，一般为 4~8 个，每个 QTL 为一个孟德尔遗传因子，它们的效应大小并不相等，有些效应较大，另一些 QTL 效应较小。

(2) 多数 QTL 的效应为加性效应，显性效应、超显性效应和上位效应较小。

(3) 一个基因或 QTL 位点对某种数量性状的遗传效应因遗传基因背景的不同而不同，提示了在动物育种中不但要考虑目标基因位点，同时还应考虑所处的遗传背景。

经典数量遗传学建立在多基因假说基础之上，把控制数量性状的基因作为一个整体，重点研究各种遗传效应与遗传方差的分解和估计，不区分个别基因在表型效应上的差异。分子标记连锁图谱的大量出现，使得我们可以像研究质量性状基因一样研究数量性状基因，也可以把单个数量性状基因定位在染色体上，并估计其遗传效应，这一过程称为 QTL 作图或定位。QTL 作图是基因精细定位和克隆的基础，目前已成为数量性状遗传研究的常用手段。QTL 定位结果可以帮助育种家获得目标性状的遗传信息，借助与 QTL 连锁的分子标记在育种群体中跟踪和选择有利等位基因，提高选择的准确性和预见性。

三、数量性状表型值的剖分

任何一个数量性状的表型值都是遗传和环境共同作用的结果，因此，性状的表型值可以剖分为遗传因素造成的部分和环境因素造成的部分。由遗传因素造成的部分称为基因型值（G），由环境造成的部分称为环境偏差（E）。数量性状的表型值是可以度量的，例如，某牛群第一胎平均泌乳量为 5 000kg，这就是该牛群第一胎泌乳量这个性状的表型值。而基因型值却无法直接度量到。

$$P=G+E$$

但是从育种的角度来看，仅仅这样剖分还是不够的，因为遗传因素造成的那部分中还可以继续细分为 3 部分：一是由基因的加性效应造成的，这一部分不但能遗传，而且通过育种工作能被保持下来，所以称为育种值，通常以 A 表示；二是由基因的显性效应造成的，称为显性偏差（D）；三是决定于基因的上位效应，称为上位偏差，或称互作偏差（I）。后两部分虽然也是由于遗传原因造成的，但都不能真实遗传，在纯繁育种中意义不大。显性效应和上位效应合起来称为基因的非加性效应。因此从育种角度出发，可把这两部分与环境偏差归在一起，通称剩余值（R），即除育种值以外，剩下的那部分数值。这样，表型值的剖分就成为：

$$P=G+E=A+D+I+E=A+R$$

其中，
$$R=D+I+E$$

例如，有两对基因，A_1、A_2 的效应各为 20 cm，a_1、a_2 的效应各为 10 cm，基因型 $A_1A_1a_2a_2$ 按加性效应计算其总效应为 60 cm。而在杂合状态下，即 $A_1a_1A_2a_2$ 同样为两个 A 和两个 a，其总效应可能是 75 cm，这多产生的 15 cm 效应可能是由于 A_1 与 a_1、A_2 与 a_2 间互作引起的，这就是显性效应。由非等位基因之间相互作用产生的效应，称为上位效应。例如，上例中 $A_1A_1A_2A_2$ 按加性效应应是 80 cm，但实际总效应可能是 90 cm，这多产生的 10 cm 是由这两对非等位基因间相互作用引起的，这称为上位效应。

在一个特定的环境中，每个个体所处的环境条件虽然大致相同，但由于小环境和个体对环境的反应不同，每个个体表型值所包含的环境偏差可分为两部分，一部分称为固定环境值，即在特定环境对相同条件下的每个个体都造成相同的那部分值。固定环境值在不同的环境下有不同的值。同一条件下的每个个体的固定环境值相同，其方差为 0，在计算过程中可以忽略不计。另一部分称为随机环境偏差，各个体都不相同，有正有负，同一环境条件下一个大群体的各个体随机环境偏差的总和等于 0。我们这里所说的 E 就是指这部分而言。所以在特定条件下可以有：

$$\overline{P}=\overline{G}+\overline{E}=\overline{G}=\overline{A}+\overline{D}+\overline{I}=\overline{A}$$

因为 $\overline{D}$ 和 $\overline{I}$ 也都等于 0。

因此，两个群体的平均表型值之差，可以反映它们的平均育种值之差，但必须具备两个条件：一是所处的环境条件相同，二是有足够大的群体。不同环境中的群体表型均值间不能比较，因为它们包含不同的固定环境值，必须剔除固定环境值后才能比较。

四、通径系数理论

通径系数就是标准化的偏回归系数，偏回归系数由于单位不同，不能相互比较，但一经标准化，取消了单位，就可相互比较。通径系数的主要优点是能够借图解之助简明地阐明各变量之间的关系。在育种工作中，可利用通径分析来剖析相关性状的直接关系与间接关系，从而揭露性状间的真实关系。

两个有关变量之间可有两种关系，一是平行关系，一是因果关系。具有平行关系的双方不分因果，只是由于两者具有共同原因，或互为因果，因而彼此相关。例如猪的生长速度部分决定于饲养条件，其 4 月龄体重也部分决定于饲养条件，饲养条件是两者的共同原因（当然还有其他共同与非共同的原因），因而两者之间就有相关。具有因果关系的两个变量间的关系却不是这样，它们中间一个是因，一个是果，果取决于因，因不取决于果。从数学观点来说，作为因的变量是自变量，作为果的变量是依变量。

这样我们就可以用图解的方式来表示一些有关变量间的关系，例如以 Y 代表屠宰体重，X_1 代表生长速度，X_2 代表 4 月龄体重，如图 4-2 所示。

我们用单箭头线表示因果关系，方向是由因到果；用双箭头代表平行的相关关系。由于相关关系双方决定于共同原因，所以图 4-2 也可画作图 4-3。

X_3 代表饲养条件，是 X_1 与 X_2 的共同原因，把它省略了就用一条双箭头线代替两条单箭头线。单箭头线称为通径，双箭头线称为相关线。

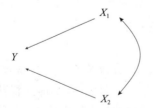
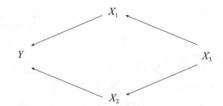

图 4-2 有关变量间关系图解　　　　　　图 4-3 原因间相关的实质

为了便于运算，需要用一个数字来表明每条线的相对重要性，这种数字称为系数。相关线的系数就是相关系数，通径的系数称为通径系数。

通径系数就是标准化回归系数，在多自变量情况下，就是标准化偏回归系数。所谓标准化，即每个变数减去均数，然后除以标准差。根据回归系数的性质，两变量的各变数分别减一常数，计算出来的回归系数不变；两变量的各变数分别除以一常数，计算出来的回归系数等于原回归系数乘以被除的两常数之比。所以标准化的回归系数（$Sb_{y \cdot x}$）即通径系数（$P_{y \cdot x}$），等于回归系数（或偏回归系数）乘以两标准差之比（自变量的标准差与依变量的标准差之比）。

$$Sb_{y \cdot x} = P_{y \cdot x} = b_{y \cdot x} \sigma_x / \sigma_y$$

注意通径系数的符号 $P_{y \cdot x}$，其下标中依变量在前，自变量在后（与回归系数同），两者之间还有一点。

通径系数的特点是，当我们把变数系统中所有的因果关系都用图表示出来的时候，一个通径系数就能代表由某一原因的改变所造成的后果的改变。重要的是，所有的因果关系都要能表示出来，形成一个封闭的系统，不论这些成因是我们已经知道而且可以度量的，或仅仅是假定的。如果我们这样做，我们就会发现，一个相关系数可以分为许多组分，这些组分（通径）之和就等于总的相关系数。对于每个通径链来说，它的总系数等于其各段通径之积。

第二节 数量性状的遗传参数

表型值是数量性状的表现形式，育种值可以说是它的主要遗传实质。我们所能观察和度量的只是性状的表型值，表型值是表面现象，但却是估计育种值的唯一依据。要想认识数量性状的遗传规律，透过现象看本质，就必须由表及里，从表型值中除去由于其他原因造成的各种偏差，找出代表其遗传实质的育种值在世代交替中的变化规律。所以我们研究数量性状的遗传必须采用统计方法。说明某种性状的特性以及不同性状之间的表型关系，可以根据表型值计算平均数、标准差、相关系数等，统称表型参数。估计个体的育种值和进行育种工作必须用到的统计常量（参数）称为遗传参数。常用的遗传参数有3个，即遗传力、重复率和遗传相关。遗传力则是最常用、最重要的基本遗传参数。

一、遗 传 力

（一）遗传力的概念

数量性状变异的原因总括起来也不外乎两大类：一是遗传，二是环境。因此其总的表型方差按变因可剖分为两部分：

$$V_P = V_G + V_E$$

所谓遗传力，就是遗传方差在总表型方差中所占的比率，用公式表示为：

$$H^2 = \frac{V_G}{V_P}$$

H^2 称为广义遗传力。由于育种中只有加性效应值，即育种值能在后代中固定。因此，在实践中常用狭义遗传力（h^2）来代替广义的遗传力（H^2）。其公式是：

$$h^2 = \frac{V_A}{V_P}$$

遗传力估计值可以用百分数或者小数来表示。如果遗传力估计值是1（即100%），说明某性状在后代畜群中的变异原因完全是遗传所造成的；相反，如果遗传力估计值是0，则说明这种变异的原因是环境造成的，与遗传无关。事实上，没有任何一个数量性状的变异与遗传或与环境完全无关。所以，数量性状的遗传力估计值介于0~1之间。

遗传力估计值只是说明对后代群体某性状的变异来说，遗传与环境两类原因影响的相对重要性。并不是指该性状能遗传给后代个体的绝对值。例如，有一个鸡群中平均蛋重60 g，蛋重遗传力为0.6（60%）。在此，绝不是说平均蛋重60 g中只有60%（36 g）能遗传给后代，而其余一半不能传给后代。而是指蛋重的变异部分，有60%来自遗传原因，其余则是由环境条件造成的。

根据性状遗传力值的大小，可将其大致划分为3等，即0.5以上者为高遗传力；0.2以下者为低遗传力。如猪的体长、椎骨数、断乳后的增重、成年活重和胴体品质等经济性状的遗传力都是很高的，通过选种可以很好地巩固这些性状。而猪的产仔数、仔猪初生重和仔猪哺乳期内的增重等性状，遗传力较低，易受生活条件的影响而发生变异，选择进展较缓慢。

从文献资料中归纳出各种家畜一些数量性状的遗传力参数列于表4-2，以供参考。

表4-2 畜、禽数量性状的遗传力估计值

(F Pircher, 1983. Population Genetics in Animal Breeding)

家畜种类	性状	牧场资料	测定站资料	双胞胎
牛	泌乳量	0.20~0.40	0.60~0.70	0.75~0.90
	乳脂率	0.30~0.80	0.70~0.80	0.90~0.95
	饲料转化率（泌乳）		0.20~0.40	
	情期受胎率	0.20~0.50		
	外形评分	0.20~0.30		
	日增重	0.10~0.30	0.25~0.50	
	饲料转化率（增重）		0.20~0.40	
	分割肉比率	0.20~0.50		
	背最长肌面积	0.20~0.50		
	胸围	0.30~0.60		
	乳腺炎抗病力	0.10~0.40		
羊	剪毛量	0.30~0.60		
	净毛量	0.30~0.60		
	毛长	0.30~0.60		
	细度	0.20~0.50		
	弯曲度	0.20~0.40		
	体重	0.20~0.40		
	产羔数	0.10~0.30		

(续)

家畜种类	性状		牧场资料	测定站资料	双胞胎
猪	日增重	单饲	0.10～0.50		
	（下限值来自限饲饲养）	群饲	0.10～0.25		
	饲料转化率	单饲	0.15～0.50		
		群饲	0.20～0.30		
	胴体长		0.30～0.70		
	背膘厚		0.30～0.70		
	背最长肌面积		0.20～0.60		
	腿肉比率		0.30～0.60		
	肉色		0.30～0.40		
	窝产仔数（不考虑母体效应）		0.10～0.15		
鸡	入舍母鸡产蛋量		0.05～0.15		
	母鸡日产蛋量		0.15～0.30		
	开产日龄		0.20～0.50		
	体重		0.30～0.70		
	蛋重		0.40～0.70		
	繁殖率		0.05～0.15		
	孵化率		0.05～0.20		
	马立克病抗病力		0.05～0.20		
马	奔跑速度		0.30～0.60		
	障碍赛马评分		0.35～0.40		
	快步速度		0.20～0.40		

（二）遗传力的估算方法

估算遗传力的方法很多，我们在这里只讲几种最简便常用的。

1. 由亲子关系估算遗传力 此法要求有两代资料，即用子女和父母两代的表型资料。因为子代与亲代的相似性可以反映遗传力，相似性的程度在统计学中往往用回归系数来表示。如泌乳量，则仅有母亲和女儿的资料，于是我们利用女儿对母亲的回归系数。因此，在家畜育种中，一般用女母回归法来估算遗传力。

估计遗传力的公式定：

$$h^2 = 2b_{OP}$$

式中：P 是母亲某性状的表型值；O 是女儿该性状的表型值。
该公式来源于：

$$b_{OP} = \frac{Cov_{OP}}{\sigma_P^2}$$

$$Cov_{OP} = \frac{\sum(O-\overline{O})(P-\overline{P})}{N}$$

$$\sigma_P^2 = \frac{\sum (P - \overline{P})^2}{N}$$

式中：Cov_{OP} 是女儿和母亲的协变量；σ_P^2 是母亲的变量。

由于女儿的平均值为母亲育种值的一半，一个个体的基因型值与它母亲的基因型值的协变量就等于 $G = A + R$ 和 $\frac{1}{2}A$ 的协变量。于是女儿和母亲的基因型值的协变量是：

$$Cov_{OP} = \frac{\sum \frac{1}{2}A(A+R)}{N} = \frac{\frac{1}{2}\sum A^2 + \frac{1}{2}\sum AR}{N}$$

由于 A 和 R 不相关，$\sum AR = 0$，于是

$$Cov_{OP} = \frac{1}{2}V_A$$

于是女儿对母亲的回归系数：

$$b_{OP} = \frac{1}{2}\frac{V_A}{V_P} = \frac{1}{2}h^2$$

$$h^2 = 2b_{OP}$$

即遗传力等于两倍女儿母亲的回归系数。

在畜群中母畜数大大超过公畜数，所以一般都利用母畜中的子亲回归系数，即女母回归系数（b_{OP}）。为了消除各公畜对畜群影响大小的差异（各公畜的女儿不等），在家畜育种中常以公畜内女母回归系数 $[b_{W(OP)}]$ 表示全群的女母回归系数。

公畜内女母回归系数和遗传力的计算步骤：

(1) 整理资料。以女儿的个体表型值为 O，以其母亲的个体表型值为 P。

(2) 分别计算各公畜组的平方和 SS_P、SS_O、乘积和 SP_{OP}。

(3) 将各组的上述数据总加起来，得到公畜内平方和、公畜内乘积和。

$$SS_{W(P)} = \sum SS_P$$
$$SS_{W(O)} = \sum SS_O$$
$$SP_{W(OP)} = \sum SP_{OP}$$

(4) 计算公畜内女母回归系数和遗传力。

$$b_{W(OP)} = \frac{SP_{W(OP)}}{SS_{W(P)}}$$
$$h^2 = 2b_{W(OP)}$$

2. 半同胞相关法 所谓半同胞就是同父异母或同母异父的兄弟姐妹。通过对若干公畜（或母畜）的女儿某性状表型值的度量，用方差分析法可求得组间（公畜或母畜间）方差和组内方差。组间方差反映了公畜的遗传差异，即育种值方差。再由育种值方差与总方差之比，求出组内相关系数（r_{HS}），然后乘以 4 即是该性状的遗传力。

公式是：
$$h^2 = 4r_{HS}$$

为什么要将半同胞组内相关系数乘上 4 才等于遗传力呢？因为半同胞亲缘系数（r_A）为 1/4，故

$$r_{HS} = \frac{1}{4}h^2 \qquad h^2 = 4r_{HS}$$

根据生物统计原理，组间方差除以总方差得到组内相关系数 r_I。用公畜分组的子女资料计算时，其组内成员间的关系即半同胞关系，所以这时的组内相关系数即是半同胞相关系数，用 r_{HS} 表示，即：

$$r_{HS} = \frac{\sigma_S^2}{\sigma_S^2 + \sigma_W^2}$$

为了计算方便，也可采用下式：

$$r_{HS} = \frac{MS_S - MS_W}{MS_S + (n-1)MS_W}$$

式中：MS_S 为公畜间均方；MS_W 为公畜内均方；n 为各公畜的女儿数。

利用上式计算出半同胞组内相关系数后，再乘上 4，即为该性状的遗传力。当资料中各公畜女儿数不等时，要用加权平均女儿数 n_0 来代替 n。计算 n_0 的公式是：

$$n_0 = \frac{1}{S-1}\left(\sum n_i - \frac{\sum n_i^2}{\sum n_i}\right)$$

式中：S 为公畜数。

半同胞相关和遗传力的计算步骤如下：

（1）整理资料。以父亲分组，半同胞个体的表型值（X）分在同一组内，得 S 组，每组有 n 个半同胞个体。

（2）分别计算出各组的 $\sum X$、$\sum X^2$ 和 $C_X = \frac{(\sum X)^2}{n}$，然后将各种的上述数据总加起来，得到 $\sum\sum\sum X$、$\sum\sum X^2$、$\sum C_X$ 和 $\sum n$。

（3）计算平方和、自由度和均方。

$$SS_S = \sum C_X - \frac{(\sum\sum X)^2}{\sum n}$$

$$SS_W = \sum\sum X^2 - \sum C_X$$

$$df_S = S - 1$$

$$df_W = \sum n - S$$

$$MS_S = \frac{SS_S}{df_S}$$

$$MS_W = \frac{SS_W}{df_W}$$

式中：df_S 为公畜间自由度；df_W 为公畜内自由度。

（4）计算各组的平均同胞数 n_0。

（5）计算半同胞相关和遗传力。

$$r_{HS} = \frac{MS_S - MS_W}{MS_S + (n_0 - 1)MS_W}$$

$$h^2 = 4r_{HS}$$

3. 利用"全同胞-半同胞"混合家系计算遗传力　在多胎家畜中，各公畜的子女大多组成"全同胞-半同胞"混合家系，故在计算遗传力对，须用混合家系平均亲缘系数除组内相关系数。计算公式如下：

各公畜加权平均子女数 $n_0 = \dfrac{1}{df_S}\left[\sum n_i - \dfrac{\sum n_i^2}{\sum n_i}\right]$

$$r_I = \dfrac{MS_S - MS_W}{MS_S + (n_0 - 1)MS_W}$$

$$\bar{r}_A = 0.25\left[1 + \dfrac{\sum\sum n_i^2 - N}{\sum(\sum n_i)^2 - N}\right]$$

式中：N 为子女总数；n_i 为每头母畜子女数；$\sum n_i$ 为每头公畜子女数。

故遗传力为：

$$h^2 = \dfrac{r_I}{\bar{r}_A}$$

(三) 遗传力的应用

遗传力在育种工作中具有十分重要的指导意义。其主要用途有以下几点。

1. 估计种畜的育种值　我们知道，育种值是表型值中能真实遗传给后代的部分。故利用性状的遗传力来估计育种值，再根据育种值来选种准确有效。

2. 确定繁育方法　遗传力高的性状，亲代与子代间相关性大，通过对亲代的选择可以在子代得到较大的反应，因此选择效果好。这一类性状适宜采用纯繁来提高。早在20世纪20年代人们测得鸡日增重的遗传力较高，就预料到通过纯繁选择就可以很快提高这个性状，从而出现高效的肉鸡新品种。这个预见已为育种实践所证明。遗传力低的性状一般说来杂种优势比较明显，可通过经济杂交利用杂种优势。但有些遗传力低的性状，品种间的差异很明显，而品种内估测的遗传力却因随机环境方差过大而呈低值，这一类性状可以通过杂交引入优良基因来提高。

3. 确定选择方法　遗传力中等以上的性状可以采用个体表型选择这种简便又有效的选择方法。遗传力低的性状宜采用均数选择的方法。均数选择有两种，一种是根据个体多次度量值的均数进行选择，这样能选出好的个体，但需时较长，影响世代间隔；另一种是根据家系均值进行选择，谓之家系选择。近几十年来，鸡的产蛋量遗传进展很快，主要是采用家系选择的结果。

4. 应用于综合选择指数的制订　在制订多个性状同时选择的"综合指数"时，必须用到遗传力这个参数。此外，还可用于预测遗传进展。

二、数量性状的重复率

(一) 重复率的概念

同一个体，同一性状，常常度量很多次，每次都有度量记录。如一头母猪，每个胎次都有一个产仔数记录，一生就有好几胎产仔数记录。很多性状都可以多次重复度量，可以在时间上重复，也可以在空间上重复。在评定种畜品质时，究竟应当依据哪次记录？一般讲，依据哪一次都行，但不如依据多次度量的综合资料进行评定更为可靠。因为度量次数愈多，信息量愈大，取样误差愈小，也就愈可靠。但到底需要度量多少次合适，这决定于该性状各次度量间的相关程度。相关等于1，说明每次度量的结果一样，这时只要度量一次就可代表各次的度量；随着相关程度的减小，需要度量的次数就增加。我们把各次度量值之间的相关称为重复率（用符号 r_e 表示）。

一般度量次数不止两次，所以需用组内相关法求重复率。所以重复率的公式为：

$$r_e = \frac{个体间方差}{个体间方差 + 个体内度量间方差} = \frac{\sigma_B^2}{\sigma_B^2 + \sigma_W^2}$$

为了说明重复率的性质，需要引入两个概念，一种称为一般环境或永久环境，这部分虽不是遗传因素，但能影响个体终生的生产性能，如仔猪在生长发育期间营养不良、发育受阻，对生产力的影响是永久性的；另一种称为特殊环境，譬如，暂时的饲养条件变换，会造成产量下降，当条件改善时，产量即可恢复正常。故重复率是遗传方差加上一般环境方差占表型总方差的比率。即：

$$r_e = \frac{\sigma_B^2}{\sigma_B^2 + \sigma_W^2} = \frac{V_G + V_{Eg}}{V_G + V_{Eg} + V_{Es}} = \frac{V_G + V_{Eg}}{V_G + V_E} = \frac{V_G + V_{Eg}}{V_P}$$

由此可见，重复率受性状的遗传方差、一般环境方差和总方差的影响，所以性状的群体遗传特性和畜群所处的环境条件都能影响重复率。特定条件下测定的重复率，只能反映特定条件下的情况。表 4-3 列举了几种家畜的某些性状重复率估计值的取值范围。

表 4-3　家畜性状重复率

（F Pirchner，1983. Population Genetics in Animal Breeding）

家畜种类	性　状	重复率	家畜种类	性　状	重复率
牛	泌乳量	0.35～0.55	猪	窝产仔数	0.10～0.20
	乳脂率	0.50～0.70	绵羊	剪毛量	0.40～0.80
	持续泌乳力	0.15～0.25		毛　长	0.50～0.80
	受精率	0.01～0.05		断乳重	0.20～0.30
	妊娠期	0.15～0.25	马	马　速	0.60～0.80
	牛犊断乳重	0.30～0.50		步　距	0.30～0.40
	断乳成绩	0.20～0.60		外形评分	0.30～0.80

一般说来，重复率 $r_e \geq 0.60$ 称为高的重复率；$0.30 \leq r_e < 0.60$ 称为中等重复率；而 $r_e < 0.30$ 称为低的重复率。

（二）重复率的计算

由重复率的定义就可以知道，重复率实际上就是以个体多次度量值为组内成员的组内相关系数，因而其估计方法与组内相关系数的计算完全一致。其计算公式是：

$$r_e = \frac{MS_B - MS_W}{MS_B + (n-1)MS_W}$$

式中：MS_B 为个体间均方；MS_W 为个体内度量间均方；n 为度量次数。

如果每个个体度量次数不等，用 n_0 代替 n。下面以小梅山母猪每胎产仔数为例说明重复率的计算方法和步骤。

[例题 4-1]　统计 13 头小梅山母猪各胎产仔数记录列入表 4-4，估计母猪窝产仔数的重

复率。

[解]

(1) 资料整理。将各母猪产仔数记录整理如表 4-4 形式。
(2) 计算平方和、自由度、均方和 n_0。

$$SS_T = \sum_{i=1}^{k}\sum_{j=1}^{n_i} X_{ij}^2 - \frac{\left(\sum_{i=1}^{k}\sum_{j=1}^{n_i} X_{ij}\right)^2}{\sum_{i=1}^{k} n_i} = 23\,601 - \frac{1\,449^2}{101} = 2\,812.871\,3$$

表 4-4 小梅山母猪产仔数记录

母猪号	胎次											n	$\sum X$	$\sum X^2$
	1	2	3	4	5	6	7	8	9	10	11			
6212	11	21	16	18	8							5	74	1 206
2252	10	15	17	13	20	21	23	17	16	20		10	172	3 098
4584	11	14	3	11	11	9	15					7	74	874
3720	6	6										2	12	72
2412	6	17	12	3	19	21	19	20				9	140	2 570
2410	8	11	12	13	13	14	18	18				8	107	1 511
2402	4	16	18	19	19	17	19	6	19			9	137	2 365
4364	9	5	2	18	15	3						6	52	668
5198	13	19	20	14	8	13	13					7	100	1 528
2408	7	15	16	14	14	17	20	23				9	139	2 321
244	15	18	15	17	24	17	15	21	17	8	6	11	173	2 983
358	15	14	20	15	12	16	21	8	9	6		10	136	2 068
2226	12	19	19	18	24	11	15	15				8	133	2 337
合计												101	1 449	23 601

$$SS_B = \sum_{i=1}^{k} \frac{\left(\sum_{j=1}^{n_i} X_{ij}\right)^2}{n_i} - \frac{\left(\sum_{i=1}^{k}\sum_{j=1}^{n_i} X_{ij}\right)^2}{\sum_{i=1}^{k} n_i} = \frac{74^2}{5} + \frac{172^2}{10} + \cdots + \frac{133^2}{8} - \frac{1\,449^2}{101} = 621.663\,3$$

$SS_W = SS_T - SS_B = 2\,812.871\,3 - 621.663\,3 = 2\,191.208\,0$

$df_T = \sum n_i - 1 = 101 - 1 = 100$

$df_B = k - 1 = 13 - 1 = 12$

$df_W = df_T - df_B = 100 - 12 = 88$

$MS_B = \dfrac{SS_B}{df_B} = \dfrac{621.663\,3}{12} = 51.805\,3$

$MS_W = \dfrac{SS_W}{df_W} = \dfrac{2\,191.208\,0}{88} = 24.900\,1$

$$n_0 = \frac{1}{k-1}\left(\sum_{i=1}^{k} n_i - \frac{\sum_{i=1}^{k} n_i^2}{\sum_{I=1}^{k} n_i}\right) = \frac{1}{12}\left(101 - \frac{5^2 + 10^2 + \cdots + 8^2}{101}\right) = 7.711\,2$$

(3) 计算 r_e。

$$r_e = \frac{MS_B - MS_W}{MS_B + (n_0 - 1)MS_W} = \frac{51.8053 - 24.9001}{51.8053 + (7.7112 - 1) \times 24.9001} = 0.1229$$

(三) 重复率的应用

1. 可用于验证遗传力估计的正确性 由重复率估计的原理可以知道，重复率的大小取决于基因型效应和一般环境效应，这两部分之和必然高于基因加性效应，因而重复率是同一性状遗传力的上限。另外，计算重复率的方法比较简单，而且估计误差比相同性状遗传力的估计误差要小，故估计更为准确。因此，如果遗传力估计值高于同一性状的重复率估计值，则说明遗传力估计有误。

2. 确定性状需要度量的次数 重复率高的性状，说明各次度量值间相关程度强，只需要度量几次就可正确估计个体生产性能；相反，重复率低的性状，则需要多次度量才能作出正确的估计。根据计算结果，当 $r_e = 0.9$ 时，度量一次即可；$r_e = 0.7 \sim 0.8$ 时，需度量 $2 \sim 3$ 次；$r_e = 0.5 \sim 0.6$ 时，需度量 $4 \sim 5$ 次；$r_e = 0.25$ 时，需度量 $7 \sim 8$ 次。如上例，母猪窝产仔数的重复率 $r_e = 0.1229$，说明其相关程度低，选种时要根据母猪 $8 \sim 9$ 胎窝产仔数资料，才能确定该性状表现的优劣。

3. 估计畜禽个体最大可能生产力 有了重复率参数，可以从家畜早期生产记录资料估计其一生可能达到的最大可能生产力，以评定其品质优劣，从而能在早期确定去留。Lush (1937) 提出的估计畜禽最大可能生产力（$MP\hat{P}A$）公式是：

$$MP\hat{P}A = \overline{P} + \frac{nr_e}{1 + (n-1)r_e}(\overline{P}_n - \overline{P})$$

式中：$\overline{P}$ 为全群均数；$\overline{P}_n$ 是个体 n 次度量的均值；r_e 是该性状的重复率；n 为度量次数；$MP\hat{P}A$ 为个体的最大可能生产力估计值。

例如，以表 4-4 的小梅山猪资料为例，计算 244 号和 2226 号母猪的最大可能生产力。这时，$\overline{P} = 14.3465$，$r_e = 0.1229$，

$$MP\hat{P}A_{224} = 14.3465 + \frac{11 \times 0.1229}{1 + (11-1) \times 0.1229} \times \left(\frac{173}{11} - 14.3465\right) = 15.1839$$

$$MP\hat{P}A_{2226} = 14.3465 + \frac{8 \times 0.1229}{1 + (8-1) \times 0.1229} \times \left(\frac{133}{8} - 14.3465\right) = 15.5507$$

结果表明，$MP\hat{P}A$ 不仅与多次度量均值有关，而且与度量次数也有关系。度量次数多的个体，其平均值的准确度也高。

4. 应用于评定家畜的育种值 在评定家畜育种值时，重复率是不可缺少的一个参数。具体应用，待后叙述。

三、数量性状的遗传相关

(一) 遗传相关的概念

家畜作为一个有机的整体，它所表现的各种性状之间必然存在着内在的联系，这种联系的程度称为性状间的相关，用相关系数来表示。造成这一相关的原因很多而且十分复杂。一般而言，可将这些原因区分为遗传原因和环境原因。所以性状间的表型相关同样可剖分为遗传相关和环境相关两部分。群体中各个体两性状间的相关称为表型相关［用 $r_{P(xy)}$ 表示］，

两个性状基因型值（育种值）之间的相关称为遗传相关［用 $r_{A(xy)}$ 表示］，两个性状的环境效应或剩余值之间的相关称为环境相关［用 $r_{E(xy)}$ 表示］。按照数量遗传学的研究，性状的表型相关、遗传相关、环境相关的关系如下式：

$$r_{P(xy)} = h_x h_y r_{A(xy)} + e_x e_y r_{E(xy)}$$

式中：$e_x = \sqrt{1-h_x^2}$，$e_y = \sqrt{1-h_y^2}$。

可见，表型相关并不等于两个性状的遗传相关和环境相关之和；如果两性状遗传力低，则表型相关主要取决于环境相关；反之，如果两性状遗传力高，则表型相关主要决定于遗传相关。然而，实际上造成表型相关的这两种原因间的差异是非常大的，有时甚至一个是正相关，一个是负相关。例如，母鸡体重与产蛋量的关系，Dickerson（1957）估计了18周体重与产蛋量的 $r_A = -0.16$，$r_E = 0.18$，$r_P = 0.09$。从遗传角度看，母鸡体重大则产蛋量少，表现为负相关；反之，从环境角度看，如饲养管理条件好，体重大的母鸡产蛋量高，表现为正相关。因此，估计出性状间的遗传相关，可以使我们透过性状表型相关这一表面现象看到实质上的遗传关系，从而可以提高实际育种工作的效率。

从育种角度来看，重要的是遗传相关，因为只有这部分是遗传的。例如，鸡的产蛋率除与孵化率等少数性状间存在着弱正相关外，与其他性状均为负相关，这种遗传特征为培育蛋用鸡、肉用鸡两个发展方向提供了基础。表4-5列出了部分家畜的一些经济性状的相关系数。

表 4-5 数量性状相关系数

家畜种类	相关性状	$r_{P(xy)}$	$r_{A(xy)}$	$r_{E(xy)}$
牛	泌乳量与乳脂量	0.93	0.85	0.96
	泌乳量与乳脂率	−0.14	−0.20	−0.10
	乳脂量与乳脂率	0.23	0.36	0.22
猪	体长与背膘厚	−0.24	−0.47	−0.01
	生长速度与饲料利用率	−0.84	−0.96	−0.50
	背膘厚与饲料利用率	0.31	0.28	0.32
绵羊	毛被重与毛长	0.30	−0.02	0.17
	毛被重与每英寸卷曲数	−0.21	−0.56	0.16
	毛被重与体重	0.36	−0.11	0.05
鸡	体重（18周龄）与产蛋量（72周龄）	0.09	−0.16	0.18
	体重（18周龄）与蛋重	0.16	0.50	−0.05
	体重（18周龄）与开产日龄	−0.30	0.29	−0.50

（二）性状遗传相关系数的估计

性状间遗传相关系数的估计，主要有两种方法：一是通过亲子两代的资料来估计；二是利用同胞的资料来估计。由于遗传相关系数的估计牵涉两个性状、两代的表现，因而计算起来比较复杂；它的计算要用到协方差的分析方法。下面介绍利用半同胞资料来估计遗传相关系数的方法，计算公式是：

$$r_{A(xy)} = \frac{Cov_{B(xy)}}{\sqrt{\sigma_{B(x)}^2 \cdot \sigma_{B(y)}^2}}$$

式中：$Cov_{B(xy)}$ 是 x 与 y 性状的组间协方差；$\sigma^2_{B(x)}$ 是 x 性状的组间方差；$\sigma^2_{B(y)}$ 是 y 性状的组间方差。

为了计算方便，上式可进一步简化：

$$r_{A(xy)} = \frac{MP_{B(xy)} - MP_{W(xy)}}{\sqrt{[MS_{B(x)} - MS_{W(x)}][MS_{B(y)} - MS_{W(y)}]}}$$

式中：$MP_{B(xy)}$ 是组间均积，即 x 和 y 性状的组间乘积和除以组间自由度；$MP_{W(xy)}$ 是组内均积，即 x 和 y 性状的组内乘积和除以组内自由度；$MS_{B(x)}$ 是 x 性状的组间均方；$MS_{W(x)}$ 是 x 性状的组内均方；$MS_{B(y)}$ 是 y 性状的组间均方；$MS_{W(y)}$ 是 y 性状的组内均方。

其计算步骤如下：

(1) 按家系整理 x、y 两性状的度量值。

(2) 分别计算 Σx、Σy、Σx^2、Σy^2、Σxy 和 C_x、C_y、C_{xy}。

$$C_x = \frac{(\sum x)^2}{n}, \quad C_y = \frac{(\sum y)^2}{n}, \quad C_{xy} = \frac{\sum x \sum y}{n}$$

(3) 计算平方和、乘积和、自由度。

$$SS_{B(x)} = \sum C_x - \frac{(\sum \sum x)^2}{\sum n}$$

$$SS_{W(x)} = \sum \sum x^2 - \sum C_x$$

$$SS_{B(y)} = \sum C_y - \frac{(\sum \sum y)^2}{\sum n}$$

$$SS_{W(y)} = \sum \sum y^2 - \sum C_y$$

$$SP_{B(xy)} = \sum C_{xy} - \frac{\sum \sum x \cdot \sum \sum y}{\sum n}$$

$$SP_{W(xy)} = \sum \sum xy - \sum C_{xy}$$

$$df_B = k - 1, \quad df_W = \sum n - k$$

(4) 以上数据代入下列公式，即可计算 $r_{A(xy)}$。

$$r_{A(xy)} = \frac{df_W SP_{B(xy)} - df_B SP_{W(xy)}}{\sqrt{[df_W SS_{B(x)} - df_B SS_{W(x)}][df_W SS_{B(y)} - df_{W(y)} SS_{W(y)}]}}$$

（三）遗传相关的应用

性状间的遗传相关系数，主要用于下列几个方面。

1. 进行间接选择 利用两性状间的遗传相关，选择容易度量的性状，间接提高不易度量的性状。间接选择在家畜育种实践中具有很重要的意义。有些性状是作种用前不能度量到的，如种猪瘦肉率、公畜繁殖性能；还有些性状本身的遗传力很低，直接选择效果不好。在这些情况下，都有必要采用间接选择。

自 20 世纪 60 年代以来，许多育种工作者研究奶牛血型，以及血液中的蛋白质、酶、激素、代谢物以及其他受基因控制的一些生化物质的遗传规律及其与生产性能的遗传关系，进而在育种工作中作为选择奶牛的标记。到目前为止已探明不少生化性状与泌乳性状存在着遗传相关，如血液碱性磷酸酶与奶牛乳脂率的遗传相关为－0.83。

2. 比较不同环境下的选择效果 遗传相关可用于比较不同环境条件下的选择效果。我们可以把同一性状在不同环境下的表现作为不同的性状看待。这就为解决育种工作中的一个重要实际问题提供了理论依据，即在条件优良的种畜场选育的优良品种，推广到条件较差的其他生产场如何保持其优良特性的问题。

3. 可用于制定综合选择指数 在制定一个合理的综合选择指数时，需要研究性状间遗传相关。如果两个性状间呈负的遗传相关，要想通过选择同时提高这两个性状，就较难得到预期效果。例如在猪的育种中，眼肌面积与背膘厚、胴体长与背膘厚等都是负相关，而眼肌面积与胴体瘦肉的出肉率、日增重与瘦肉比例等则是强正相关。如果朝着加长胴体、扩大眼肌面积、提高日增重、产肉量、饲料报酬而减少膘厚的方向进行综合选育是完全可能的。同时可见，根据增重方面的相关，在任何阶段对增重进行选择，将改进所有阶段的增重。

思考题

1. 数量性状有哪些特点？列举 5 个数量性状。数量性状和质量性状有什么区别？
2. 什么是多基因假说？微效多基因和主基因在作用上有什么区别？
3. 什么是主基因与数量性状基因座（QTL）？二者有何区别？
4. 新的数量性状遗传理论的主要论点是什么？有何重要意义？
5. 数量性状主要的遗传参数有哪些？这些遗传参数在畜禽育种中有何用途？
6. 假定有两对基因，每对各有两个基因 Aa 和 Bb，以加性效应的方式决定某个体的高度。纯合子 AABB 高 50 cm，纯合子 aabb 高 30 cm，问：
(1) 这两个纯合子之间杂交，F_1 的高度是多少？
(2) 在 F_1 自交后，F_2 中什么样的基因型表现 40 cm 的高度？
(3) 这些 40 cm 高的个体在 F_2 中占多少比例？
7. 在畜禽畜种和生产实践中，如何有效地利用遗传参数？如果需要你制订某一畜种的选育规划，你应怎样考虑数量性状遗传参数在选育中的地位？

第五章

品种资源及其利用

本章导读

本章讲述了品种的概念与条件，并根据畜禽的培育程度、主要用途、体型与外貌特征等对品种进行了分类；同时讲述了我国丰富的动物品种资源和保种的紧迫性与意义，从保护遗传资源的角度介绍了保种的原理与方法，还介绍了生物技术在畜禽保种的应用；从本地品种与引入品种的角度阐述了品种资源的开发与利用。

本章任务

了解现代生物技术对畜禽品种资源保护的作用及应用前景；熟悉我国丰富的动物品种资源库及开展畜禽保种工作的任务；掌握品种形成的条件和分类方法、保种规模最低基础群确定的方法及品种资源利用的方法与途径。

第一节　品种概述

一、品种的概念

动物的"种"是动物学分类的基本单位，是具有一定形态结构、生理特征和自然分布区域的生物类群，是自然选择的结果。而"品种"则属于畜牧学上的分类单位。野生动物只有种（包括亚种和变种），没有品种。从遗传学的角度看，各个物种间的染色体数目、形态结构和基因位点存在差异，因此种间存在着生殖隔离现象。但品种间基因位点相同，染色体可以配对，因而品种间可以自由交配来繁衍后代。品种是在自然选择和人工选择的共同作用下形成的，是人类为了某种经济目的，在一定的自然条件和经济条件下，通过长期选育而形成具有某种经济价值的动物类群。例如，牛分化成肉用型、乳用型和役用型等不同类型，在这些类型中又有各具不同特点的类群，称为品种，譬如肉用牛中的海福特、夏洛来和短角牛等品种。具体地说，作为一个品种应具备以下几个条件。

1. 来源相同　同一品种的畜禽应具有基本相同的血统来源。一般来说，古老的品种往往来源于一个祖先，而培育的新品种则可能来源于多个祖先。例如，新疆细毛羊来源于高加索细毛羊、泊列考斯细毛羊、哈萨克羊和蒙古羊。由于一个品种内的个体来源相同，所以遗传基础也就非常相似。

2. 特征特性相似 同一品种的畜禽在体型结构、外貌特征、生理机能和主要经济性状方面都很相似，容易与其他品种相区别。例如，东北民猪是黑色毛，金华猪是"两头乌"，中国荷斯坦牛泌乳量高，而海福特牛则产肉多。当然，不同品种在外貌特点的某些方面可能相似，但总体特征肯定是有区别的。

3. 具有一定的经济价值 一个品种之所以能存在，必然有某种经济价值。例如，美利奴羊产细毛多，滩羊的裘皮质量好，蒙古羊的适应性强。又如来航鸡产蛋性能高，白洛克鸡生长速度快，泰和鸡（又称丝毛乌骨鸡）具有一定的观赏及药用价值等等，总之，作为一个品种，在生产性能、产品质量、特殊价值及对某一地区的适应性等方面具有相当的优势，有别于其他类群。

4. 遗传性稳定，种用价值高 畜禽品种不仅要有一定的经济价值，更重要的是要有稳定的遗传性。在纯种繁育时，一个品种能将其品种特性、生产性能稳定地遗传给后代，使本品种得以保存；与其他品种杂交时，有很好的改良作用。也就是说，一个品种必须具有较高的种用价值，这是一个畜禽品种与杂种最根本的区别。

当然品种遗传性的稳定性是相对的，随着人类的需要和人工选择作用的加强，还会在生产性能或生产方向等方面逐步地得到改变，但这是属于品种的发展问题了。

5. 具有一定的结构和含量 品种内包括品系、品族和类型。所谓品系是一群共同具有某种突出性状、能稳定地遗传、相互有亲缘关系的个体组成的类群。品族是以优秀母畜为共同祖先的类群。当一个品种内拥有若干个品质优良的品系或品族，就能使品种得到更好的保持和提高。

品种内还包括地方类型和育种场类型。地方类型是指同一品种由于分布地区条件不同形成了若干互有差异的类群。例如，浙江金华猪，有东阳型和金义型等地方类型。而育种场类型是同一品种由于所在牧场的饲养管理条件和选育方法不同所形成的不同类型。例如，同是中国荷斯坦牛，就有北京奶牛场、辽宁的锦州种畜场和上海奶牛场等不同类型。

品种除需具有若干个品系或类型以外，还要拥有足够数量的个体，这是决定能否维持品种结构、保持品种特性和不断提高品种质量的重要条件。例如，规定新品种猪应有5个以上不同亲缘系统的50头以上生产公猪和1 000头以上生产母猪；绵、山羊新品种的特级、一级母羊数量应在3 000只以上。当畜群已基本具备以上条件，只是含量不足时，一般称"品群"。品种内只有有了足够数量的个体，才能正常地进行选种选配工作，不致被迫近交或与其他品种杂交。

二、品种的演变

一个品种并不是一成不变的，人类对畜禽的饲养管理和选育工作对畜禽品种的形成产生重要影响。但是品种的形成，并不完全取决于人类的主观意志，还受社会经济条件和自然条件的制约。

（一）社会经济条件

1. 社会需求 社会需求是形成不同生产用途培育品种的主要因素。例如，在工业革命以前，由于农业、军事的需要，养马业受到高度重视，根据用途培育出了许多骑乘型、役用型品种。在机械工业相当发展的当今社会，马在经济社会中的作用越来越小，用途也越来越有限。工业化所产生的大量城市人口，对乳、肉、蛋、绒、裘、革的需求越来越大，于是人类又定向的培育出了乳用、肉用、蛋用、毛用、绒用、裘皮用以及兼用型的畜禽品种。

2. 社会经济因素 社会经济因素是影响品种形成和发展的首要因素，在品种的形成和发展过程中，它比自然环境条件更占据主导性地位。市场需求、生产性能、集约化程度和杂交改良等都影响着品种的形成和发展，任何一个品种的"变"是绝对的，每一个品种都有一个形成、发展和消亡的过程。

（二）自然环境条件

根据生物进化论的原理，任何生命对生存环境都有一定的适应能力，这是生命在自然选择压力下逐渐积累的特性，人工选育所产生的品种也不例外。影响品种形成的自然环境因素包括海拔、温度、湿度、光照、空气、土质、水质、植被、食物结构等。例如，高温干燥、植被稀疏的中东地区培育出了体型修长的轻型马（如阿拉伯马），而低温湿润、植被茂盛的欧洲则多育成体型粗壮的重型马（如俄罗斯重挽马、比利时重挽马、泼雪龙马和法国阿尔登马等）。另外，热带的瘤牛、湿热河湖地区的水牛、青藏高原的牦牛等，都是在当地自然环境条件下育成的，有明显的地域适应性，如果人为地强行改变其生活环境，往往会因不适应新环境而患病或死亡。

三、品种的分类

（一）根据培育程度分类

根据人类对畜禽的培育程度，可将品种分为4种类型，即原生态品种、地域品种、培育品种和高度培育品种。

1. 原生态品种 原生态品种又称原始品种，是驯化以后，受人类控制的程度很低，种群基因库基本上保持着长期自然选择、自然进化的结果，个体适应野生时期原有的生态环境，未经严格的人工选择而形成的品种。这类品种对某个地域环境具有很强的适应性，是家畜遗传资源中可贵的成分。例如，分布于西藏拉萨河流域、雅鲁藏布江中游的林芝藏猪，云南贡山县一带的独龙大额牛等，就属于原生态品种。

2. 地域品种 即习称的"地方品种"，是在特定区域的自然生态环境、社会经济文化背景下经历长期无计划选择所形成的品种。蒙古马与蒙古牛，它们被人类终年放牧饲养，气候环境恶劣，夏季酷暑，冬季严寒又缺料，在这种情况下，所受自然选择的作用较大。由于以上原因，地域品种具有以下特点：①晚熟，个体一般相对较小；②体格协调，生产力低但全面；③体质粗壮，耐粗耐劳，适应性强，抗病力高，如我国本土牛很少患肺结核病。

由此可见，地域品种虽然存在较多不足，但也有它的优势，特别是对当地气候、饲草饲料和疫病等具有良好的适应性，这为培育适应性强又高产的新品种提供了优良素材。例如，宁乡猪、湘东黑山羊、民猪、仙居鸡等都属于这类品种。当然，地域品种是需要进一步改良提高的，这首先要从改善饲养管理着手，然后再进行适当的选种选配或杂交，以提高遗传性能。例如，金华猪、北京鸭、湖羊等，是在地域品种基础上经过系统培育而育成的地方良种。

3. 培育品种（育成品种） 为了达到某种生产性能，人们经过长期有目标的选择和培育出来的新品种称为培育品种。这类品种集中了特定的优良基因，其产品相对专一，在某些性状上的表现明显高于地域品种,因此培育品种具有更高的经济价值。但这类品种通常对饲养管理条件要求较高,其适应性、抗病力及抗逆性不如地域品种。例如,荷斯坦牛、夏洛来牛、长白猪、北京鸭、原产于苏南的九斤黄鸡等都属于培育品种。这类品种是在经济和科技较发达的社会阶段形成的,所以培育品种大多具有如下特点:

(1) 生产力高,而且比较专门化,如有专门乳用的荷斯坦牛,专门肉用的海福特牛。

(2) 早熟,即能在较短时期内达到经济成熟,体型也往往较大。

(3) 对饲养管理条件要求较高,同时为了保持和提高培育品种的生产优势,要求有较高的选种选配等技术。

(4) 分布广泛,往往超出原产地范围。由于生产性能好,常被引种到异地去杂交改良当地品种,保证了它的广泛分布。如荷斯坦牛、约克夏猪、长白猪、来航鸡等已遍布全球。

(5) 品种结构复杂。一般来说,地域品种的结构只有地方类型,而培育品种因受到大量细致的人工选育,除地方类型和育种场类型外,还会产生许多品系和品族。

(6) 育种价值高,当与其他品种杂交时,能起到一定的改良作用。

4. 高度培育品种 这是在严格控制的饲养管理与长期闭锁繁殖的条件下,对少数特定性状进行持续多代高强度选择,所形成的品种。这类品种的特性基础是基因座纯合化水平很高,且只能生存在人为控制的特定环境中,其生产性能、健康状况和生殖能力对环境变化有敏感、强烈的反应。典型的高度培育品种有英国纯血马、北京狮子狗。

(二) 按主要用途分类

由于现代培育品种多为定向培育而成,故多用此法分类,一般分为专用品种和兼用品种两类。

1. 专用品种 是人们经过长期的选择与培育,使品种的某些特性获得显著提高或某些组织器官产生了突出的变化,从而出现了专门的生产力,这就是专用品种。例如,养马业中有骑乘(如英国纯血马)、挽用(如阿尔登马)和竞技用、肉用、乳用品种等;养牛业中有乳用品种(如荷斯坦牛)、肉用品种(如夏洛来牛)等;养羊业中有细毛品种(如美利奴羊)、半细毛品种(如云南半细毛羊)、羔皮品种(如卡拉库尔羊)、裘皮品种(如中卫山羊)、肉用品种(如杜泊羊)等;养猪业中有脂肪型品种(如内江猪)、瘦肉型品种(如皮特兰猪)等;鸡分为蛋用品种、肉用品种、药用品种和观赏品种等。

2. 兼用品种 又称综合品种,这类品种是指兼备不同生产用途的品种。属于这类品种的有两类:一是在农业生产水平较低的情况下形成的地域品种,它们的生产力虽然全面但较低,几乎没有突出的优势;二是专门培育的兼用品种,如羊有毛肉兼用细毛羊品种,牛有肉乳兼用品种,鸡有蛋肉兼用品种。这些兼用品种,体质一般较健康结实,对地区的适应性较强,生产力也并不显著低于专用品种。

为了说明问题的方便,将畜禽品种按主要用途分为以上两种类型,但这种分类法划分品种也不是绝对的,因为有些品种随着时代的变迁和社会的需要,其生产力类型会有变化。例如,荷斯坦牛素以产乳闻名,但以后有些地方育成了乳肉兼用荷斯坦牛;短角牛品种以肉用著称,但以后有些又形成了乳用短角牛和兼用短角牛品种。

(三) 按体型和外貌特征分类

1. 按体型大小分类 根据畜禽体型大小,可将其分为大型、中型、小型3种。例如,肉牛中有大型肉用牛(如夏洛来牛)、中型肉用牛(德国黄牛)、小型肉用牛(如安格斯牛)。

家兔也有大型品种（成年体重 5 kg 以上）、中型品种（成年体重 3~5 kg）、小型品种（成年体重 3 kg 以下）。猪也有小型猪（如中国的香猪）。

2. 按角的有无 牛、绵羊中根据角的有无分为有角品种和无角品种。绵羊还有公羊有角、母羊无角的品种。

3. 按尾的大小或长短 绵羊有大尾品种（大尾寒羊）和小尾品种（小尾寒羊），以及脂尾品种（哈萨克羊）等。

4. 按毛色或羽色 猪有黑、白、花斑、棕、红等品种，如湘西黑猪毛色纯黑，长白猪毛色纯白。杜泊羊头部长有黑毛而其他部位均为白色毛。喜马拉雅兔具有"八黑"特征。荷斯坦牛具有黑白花。鸡有芦花羽、黑羽、白羽等。畜禽的毛色或羽色作为重要的品种特征。

5. 根据鸡的蛋壳颜色 鸡根据蛋壳的颜色有白壳品种、褐壳品种和粉壳品种。

6. 骆驼的峰数 骆驼根据峰数分为单峰驼、双峰驼。

四、品种的审定

畜禽遗传资源保护的对象是群体，最大群体是一个畜种，最小群体是一个家系。如何把群体划分成亚群从而有利于保种实践是当前亟待解决的问题。畜禽品种（配套系）的审定工作是解决这一问题的关键。

培育的新品种、配套系和畜禽遗传资源在推广前，应当由国家畜禽遗传资源委员会对新品种或品系进行严格审定或者鉴定，并由农业农村部公布鉴定结果。

（一）品种审定的概念

畜禽品种审定是指国家畜禽品种审定委员会按照规定的形式和程序，受理畜禽品种培育单位的申请，对其培育的畜禽品种进行审查和评价，并做出相应的结论。

（二）我国现行品种审定行政规定

《畜禽新品种配套系审定和畜禽遗传资源鉴定办法》于 2006 年 5 月 30 日经农业部第 13 次常务会议审议通过，自 2006 年 7 月 1 日施行。

该办法规定了家畜新品种申请与受理的条件和程序，审定、鉴定与公告的具体操作流程和期限，并规定了对所申请新品种和已审定通过的新品种情况的监督管理章程。

1. 申请条件 申请国家级家畜品种审定应具备以下条件。

（1）品种主要特性、特征明显，生产性能优良，遗传性状稳定，与其他品种有明显区别。

（2）经中试、区域试验，增产效果明显，在品质、繁殖率和抗病力等方面有一项或多项突出优良性状。

（3）培育品种数量及畜禽结构达到品种要求标准。

（4）应按要求提供由畜牧行政主管部门指定的家畜品种检测机构出具的两年内的检定意见。

2. 申请程序 凡中华人民共和国境内从事家畜品种（配套系）培育工作的单位和个人，所培育的品种达到申请条件的要求，均可按下列程序向国家畜禽审定委员会提出审定申请。

（1）提供的材料。家畜品种（配套系）审定申请应提供如下材料：国家级畜禽品种（配套系）审定申请表，育种技术工作报告，报审品种的声像、画册资料及必要的实物等。

（2）审定程序。国家畜禽品种审定委员会对品种的审定是按照以下 3 个步骤受理的。

①材料初审：国家畜禽品种审定委员会接到申请后进行材料初审，在1个月内决定是否受理，并通知申请人，如不予受理，应说明理由。

②专家评审：对于材料初审合格的申请，按规定成立专门的专家审定小组。专家小组开展审定工作，专家审定小组意见必须依据专家3/4以上的意见形成，不同意见应在结论中明确记载。

③评审结论：国家畜禽品种审定委员会每半年召开一次专门会议，对专家审定小组的意见进行讨论，形成审定结论，并于受理申请后6个月内报送农业农村部。

（三）品种审定的基本内容

国家畜禽品种审定委员会会按《畜禽新品种配套系审定和畜禽遗传资源鉴定技术规范（试行）》的各项技术指标，包括品种来源、品种主要特性、特征、性能指标、遗传稳定性和数量指标等，核对所申请新品种是否符合要求，并做出审定意见。

第二节　品种资源保护

从12 000余年前人类开始驯化畜禽以来，已有40多种哺乳动物和鸟类被驯化。每个品种都能在一定的环境中发挥作用，从而使品种表现出各种为人类所需要的优良性状。中国的畜禽品种遗传多样性，特别是地方品种的优异种质特性，是几千年来多样化的自然生态环境所赋予的，是祖先选留下来的，这些宝贵的地方品种资源在当前乃至今后畜牧业可持续发展中仍将发挥巨大作用，也是培育新品种和利用杂种优势不可缺少的原始材料。但据联合国粮食与农业组织（2000）估计，全球6 400个畜禽品种，大约30%濒临灭绝，每年约有1%的品种灭绝。近20年来中国大约41.9%的地方品种群体数量有不同程度的下降。因此认真保护和合理利用目前仅有的品种资源，确实是一项重要而艰巨的任务。

一、我国丰富的品种资源

我国畜禽品种不仅在数量上多，而且不少在质量上还有独特之处。现已确认的畜禽品种和类群（包括地方品种、培育品种及引入品种，不包括家禽中近年引入的祖代和父母代鸡以及兔）共596个，其中普通家牛73个、水牛（类群）20个、牦牛5个、绵羊79个、山羊（含奶山羊）48个、猪113个、鸡109个、鸭35个、鹅21个、马66个、驴20个、骆驼4个、火鸡3个。

我国对猪品种经多次合并归类，目前仍有50多个品种，大体可分为华北、华南、华中、江海、西南、高原等6大类型。每一类型中又有许多独特的猪种类型，如金华猪具有皮薄、骨细、肉嫩的特点，是腌制金华火腿的优质原料，母猪最早在3月龄、体重20 kg左右就可配种，经产母猪平均窝产仔数14.3头。乌金猪肌肉发达，臀腿瘦肉比例高，是腌制"云腿"的原料。五指山猪体型小，抗逆性强，成年猪体重35 kg左右，胴体瘦肉率47.3%，平均窝产仔数7头，可作为生命科学、营养科学及计划生育、比较医学等研究领域的实验材料。藏猪适于终年放牧，具有体型小、皮薄、瘦肉率高的特点，成年猪平均重约40 kg。荣昌猪鬃毛洁白、粗长、刚韧、质优，一般长11~15 cm，最长超过20 cm，每头产鬃毛250~300 g。太湖猪产仔多，肉质好，经产母猪平均窝产仔数14.9头，宰前重61.5 kg，屠宰率66.7%，胴体瘦肉率43.9%，其高繁殖力特性享誉国内外。

在牛方面，也有极其丰富的品种资源。我国辽阔的土地上，不仅分布着牦牛、水牛等不同种属的牛，而且还形成了许多著名的地方良种或类型。如著名的五大地方黄牛良种有秦川牛、鲁西牛、南阳牛、晋南牛和延边牛。南阳牛和延边牛产于丘陵山地，其他3个品种牛都分布在平原。这些牛体躯高大结实，使役能力强，肉用性能好，是发展和培育中国肉用牛的基础。中国有水牛2 000多万头，均属沼泽型水牛，但类群较多，有滨海型、平原湖区型、高原平坝型、丘陵山地型等。有产于江苏、浙江沿海一带的海子水牛，有产于鄱阳、洞庭、洪湖地区的滨湖水牛，体质健壮结实，役用能力强，适于南方水田耕作。温州水牛泌乳性能较好，乳脂率高。牦牛产于青藏高原海拔3 000 m以上的高寒地带，具有产乳、肉用、驮运及产绒毛等功用，是青藏高寒牧区牧民不可缺少的生产资料和生活资料。产于甘肃省天祝地区的白牦牛，属稀有品种，以肉质好、适应性强而闻名于世。据2001年统计，中国有牦牛1 400万头，占世界牦牛存栏量的95%。

我国的绵羊类型复杂，其中也有不少世界著名的品种资源，有毛用（地毯毛）、肉用（粗毛、脂尾）、裘皮和羔皮用羊。其中产于青藏高原的草地型藏羊、新疆的和田羊，毛长、弹性好，是优质地毯毛羊。新疆阿勒泰羊脂臀发达，宁夏的滩羊生产白色二毛裘皮，享誉国内外。还有产于青海、甘肃的黑裘皮羊，产于江苏、浙江的湖羊，是著名的羔皮羊品种。湖羊和小尾寒羊均具有早熟、一胎多羔的特性，属高繁殖力品种。

在山羊方面，著名的有宁夏中卫山羊、辽宁绒山羊、济宁青山羊、内蒙古绒山羊、成都麻羊。中卫山羊生产白色二毛裘皮，花穗弯曲美观，排列整齐。辽宁绒山羊具有产绒量高、绒毛长等特点。济宁青山羊被毛由黑白二色毛混生，呈青、粉青或铁青色，以细长毛的青猾皮质量最好，母羊每胎繁殖率为270%，一年两胎。成都麻羊一个泌乳期泌乳150 kg以上，乳脂率6.47%，皮板致密、耐磨，可分层剥离使用，产羔率210%，一年两胎。

在家禽方面，我国是品种资源最丰富的国家之一。据初步统计，已有地方鸡种100多个。如蛋大、壳厚、体型较大的成都黄鸡、内蒙古边鸡、辽宁大骨鸡等；骨细、肉嫩、味鲜的北京油鸡、惠阳三黄胡须鸡、清远麻鸡等；以及生长快产蛋多的北京鸭，用于制板鸭、更以产双黄蛋驰名的高邮鸭等。有不少产蛋多的地方良种，如体小省料、年产蛋达200枚以上、蛋重40 g的浙江仙居鸡；绍鸭年产蛋280~300枚，蛋重68~70 g；豁眼鹅年产蛋100~120枚，蛋重128 g。此外还有供药用的珍贵品种丝羽乌骨鸡、体型特大的狮头鹅和观赏用的斗鸡等。

此外，我国在马、驴及骆驼等家畜中也有不少优良品种和地方类型。如耐粗饲、耐寒和耐劳的蒙古马和适应山地条件饲养的西南马都是世界著名的马种；陕西的关中驴和山东的德州驴都是有名的大型驴种；还有"沙漠之舟"之称的双峰驼等。目前，已列入国家品种志的马有15个地方品种、11个培育品种、7个引入品种以及6个改良马品种，驴品种共计10个。

二、保种的意义和任务

保种是通过相应方法和手段保护人类所需要的畜禽品种资源，使之免遭混杂或灭绝，也就是说，要妥善保存畜禽资源的基因库，使其中优良基因不致丢失。从这个意义上说，保种要求闭锁繁育和防止近交，而不强调品质的提高。当然保种也不是把地方品种毫无选择地全部保存下来，而仅是对某些具有某种优良特性，或适于作杂种优势利用的品种，加以保存。

对那些低劣的、目前认为没有种用价值的品种，为了以后需要则也应适度保种。

目前世界上随着商品畜牧业的发展，大量地方品种遭到排挤或濒于灭绝，出现了品种资源枯竭的危机。为了今后的新品种、新畜种的选育，以及杂种优势利用有足够的原始材料，必须加强保种。此外，对新育成的良种，为使其不退化，也要采取适当的保种措施。

在理论上，有效的保种办法是在品种繁殖过程中防止近交和延长世代间隔。畜禽品种可采取冷冻精液和冷冻胚胎长期保存的办法。但胚胎的长期保存目前还有一些技术问题亟待解决，活体保存还是当今畜禽保种的主要形式。从现实出发，要使品种不致混杂退化，必须采取保种与选育利用相结合的措施，着重使群体主要优良基因经过大量世代能够保存而不丢失。

保种主要技术措施，包括成立保种的组织机构，建立保种场和核心群，确定选种选配制度以及搞好经营管理等。保种要有一定群体含量，而且要控制近交系数的增加。如果群体近交系数不断增加，群体基因库内某些基因可能由于遗传漂变而丢失掉。同时，由于近交，某些原来在群体中处于隐蔽状态的不良隐性基因，被纯合而表现出来，群体就可能出现退化现象，这些都不利于品种的保存。

三、保种的原理和方法

保种工作是当前畜禽育种工作中的一项重要任务，根据群体遗传学原理，在一个闭锁的有限群体内，特别是小群体内，任何一对等位基因都有可能因遗传漂变而使其中一个基因固定为纯合子，另一个消失掉。近交不但能引起衰退，而且由于它具有使基因趋向纯合的作用，因而在选择和漂变的综合作用下，也能使某些基因消失。这些都是对保种不利的。要想妥善地保存现有畜禽品种，必须考虑以下因素。

（一）近交增量与群体有效含量

1. 近交增量 群体遗传多样性减少的概率，一般以一代间群体平均近交系数增量（ΔF）来表示。近交系数是由父母双方的相同基因复制组成个体一对等位基因的概率，即由来自双亲的同一种等位基因占据一个位点的概率。那么，一代间群体平均近交系数增量，也就是这个概率在一个世代中上升的幅度。

2. 群体有效含量 群体近交系数增加的快慢，主要的影响因素是群体大小和留种方式。一般来说，群体越大，近交的概率越小，近交系数增量越小；相反，群体越小，近交系数增量就越大。但是，同样数量的群体，由于公母比例不同，近交系数增量也不同。因此，在进行群体比较时，常常用群体有效含量（N_e）来表示群体大小。所谓群体有效含量，是指在近交增量的效果上与群体实际头数所相当的"理想群体"的头数，而理想群体是指规模恒定、公母各半、没有选择、迁移、突变，也没有世代交替的随机交配群体。显然，群体有效含量越大，近交系数增加也越慢，根据计算，群体有效含量为 10 头时，群内繁殖到 20 世代时，群体的平均近交系数可高达 0.7；如果群体的有效含量为 200 头时，同样到 20 世代，群体的平均近交系数仅为 0.1 左右。可见，要保持一个品种的优良性状不丢失，必须保持群体有适当的有效含量。群体有效含量与公母比例关系密切。同样数量的群体，公畜数量越多，群体有效含量越大；相反，公畜数量越小，群体有效含量越小。因此，一个保种群建立的开始就应保留一定数量的家系，在以后每个世代中也应采取各家系等量留种的方法，特别是每个家系必须留下一定数量的公畜，以保持更多的血缘来源。

(二) 留种方式

1. 随机留种　所谓随机留种就是将群体内所有公畜的后代放在一起,根据个体的表型值高低来选留后备种畜。这样,优良种畜的后代选留就多,劣等公畜的后代可能被排除在外,使以后各代群体内个体间亲缘关系越来越近,群体有效含量减少,近交系数增量加快。采用随机留种计算群体有效含量的公式是:

$$N_e = \frac{4N_S \cdot N_D}{N_S + N_D} \tag{5-1}$$

计算每世代近交系数增量的公式是:

$$\Delta F = \frac{1}{2N_e} = \frac{1}{8N_S} + \frac{1}{8N_D}$$

式中:N_e表示群体有效含量;ΔF表示每世代近交系数的增量;N_S表示实际参加繁殖的公畜数;N_D表示实际参加繁殖的母畜数。

例如,有一群体由5头公畜和25头母畜组成,采取随机留种,每世代都保持5头公畜和25头母畜,群体的有效含量计算如下:

$$N_e = \frac{4 \times 5 \times 25}{5 + 25} = \frac{500}{30} = 16.67$$

每一世代近交的增量为:

$$\Delta F = \frac{1}{2N_e} = \frac{1}{33.34} = 3\%$$

或

$$\Delta F = \frac{1}{8 \times 5} + \frac{1}{8 \times 25} = \frac{1}{40} + \frac{1}{200} = 3\%$$

2. 各家系等量留种　实行这种留种方式,就是在每世代中,各家系选留的数量相等,而公母保持原比例,这时计算群体有效含量的公式为:

$$N_e = \frac{16 N_S N_D}{N_S + 3N_D} \tag{5-2}$$

计算每世代近交系数增量的公式为:

$$\Delta F = \frac{1}{2N_e} = \frac{3}{32N_S} + \frac{1}{32N_D} \tag{5-3}$$

例如,同样有5头公畜和25头母畜组成的群体,每世代都按这个比例各家系等量留种,即每个家系留1公5母,群体的有效含量计算如下:

$$N_e = \frac{16 \times 5 \times 25}{5 + 3 \times 25} = \frac{2000}{80} = 25$$

群体近交系数增量为:

$$\Delta F = \frac{1}{2 \times 25} = 2\%$$

或

$$\Delta F = \frac{3}{32 \times 5} + \frac{1}{32 \times 25} = \frac{16}{800} = 2\%$$

按家系等量留种时,如果各家系选留公母比例为1:1,则群体有效含量会显著增大,近交系数增量相对减少。设总数还是30头的群体,其中包含15个家系,每个世代,各家系都留1公1母,按式5-1或式5-2计算,群体有效含量为:

$$N_e = \frac{16 \times 15 \times 15}{15 + 3 \times 15} = \frac{16 \times 15}{4} = 60$$

$$\Delta F = \frac{1}{2N_e} = \frac{1}{2 \times 60} = \frac{1}{120} = 0.8\%$$

从上面计算结果表明，不同的留种方式对群体有效含量和近交系数的增量有明显的影响。家系等量留种比随机留种，近交系数增量要小；同样实行家系等量留种，公畜数多，近交系数增量相对较小。所以群体的公畜数量的多少对保种起着重要作用。在畜禽品种的保种过程中，如果因某种原因必须减少群体头数的话，不应公母等量减少，而应尽量多留公畜，才有利于保种。

四、保种群规模的确定

要保持一个优良品种的特性，必须有一个合理的保种群体含量，当然，群体含量越大对保种越有利。但是保重群规模一旦增大，势必要增加相应的人力、经费和饲养管理设施，这样会给保种工作带来许多困难。保种究竟需要多大的群体，即需要有多少头母畜，才不致因近交出现衰退现象呢？这是值得重视的问题。育种实践告诉我们，保种群体含量的大小与群体的公母比例、留种方式、每世代控制的近交系数增量密切相关。确定基础群最低含量的方式如下。

1. 确定每世代近交系数的增量 基础群在繁殖过程中，必须使其中每一世代的近交系数增量，不要超过使畜群可能出现衰退现象的危险界限。一般认为，家畜每世代近交系数的增量为 0.5%～1%；家禽则为 0.25%～0.5%。否则，就有可能出现不良后果。

2. 确定群体公母比例 群体中公畜数过少，如仅留 2～3 头，是难以保持品种不因近交而造成退化的。群体必须有适当的公母比例。根据实际情况，畜禽保种时的公母比例通常是：猪、鸡 1:5，牛、羊 1:8 的比例较为合适。

3. 计算最低需要的公母数量 确定了群体的适宜近交系数增量和公母比例后。可按下列公式计算一个基础群所需的最低公畜数量，然后再按比例求母畜数。

在随机留种时，计算所需公畜数的公式是：

$$N_s = \frac{n+1}{\Delta F \times 8n} \tag{5-4}$$

在家系等量留种时，计算所需公畜数的公式是：

$$N_s = \frac{3n+1}{\Delta F \times 32n} \tag{5-5}$$

式中：N_s 为所需的最少公畜数；n 为公母比例中的母畜数；ΔF 为每世代适宜的近交系数增量。

[例题 5-1] 某一品种猪群，在保种过程中，确定每世代近交系数增量为 0.005（0.5%），公母比例为 1:5。试问：实行随机留种群体需要多大？实行家系等量留种群体又应有多大？

[解] 已知 $\Delta F = 0.005$，$n = 5$，将数据代入随机留种计算公畜数的公式（5-4）：

$$N_s = \frac{5+1}{0.005 \times 8 \times 5} = 30$$

这就是说，基础群至少需要有 30 头公猪，按公母比例为 1:5，还需要有 150 头母猪。

将已知 ΔF 和 n 的数据，代入家系等量留种计算公畜数的公式（5-5）：

$$N_s = \frac{3 \times 5 + 1}{0.005 \times 32 \times 5} = 20$$

即按家系等量留种，基础群需要 20 头公猪和 100 头母猪。

根据以上原理，为了保存一个品种，使其基因库中的每一种优良基因都不丢失，一般采用以下 5 个措施：

（1）划定良种基地。在良种基地中禁止引进其他品种种畜，严防群体混杂。这是保种的一项首要措施。

（2）要有一个适当的群体含量。在保种群内最好有一定数量的彼此无亲缘关系的公畜，具体要多少头，则一方面考虑如何把每代近交增量降低到最小限度，而另一方面又要考虑条件的允许程度。一般来说，如要求保种群在 100 年内近交系数不超过 0.1，那么猪、羊、禽等小家畜的群体有效含量应在 200 头（设世代间隔为 2.5 年），牛、马等大家畜的群体有效含量应在 100 头（设世代间隔为 5 年）。

（3）各家系等量留种。在每一世代留种时，都按各家系等量留种法进行，即每一头公畜的后代中，经后裔测定，选留一头公畜，每一头母畜的后代中选留等量母畜。同时注意及时淘汰有衰退表现的个体。

（4）防止近交，延长世代间隔。尽量采用避免近交的随机交配。如下一代的选配可采用公畜不动，调换另一家系的母畜与之交配，以防止近亲交配。

（5）搞好协作。保种工作可与品种选育工作结合进行。

（6）搞好环境卫生控制。外界环境条件相对稳定，防止各种污染源所引起的基因突变。

五、生物技术在遗传资源保护中的应用

1. 冷冻精液技术　20 世纪 50 年代牛冷冻精液保存方法获得成功，随后各种家养和野生动物冷冻精液研究发展迅速，目前世界多数国家都建立了各种动物精液基因库。

采用冷冻精液保种只能保存一个品种约 50% 的遗传基因，为了克服采用冷冻精液保种的缺陷，达到更有效地保存品种资源，应结合冷冻胚胎来进行畜禽的异地保存，通过适当的受体采用胚胎移植的方法可及时获得该品种的后代。

2. 冷冻胚胎技术　自 20 世纪 70 年代初该项技术首次获成功以来，已经在 20 多种哺乳动物上获得成功，牛、山羊、绵羊、兔和小鼠等的冷冻胚胎已得到较广泛的使用。牛的冷冻胚胎技术已被许多国家用于商业化生产，如美国 70% 以上的奶用种公牛是胚胎移植后代。在动物遗传资源保护、挽救濒危野生动物方面，胚胎移植技术发挥了越来越重要的作用。当前国内外已开始建立生殖细胞保存中心，我国农业农村部已建立了国家家畜禽基因库，采用异地生物技术保存方式，已保存了 232 个品种的遗传物质，采用超低温保存方式保存了 33 个品种的 6 万多份冷冻精液、3 500 多枚冷冻胚胎，低温保存了 63 个地方猪品种、85 个地方牛品种、71 个地方羊品种共 13 000 余份个体的基因组 DNA，这为我国地方畜禽的基因保种奠定了坚实的基础。

3. 体外受精　体外受精是在对受精卵的受精机制、体外培养、胚胎移植等机理的研究取得了突破性进展的前提下所形成的一项技术。体外受精结合冷冻保存技术不仅丰富了动物遗传资源，更重要的是它可以定向改变动物遗传资源。

4. 体细胞克隆 自从1997年2月用成年动物体细胞克隆出绵羊"Dolly"以来，其他克隆动物，如牛、猪、山羊相继问世。在我国目前正在利用克隆技术对大熊猫进行保种扩群的研究。但是，克隆技术目前还不很成熟，其高昂的实验费用、低成功率及其在保种领域固有的缺点还有待进一步研究探索。

5. 基因文库 基因文库是某种生物全部DNA的克隆总体。从严格意义上来讲，建立基因文库保存DNA的方法并不是一种畜禽品种资源保护的主要措施，只能算一种遗传信息的片段式保存，目前在畜禽保种上的应用至少还非常有限。

通过对活体保种与几种生物技术保种手段与方法的分析比较，可以得出这样一个结论：活体保种与生物技术保种是一个有机的整体，采取活体保种与细胞保种、基因保种相结合的方式，使动态和静态保护既相互独立，又相互补充，不同的畜种可以采取不同的保种手段。在目前科技发展条件下，活体保种仍然是我国畜禽遗传资源保护的主要形式，生物技术保种是增加资源安全性、提高保种效率的重要手段。

第三节 品种资源的开发利用

畜禽遗传资源是发展畜牧生产的重要基础。长期以来，我国在对畜禽遗传资源开发利用方面一直遵循"开发利用与保护相结合"的原则，同时还制定了一系列与此相适应的政策和法规，对畜禽遗传资源进行合理保护，以保障畜牧业的可持续发展。

目前，品种资源的利用主要有两个方面：一方面是作为开展杂交生产的亲本，这主要是针对各品种已有的优点，采用品系繁育的方法进行选育提高。通常地方品种应着重于建立母本品系，再通过配合力测定找出优良亲本组合用之于杂交生产。另一方面是作为培育新品种、新品系的原始材料。培育新品种要考虑到环境适应性、繁殖力，这正是我国地方品种所具有的优良特性，并且我国畜种肉质优良，可以说是一些天然的抗应激品种。如果选用一些高产的外来品种进行育成杂交，并系统地开展测定和选择，有可能育成一些优良的新类型。

一、本地品种资源的开发与利用

（一）开发利用的政策、法规及机构

我国畜禽遗传资源的管理工作主要由农业农村部负责，各省、自治区、直辖市设立相应的管理机构，地区（州、盟）、市、县（旗）及乡（镇）设有畜牧局及畜牧工作站。农业农村部是全国畜牧业生产及畜禽资源保护、利用的决策机构，负责制定畜禽开发利用规划和种畜进出口审批等工作。农业农村部下设国家畜禽品种审定委员会，一些地方也相应成立了畜禽品种审定委员会，负责新品种（品系）的审定工作。

为了不断选育提高畜禽品种的质量和生产水平，还成立了牛、家禽、猪、水牛、马、湖羊、家兔、蜂等协会和育种委员会（技术协作组织）及育种中心。这些组织对我国畜禽品种质量的提高发挥了作用。

（二）猪遗传资源的开发利用

我国猪种遗传资源非常丰富，除了具有繁殖力高、耐粗饲、适应性强外，还有一些地方品种具有独特的肉质和用途。这些独特的遗传资源已得到一定利用，有些作为特异性的育种素材。如太湖猪和民猪具有很高的繁殖力，生产中作为良好的母本来培育新品种和新品系，

在保持其高繁殖力的基础上，进一步提高生长速度和瘦肉率；利用香猪优良肉质品质来生产烤乳猪；小型猪五指山猪和香猪作为医用实验动物得到广泛利用。

目前，养猪生产通常采用品种或品系选育和杂交配套生产。在育种结构上，由原种场、纯繁扩群场、父母代场及商品生产场组成。育种工作主要在原种场进行，这种体系可以保证育种进展的最快传递，同时可以保持整个生产体系的高效。原种场中既有以引进品种为主的选育场，也有利用引进品种和地方品种合成新的品种和品系的选育场，引进品种的更新主要来源于本品种选育，部分依靠从国外引进。商品生产场从原种场或纯繁扩群场获得需要更新的公、母猪。

我国建立了国家级、省级、县级畜牧兽医技术推广服务机构，在新品种、新技术的普及推广中也起到了十分重要的作用，种猪选育场一般都有售后服务技术人员，通过各种技术培训班和现场服务，帮助客户了解新品种（系）的营养需求和饲养管理技术。农业院校和研究所在育种理论和方法以及相关配套技术等方面开展了深入广泛的研究，为新品种的培育和推广做出了重要贡献。

（三）牛遗传资源的开发利用

目前我国人均牛肉、牛奶的占有量分别为 4.6 kg 和 7.3 kg，落后于世界平均水平，与发达国家比较仍有很大差距。随着我国经济的快速发展，人们生活水平逐步提高，对牛奶、牛肉的需求量越来越大，养牛业在畜牧业和农业中的比重逐渐加大。

从我国水牛、牦牛、黄牛的总体利用情况来看，在南方各省稻作区水牛主要是役用，其次才是乳用和肉用；牦牛在我国西北高原地区为乳、肉、役兼用，近年来牦牛绒的开发利用进一步提高了牦牛的利用价值。我国的牛肉主要来自秦川牛、晋南牛、南阳牛、鲁西牛、延边牛等五大良种黄牛及其杂交牛。牛奶主要来自良种及改良种奶牛，2000 年全国存栏数为 507 万头。中国荷斯坦牛成年母牛约占奶牛总头数的 60%，产奶量高，主要分布在城市郊区（县）。中国西门塔尔牛为乳肉兼用牛，核心群 3 万头，平均单产 4 800 kg，主要分布在农区、牧区、半农半牧区。其他提供牛奶的品种还有三河牛、草原红牛、新疆褐牛等兼用品种。总之，目前我国在黄牛、水牛、牦牛的利用上，由于不同地区、不同生态环境、不同生产条件和生产系统而导致当地选择不同的牛的物种或品种。

（四）绵山羊遗传资源的开发利用

在绵、山羊的育种体系中，通常选用适应性强、生产性能需提高的当地品种作为母本，导入生产性能较高的引入品种作为父本进行杂交。先后对哈萨克羊、蒙古羊等当地粗毛羊品种进行了改良，育成中国美利奴羊、新疆细毛羊、东北细毛羊、内蒙古细毛羊、敖汉细毛羊等优良新品种，为毛纺工业提供了优质的毛纺原料，促进了毛纺工业的发展，增加了农牧民的收入。利用吐根堡山羊与成都麻羊杂交，培育了具有生长速度快、屠宰率高的肉用型南江黄羊，目前在西南地区得到大面积推广。

近几年，利用引进的肉用波尔山羊，杂交改良地方山羊品种，取得了较好的效果。为改进绵羊体型小、日增重慢和出肉率低的缺陷，在我国的农区、半农半牧区及部分牧区，利用引进的无角道赛特、萨福克、特克塞尔等肉绵羊，改良地方绵羊品种，充分利用杂交优势，羊肉生产水平有了很大提高。

20 世纪 50—70 年代，国内对裘皮、羔皮的需求旺盛，卡拉库尔羊、滩羊、贵德黑裘皮羊等品种的数量显著增加。但到了 20 世纪 80 年代以后，随着市场需求的下降，这些品种的饲养数量急剧减少。同时，由于国内外市场对羊产品的需求由毛用转向肉用，致使细毛羊羊毛品质下降。

（五）家禽遗传资源的开发利用

我国是世界最大的家禽生产国和消费国。在家禽生产中，已形成了较为完善的以改良品种为基础的良种繁育体系，不但有蛋鸡、肉鸡、鸭的纯系育种场和曾祖代场，也有相应的祖代场、父母代场和商品生产场，这一体系决定了家禽生产体系的结构。

在家禽中，最大的差异在肉鸡。如华南、华东、华中和西南地区，对肉鸡风味的要求较高，因此在生产中使用的主要品种是有色羽（以黄色为主）的优质肉鸡，这些优质鸡品种主要利用国内的地方品种资源。而北方对风味、毛色及胫色等很少有特殊要求，因此在生产中使用的主要是从国外引进的生长速度快、饲料转化率高的白羽肉鸡品种（商业配套系）。用于出口生产的品种与供国内生产的肉鸡品种基本相同。但在肉鸭生产中，出口生产主要使用适合分割用的瘦肉型品种，如樱桃谷肉鸭，而国内用于加工烤鸭主要采用传统的北京鸭，用于加工板鸭、盐水鸭等特色产品的主要是中型麻鸭类品种，如高邮鸭、建昌鸭等。

目前，国内蛋鸡、速生型肉鸡和瘦肉型鸭生产大量使用从国际育种公司引进的品种（配套系）。蛋鸡常年引进的主要商业品种有海兰褐、罗曼褐、海兰白、海赛褐等，肉鸡主要有艾维茵、科宝、哈巴德等，肉鸭为樱桃谷。也有不少近期引进品种，在国内经过育种项目培育出新的家禽品种，如北京白鸡、新杨褐蛋鸡，肉鸭生产中大量使用北京鸭这一地方品种。在优质肉鸡生产中，主要利用地方品种，如石岐杂、清远麻鸡等。蛋鸭和鹅的生产中，基本都利用地方品种，如绍兴鸭、金定鸭、豁眼鹅、太湖鹅、狮头鹅、四川白鹅等。

我国是世界养禽大国，但生产水平与世界发达国家仍有很大差距，家禽品种资源开发利用的任务还相当艰巨。目前，家禽生产的主要任务是提高生产性能和产品质量，选育适应市场和生产发展需求的品种（系），并推广高效生产技术。

二、引种和风土驯化

（一）引种与风土驯化的意义及途径

由于长期自然选择的结果，各种野生动物都有其特定的分布范围，它们只能在特定的自然条件下生活和繁衍后代。当野生动物驯化成家畜以后，在人类的积极干预下，其分布范围不断扩大。尽管如此，各种畜禽的分布仍不平衡。就国内而言，马主要分布在东北、内蒙古、新疆等气候较冷的地区，驴主要分布在南疆、关中等气候比较干旱的地区，绵羊主要分布于牧区，牛则在农业区较多，猪和鸡在我国比较适于农区饲养。各种畜禽的地理分布与它们各自的历史发展条件以及对自然条件和农牧业条件的适应性有关。随着国民经济的发展，为了迅速改变当地原有畜禽的生产方向和生产性能，常常需要从外地引入优良品种，有的还需引入新的畜禽种类，来满足人类日益增长和多样化的畜禽产品需要。这种把外地或外国的优良品种、品系或类型引进当地，直接推广或作为育种材料的工作，称为引种。引种时可以直接引入种畜，也可以引入良种公畜的精液或优良种畜的胚胎。

我国先后从国外引入不同生产用途的畜禽品种，国内良种调运也很频繁，在我国畜禽育种工作中起了很大的作用。但由于某些地区和部门对于引种工作的一些规律缺乏认识而盲目引种，结果造成了一些不必要的经济损失和资源浪费。因此，认真研究引入畜禽在新环境中的风土驯化过程，对于进一步发展我国畜牧业具有十分重要的意义。

风土驯化是指畜禽适应新环境条件的复杂过程。其标准是品种在新的环境条件下，不但能健康生存、繁衍后代及正常地生长发育，而且能够保持品种原有的基本特征和特性。这不仅包括育成品种对于不良的生活条件的适应能力和畜禽对某些疾病的免疫能力，也包括地域品种对于丰富的饲料和良好的管理条件的反应。风土驯化主要通过以下两种途径。

1. 直接适应 从引入个体本身在新环境条件下直接适应开始，经过后代每一世代个体发育过程中对该环境条件的不断适应，直到基本适应新环境条件为止。生产中，为了缩短直接适应的时间，事先对新环境的气候特点与原产地进行对比，认为这种新环境在新品种的耐受范围以内，否则，直接适应不但会延长饲养时间，还对引入个体的健康、生产性能等造成不良影响。

2. 定向地改变遗传基础 当新迁入地区的环境条件超过了品种畜禽的耐受范围，出现了健康状况、采食饮水、排泄及生产性能等方面的不良反应。这种情况主要通过加强选择作用和改变交配制度、淘汰不适应的个体，将能适应新环境的个体留下来繁殖后代，从而逐渐地改变群体中的基因频率，使引入品种在基本保持原有特性的前提下，遗传基础发生了改变。

应该指出，上述两种途径不是彼此孤立的，而是相互联系、交替进行的。在实际生产中，往往引种的最初阶段是通过直接适应，以后由于选择的作用和交配制度的改变，而使其遗传基础发生了变化。

（二）引种应注意的问题

鉴于自然条件对品种特性有着持久和多方面的影响，在引种工作中必须采取慎重态度。引种前，首先应认真调查研究引种的必要性和可行性，必须切实防止盲目引种。在确定需要引种以后，必须做好以下几个方面的工作。

1. 正确选择引入品种 选择引入品种，必须首先考虑国民经济的需要和当地品种区域规划的总体要求。选择引入品种的主要依据是，该品种具有良好的经济价值和育种价值，并对当地环境具有良好的适应性。前者反映引种的必要性，后者说明引种成功的可能性。适应性是由许多性状构成的一个复合性状。它包括了畜禽的抗寒、耐热、耐粗饲、耐粗放管理以及抗病力等性状。它本身不是一个经济性状，但综合起来可直接影响畜禽生产力的发挥。

每一个品种对其生活环境都有一定的适应范围。一个品种的适应范围大小和适应性强弱，大体可从品种育成历史和原产地的气候、饲草饲料及饲养管理条件等方面综合判断，对于育成历史久、分布地区广的品种，如约克夏猪、荷斯坦牛、美利奴羊、来航鸡等，都具有悠久的培育历史，而且几乎遍及世界各国，它们都具有较广泛的适应性。一般来说，当目的地与原产地的纬度、海拔、气候、饲养管理等方面差别不大，那么引种通常都容易成功；否则，引种比较困难，但只要适当注意引入后的风土驯化措施，不少也能成功。例如，摩拉水牛原产于炎热的印度、巴基斯坦，引入我国广西、湖北等地区后，均表现良好。原产于比较炎热地区的品种迁移到较寒冷地区比较容易成功的原因是：畜禽在生理上适应低温的能力较强；人工防寒设备比防高温设备简单、经济；一般热带品种的饲养管理比较粗放。相反，将生产力高的温带畜禽品种引入热带或亚热带地区，比较难于成功。例如，一些原产于英国或欧洲大陆的品种，如短角牛、海福特牛等品种，已引入我国南方地区培育多年，但在夏天仍表现出性欲衰退或暂时丧失配种能力。其原因一般认为是：温带品种在生理上的耐热能力较差；温带品种对炎热地区的地方疾病、蜱的侵袭、内寄生虫病等的抵抗力较弱。

为了正确判断一个品种是否适宜引入，最可靠的办法是随机抽取少量个体进行引种试验，经观察和对有关生产性能统计分析，证明其经济价值及育种价值良好，又能适应当地的自然条件和饲养管理条件后，再大量引种。

2. 慎重选择个体　引种时对个体的挑选，除注意品种特性、体质外形以及健康状况、生长发育外，还应特别加强系谱的审查，注意亲代或同胞的生产力高低，防止带入有害基因和遗传疾病。引入个体间一般不宜有亲缘关系，公畜最好来源于不同家系。此外，年龄也是需要考虑的因素，由于幼年畜禽在其发育的过程中比较容易对新环境适应，因此，从引种角度考虑，选择幼年健壮个体，有利于引种的成功。

随着冷冻精液及胚胎移植技术的推广，采用引入良种公畜精液以及良种母畜的胚胎的办法，既可节省引种成本和运输费用，又有利于引种的成功。

3. 妥善安排调运季节　为了使引入家畜的生活环境上变化不过于突然，使有机体有一逐步适应的过程，在引入家畜调运时间上应注意原产地与引入地季节差异。如由温暖地区引至寒冷地区，宜于夏季进行；而由寒冷地区将家畜引至温暖地区则宜于秋冬季节进行，以使畜禽逐渐适应气候的变化。

4. 严格执行检疫制度　切实加强种畜检疫，严格实行隔离观察制度，防止疫病传入，是引种工作中必须认真重视的一环。如果检疫制度不严甚至不检疫，常会带进当地以前没有的传染病，给生产管理带来不便，最终造成巨大的经济损失。

5. 加强饲养管理和适应性锻炼　引种后的第一年是关键性的一年，为了避免不必要的损失，必须加强饲养管理。为此，要做好引入家畜的接运工作，并根据原来的饲养习惯，创造良好的饲养管理条件，选用适宜的日粮类型的饲养方法。在迁运过程中，为了防止水土不服，应携带原产地饲料，供途中和初到新地区饲喂。要根据它对环境的要求，采取必要的保温防寒或防暑降温措施。预防地方性的寄生虫病和传染病，也是有利于外来品种风土驯化的积极措施之一。

加强适应性锻炼和改善饲养条件，二者不可偏废。单纯注意改善饲养管理条件而不加强适应性锻炼，其效果有时适得其反。有些牧场为了使南方猪种落户北方，在改善饲养管理条件的同时，加强适应性锻炼，采取栏内加铺垫草、清晨赶猪放牧运动、夜间不喂过稀食物等措施，逐渐增强有机体对寒冷的抵抗能力，有效地使南方猪种适应于北方气候。

6. 采取必要的育种措施　动物对新环境的适应性存在着种间和个体间的差异性。因此在选种时应注意选择对生活环境适应性强的个体，淘汰那些不适应的个体。在选配时，为了防止种畜禽生活力和生产力下降甚至退化，应避免近亲交配。

此外，为了使引入品种对当地环境条件更容易适应，也可考虑采取级进杂交的方法，使外来品种的成分逐代增加，拉长迁移的时间，缓和适应过程。

在环境十分艰苦的地区，引入外地品种确有困难时，可通过引入品种与本地品种杂交的办法，培育适应当地条件的新品种。

（三）引种后的主要表现

品种迁移到新地区后，由于自然环境条件和饲养管理的变化，以及选种方法或交配制度的改变等原因，品种特性总是或多或少要发生一些变异的，这种变异按照其遗传基础是否发生变化，可归纳为两种类型。

1. 暂时性变化　自然环境的变迁和饲养管理的改变，常可使引入品种在体质外形、生长发育、生产性能、部分生物学特性和生理特性等方面发生一系列暂时性的变化。这是在引种工作中最常见的一类变化。例如,家畜迁移到新地区后,饲养管理条件太差,营养不足或缺乏某种营养元素时,常造成家畜生长发育缓慢、成熟期延迟、体重下降、骨骼发育受阻、体型狭窄细长、四肢相对较高、被毛无光、肌肉松软、生产力下降、性机能障碍等。这些现象看起来很像品种退化,但由于其遗传基础并未改变,只要所需饲养管理条件得到满足,上述变异就会逐渐消除。长白猪是世界著名的品种,引入我国后,虽曾在不少地方出现了生长发育受阻、体躯瘦弱、种猪繁殖障碍、四肢病和皮肤病较多等现象,但在改进了饲养管理和消除了引起变异的原因后,情况有了明显好转。

2. 遗传性变化　品种被引入新地区后,出现的遗传性变化大体可分为两类。

(1) 适应性变异。风土驯化过程中可能产生适应性变异,其结果可能在体质外形和生产性能上有某些变化,但其适应性却显著提高。如新疆细毛羊品种适应于干燥、寒冷的气候条件,被引入温暖潮湿的南方地区后,经过长期的风土驯化,其腹毛变稀变短,剪毛量有所下降,而其他方面的指标,如繁殖力和体重,不但未减,有的反而还有提高。这种在长期风土驯化过程中所表现出的适应性变异,是符合生产需要的。

(2) 退化。品种退化是指畜禽的品种特性发生了不利的遗传变异,其主要特征是体质过度发育,生活力下降。具体表现为家畜抵抗力较差,发病率增加,生产性能下降,生长发育缓慢,繁殖力下降,第二性征不明显,甚至出现不育,畜群中畸形、死胎等现象明显增多。这些不利的变异会遗传到下一代去的,才称为退化。

发生退化的原因主要有:①由于畜群长期处在不适宜的环境条件下,造成生长发育受阻;②选种时过分强调生产力而忽视体质的结实性;③群体太小,又没有一定的选配制度,长期滥用近交等。所以品种退化是风土驯化和良种繁育过程中均可能出现的现象。

为了防止品种退化,先应从改善饲养管理入手,实行科学饲养,在选种时除考虑生产性能外,要注意选择体质结实的个体留种,种公畜要经过性能测定,对于那些表现衰退和有遗传缺陷的个体应严格淘汰。在选配方面应避免不必要的近交。还应指出,为了防止品种退化,在引种时,每一品种的引入头数,尤其是种公畜不宜过少。

(四) 引入品种的选育措施

根据以上情况,总结国内大量的育种经验,在引入品种选育中应采取以下措施。

1. 集中饲养　引入同一品种的种畜禽应相对集中饲养,建立以繁育该品种为主要任务的育种场,这样有利于风土驯化和开展选育工作。这是引入品种选育工作中极为重要的一点。只有改变引入品种过于分散的状况,才能提高它们的饲养管理水平和繁育技术水平,才能提高这些品种的利用率,充分发挥它们的种用性能。良种群的大小,可因畜种而不同。根据闭锁繁育条件下近交系数增长速度的计算,一般在良种群中需经常保持50头以上的母畜和3头以上的公畜,才不致由于其近交系数的增长而引起有害影响。在良种场中要改变"见纯就留"的观念,严格制定和执行选配制度,保证出场种畜的等级质量。

2. 慎重过渡　对引入品种的饲养管理,应采取慎重过渡的办法,使之逐步适应。要尽量创造有利于引入品种性能发展的饲养管理条件,进行科学饲养。例如,从国外引进的良种猪,其原产地的饲料多为精饲料型,而且蛋白质含量较高,应慢慢增加粗饲料比例,使之逐渐适应我国的饲料类型。同时,还应逐渐加强其适应性锻炼,提高其耐粗性、耐热或耐寒性和抗病力。

3. 逐步推广 在集中饲养过程中要详细观察引入品种的特性,研究其生长、繁殖、采食习性、放牧及舍饲行为和生理反应等方面的特点。要详细做好观察记载,为饲养和繁殖提供必要的依据。在经过一段时间风土驯化,摸清了引入品种的品种特性后,才能逐渐推广到生产单位饲养。良种场应做好推广良种的饲养繁殖技术指导工作。

4. 开展品系繁育 品系繁育是引入品种选育中一项重要的措施。通过品系繁育除可达到一般目的外,还可改进引入品种的某些缺点,使之更符合当地的要求;通过系间交流种畜,防止过度近交;综合不同系统(如长白猪的英系、法系、日系等)的特点,建立我国自己的综合品系。

此外,在开展引入品种选育过程中,也必须建立相应的选育协作机构,加强组织领导,及时交流经验。

思考题

1. 解释名词

   品种　保种　群体有效含量　引种　风土驯化

2. 比较分析题

   (1) 试比较分析随机留种和各家系等量留种的区别与联系。

   (2) 品种与品系有何区别与联系?

3. 计算题

   (1) 今有1个由2 000头母牛和20头公牛组成的封闭牛群。试计算:

   ①当20头公牛都用于本交时的牛群有效含量;

   ②采用人工授精后配种公牛减至5头时的牛群有效含量;

   ③采用和不采用人工授精时的群体近交系数增量。

   (2) 今有2个由100只母鸡和10只公鸡组成的鸡群,分别采用随机留种法和各家系等量留种法,要求计算出各自的群体有效含量和近交系数增量。

   (3) 今有一保种核心群,拟选集100只优秀母羊,每代近交增量控制在1%左右,试问需要多少只公羊和采用何种方式,才能使群体有效含量保持为100头?如采用随机留种法,公羊需增加到多少只?

   (4) 有A、B、C 3个群体,总头数都是100头,计算它们的群体有效含量和近交系数增量各是多少?(A群:♂50、♀50;B群:♂20、♀80;C群:♂5、♀95)

   (5) 如果要使1个鸡群每世代近交系数增量不超过0.25%,并确定公母比例为1∶5,实行家系等量留种,试问保种的基础群应有多少只公鸡和母鸡?

4. 简答题

   (1) 简述引种的意义及引入品种风土驯化的重要性与措施。

   (2) 品种应具备哪些条件?如何分类?

5. 论述题

   (1) 保种的主要任务是什么?请你查找最新的保种技术及其应用前景的有关资料来说明保种的基本原则措施。

   (2) 试查阅有关资料后制订出一套针对当地主要畜禽的保种及选育计划。

   (3) 简述你对畜禽遗传资源保存、管理、开发和利用的看法。

第六章

选种原理与方法

本章导读

本章阐述了畜禽生产性能测定的原则、方法、形式及主要家畜的性能测定指标等;介绍了体质外貌及性能测定的记录系统;主要讲述了质量性状与数量性状的选择原理与选择的基本方法,同时还就种畜种用价值评定的基本方法进行了详述;另外还简要介绍了畜禽育种中常用的评估软件等内容。

本章任务

了解常用育种软件的应用、生产性能测定的原则和性能测定的记录系统;熟悉家畜体质外貌测定、主要生产性能的测定方法;掌握质量性状的选择方法、数量性状的选择方法及种畜种用价值评定的基本方法。

第一节 性能测定的方法

一、性能测定的原则与方法

(一)畜禽生产性能和生产性能测定的概念

畜禽生产性能又称为畜禽生产力,它是反映畜禽综合生产性能的重要指标,包括两个方面:一方面是指畜禽生产各种畜产品的数量和质量,另一方面是指畜禽生产畜产品过程中利用饲料和设备的能力,即畜禽最经济有效地生产畜产品的能力。畜禽的生产性能是个体鉴定的重要内容,是代表个体品质最有意义的指标,也是对种畜进行遗传评估的最基本的依据,更是选种过程中决定选留与否的决定因素。

生产性能测定是指对畜禽个体具有特定经济价值的某一性状的表型值进行评定的一种育种措施,是育种工作的基础。生产性能测定的意义在于:第一,为家畜个体的遗传评估提供基础信息;第二,为估计群体经济性状的遗传参数提供信息;第三,为评价畜群的生产水平提供信息;第四,为畜牧场的经营管理提供信息;第五,为各类杂交组合类型的配合力测定提供信息;第六,为制定育种规划提供基础信息。

（二）测定性状选择的原则

1. 测定的性状具有一定经济价值 所选择测定的性状应该从经济学观点出发，可根据该性状的经济重要性来确定是否进入所选测定性状。因为畜禽的遗传改良的目的是为了使生产经营者获得最大的经济效益，当然还要用发展的眼光来看待一个性状是否有经济意义，有的性状虽然目前的经济价值不大，但以后可能会有重要经济价值。

2. 测定性状的表现型具有一定的遗传基础 具有一定遗传基础的性状是进行畜禽遗传改良的前提。因此，在选择性状时要考虑该性状是否有从遗传上改进的可能性。

3. 选取的性状应符合生物学规律和生产实际 生物学规律是生物个体在长期进化过程中形成的习性或规律，故选择性状时要尽可能符合生物学规律，例如在奶山羊的产奶性能上，用泌乳期产奶量就比用年产奶量更符合奶山羊的泌乳规律。对于不能活体测定或不方便测定的性状用相关的性状代替，例如，瘦肉率性状可用背膘厚性状来代替。

（三）选择生产性能测定方法的原则

1. 精确性原则 可靠的数据是育种工作能否取得成效的基本保证，而可靠的数据来源于具有精确性的测定方法，所用的测定方法要保证所得到的数据具有足够的精确性。

2. 广泛适用性原则 育种工作常常并不局限于一个场或一个地区，因而在确定测定方法时要考虑育种工作所覆盖的所有单位是否都能接受。当然这并不意味着一定要去迁就那些条件差的单位，一切应以保证足够的适应性为前提。

3. 经济实用性原则 在保证足够的精确性和广泛的适用性的前提下，所选择的测定方法要尽可能地经济实用，以降低性能测定的成本，提高育种工作的经济效益。

二、畜禽生产性能测定的形式

（一）测定站测定与场内测定

1. 测定站测定 测定站测定是指将所有待测定的畜禽个体集中在一个专门的性能测定站或某一特定牧场来统一测定生产性能。因此即使畜禽来自不同的畜牧场，也可以互相进行比较评选出优劣。其中，乳牛等大家畜集中有困难，一般不作测定站测定。目前，测定站测定对猪的育种具有重要意义，可以把不同畜牧场同一品种的种猪送到测定站做性能测定，测定结束后根据要选择的性状做出育种值或选择指数的排序，以确定是否留作种用；蛋鸡和肉鸡有时也做测定站测定，但其目的不是为了选出高产的个体，而是测定某个群体（系或杂交组合）的综合性能。

测定站测定的优点：第一，被测定家畜在同样的环境条件下进行测定，就控制了环境条件的变异对家畜生产性能的影响；第二，容易保证做到中立性和客观性；第三，便于特殊设备的配备和管理（如自动计料器）。

测定站测定的缺点：第一，测定成本较高；第二，测定规模有限，因而选择强度也相应较低；第三，在被测个体的运输过程中，易传播疾病；第四，由于"遗传-环境互作"，使测定结果与实际情况产生偏差，代表性不强。

建立集中的测定站进行性能测定，目的是为了创造相对标准的、统一的、长期稳定的环境条件和测定方法，使供测种畜禽充分发挥其遗传潜力，对其性能做出客观而公正的评价，便于进行个体间比较，从而选出理想的种畜加以扩大利用。

2. 场内测定 指直接在各个畜禽生产场场内进行性能测定，不要求时间的一致。通常强调建立场间遗传联系，以便于进行跨场遗传评定。建立场间遗传联系的方法是各场使用共同公畜或母畜的后代，便于比较和剔除场间效应。场内测定的优缺点正好与测定站测定的相反。

（二）大群测定和抽样测定

1. 大群测定 对种畜群中所有符合测定条件的个体都进行性能测定。其目的是为个体遗传评定提供信息。测定个体越多，则选择强度就越大，遗传进展越快。

2. 抽样测定 从参加测定的每个品种（系）中随机抽取一定数量的个体，在相同环境中进行性能测定。主要用于评定杂交组合的生产性能，以寻找最佳杂交组合用于商品生产。

三、主要家畜的性能测定

（一）猪生产性能的测定

目前，根据国内猪育种的实际情况，并参照国外的先进经验，从简单、实用、容易操作等出发，将遗传评估性状分为以下两类。

1. 遗传评估的基本性状

（1）达 100 kg 体重的日龄。控制测定的后备种公、母猪的体重在 80~105 kg 的范围，经称重（建议采用电子秤），记录日龄，并按如下校正公式转换成达 100 kg 体重的日龄（借用加拿大的校正公式）：

$$校正日龄 = 称重时日龄 - \frac{实际体重 - 目标体重}{CF}$$

其中 CF 为校正因子，用下式计算：

$$公猪：CF = \frac{实际体重}{称重时日龄} \times 1.826\,040$$

$$母猪：CF = \frac{实际体重}{称重时日龄} \times 1.714\,615$$

（2）100 kg 体重活体背膘厚。采用 B 超扫描测定倒数第 3~4 肋间处的背膘厚，以毫米为单位。最后按如下校正公式转换成达 100 kg 体重的活体背膘厚：

$$校正背膘 = \frac{A}{A + [B \times (实测体重 - 100)]} \times 实测背膘厚$$

A 和 B 由表 6-1 给出。

表 6-1　计算校正背膘厚所需参数

（张沅，2001. 家畜育种学）

品种	公猪		母猪	
	A	B	A	B
约克夏*	12.402	0.106 530	13.706	0.119 624
长白猪	12.826	0.114 370	13.983	0.126 014
汉普夏	13.113	0.117 620	14.288	0.124 425
杜洛克	13.468	0.111 528	15.654	0.156 646

* 所有其他品种都用与约克夏猪相同的参数。

（3）总产仔数。出生时同窝的仔猪总数，包括死胎、木乃伊和畸形仔猪在内。

2. 遗传评估的辅助性状

(1) 达 50 kg 体重的日龄。将待测后备种公、母猪的体重控制在 40～60 kg，经称重，记录日龄，并校正成达 50 kg 体重的日龄。

(2) 产活仔数。出生 24h 内同窝存活的仔猪数，包括衰弱即将死亡的仔猪在内。

(3) 21d 天窝重。同窝存活仔猪到 21 日龄时的全窝重量，包括寄养进来的仔猪在内，但寄出仔猪的体重不计在内。寄养必须在 3 d 内完成，必须注明寄养情况。

(4) 产仔间隔。母猪前、后两胎产仔日期间隔的天数。

(5) 初产日龄。母猪头胎产仔时的日龄数。

(6) 饲料转化率。体重在 30～100 kg 期间每单位增重所消耗的饲料量，计算公式为：

$$饲料转化率(FCR) = \frac{采食量}{测定期增重} \times 100\%$$

(7) 眼肌面积。在测定活体背膘厚的同时，利用 B 超扫描测定同一部位的眼肌面积。在屠宰测定时，将左侧胴体倒数第 3～4 肋间处的眼肌垂直切断，用硫酸纸描绘出横断面的轮廓，用求积仪计算面积。

(8) 后腿比例。在屠宰测定时，将后肢向后平行伸直状态下，沿腰椎与荐椎结合处的垂直切线切下的后腿重量占整个胴体重的比例，计算公式为：

$$后腿比例 = \frac{后腿重量}{胴体重量} \times 100\%$$

(9) 肌肉 pH。在屠宰后 45～60 min 内测定。采用 pH 计，将探头插入倒数第 3～4 肋间处的眼肌内，待读数稳定 5 s 以上，记录 pH。

(10) 肉色。肉色是肌肉颜色的简称。在屠宰后 45～60 min 内测定，以倒数第 3～4 肋间处眼肌横切面为代表，用 5 分制目测对比法评定。

(11) 滴水损失。在屠宰后 45～60 min 内取样，切取倒数第 3～4 肋间处眼肌，将肉样切成 2 cm 厚的肉片，修成长 5 cm、宽 3 cm 的长条，称重，用细铁丝钩住肉条的一端，使肌纤维垂直向下，悬挂于塑料袋中（肉样不得与塑料袋壁接触），扎紧袋口后吊挂于冰箱内，在 4℃条件下保持 24 h，取出肉条称重，按下式计算结果：

$$滴水损失(100\%) = \frac{吊挂前肉条重 - 吊挂后肉条重}{吊挂前肉条重} \times 100\%$$

(12) 大理石纹。大理石纹是指一块肌肉范围内，肌肉脂肪（即可见脂肪）的分布情况，以倒数第 3～4 肋间处眼肌为代表，用 5 分制目测对比法评定。

(13) 应激敏感性测定。目前已证明猪的应激敏感性受一个基因座位控制，当该座位上为隐性纯合体（nn）时，猪表现为应激敏感，为杂合体（Nn）或显性纯合体（NN）时，不表现应激敏感。目前用于活体测定这个基因的基因型的方法是基因诊断，基因诊断是从猪的身上采取组织样品（通常是耳样），送往特定的实验室，从组织样品中提取 DNA，用 PCR-RFLP 方法进行分子标记，在凝胶电泳图中可以判断个体的基因型。用这种方法可准确区分 3 种基因型，是理想的测定方法。

（二）鸡的生产性能测定

1. 产蛋性能的测定

(1) 开产日龄。开产日龄是母鸡性成熟的日龄，即从雏鸡出壳到成年产蛋时的日数。计算开产日龄有两种方法：第一种是做个体记录的鸡群，以每只鸡产第一个蛋的日龄的平均数作为群体的开产日龄；第二种是对于大群饲养的鸡，从雏鸡出壳到全群鸡日产蛋率达50%时的日龄代表鸡群的开产日龄。

（2）产蛋数。产蛋数是指个体在一定时间范围内的鸡只产蛋总数。在蛋鸡和肉鸡育种中，采用单笼饲养来测定个体的产蛋数。记录的时间是从鸡只开产到40周龄或55周龄、72周龄的累积产蛋数。

（3）蛋重（或总蛋重）。蛋重是指一只鸡或某群鸡在一定时间范围内产蛋的总重量。计算总蛋重的标准方法是将所有蛋都称重后累计而得，但这样做过于烦琐，实际工作中只作抽样测定，如每周或每期测定一次，将所测蛋重乘上本周或本期的产蛋数，然后再累加即得总蛋重。

（4）料蛋比。料蛋比指产蛋鸡在某时间段饲料消耗量与产蛋总量之比。由于测定个体耗料量难度较大，实际育种中可在32～56周龄期间测定1～3次，每次连续测定4周，即可获得较为准确的料蛋比。

2. 产肉性能的测定　鸡只产肉性能主要包括生长发育和胴体品质两个方面。

（1）生长发育测定的主要指标。

①体重：体重指鸡只生长的一定时期的体重。对于肉鸡来说，是非常重要的经济指标，同样，它对蛋鸡也很重要，因为它一方面与蛋重有关，更重要的是体重过大，维持用的饲料就多，导致料蛋比增加。

②增重：增重指鸡在一定时间内体重的增量。通常用在测定期中的平均日增重或达到一定体重的日龄来衡量增重速度，它与体重高度相关，是肉鸡育种中最重要的选择指标。

③料肉比：料肉比指在一定时间段内饲料消耗量与增重之比。由于测定个体的饲料消耗量费时费力，通常只能对有限数量的公鸡进行阶段耗料量的测定（单笼饲养），或以家系为单位集中饲养在小圈内，测定家系耗料量。例如，肉鸡的料肉比一般为（2.0～2.6）：1。

（2）胴体品质测定的主要指标。

①屠宰率：屠宰率是全净膛重或半净膛重占鸡只宰前活重的比率。

②腹脂率：腹脂率是腹脂重占鸡只宰前活重的比率。

③胴体缺陷：胴体缺陷主要指龙骨弯曲、胸部囊肿和绿肌病。

（三）牛的生产性能测定（DHI）

1. 产奶性能测定

（1）产奶量的度量指标。

①年产奶量：年产奶量是指在一个自然年度中的总产奶量。

②泌乳期产奶量：泌乳期产奶量是从产犊到干乳期间的总产奶量。

③305d产奶量：305d产奶量是从产犊到第305个泌乳日的总产奶量。由于不同的牛的泌乳期长短不一样，不同的牛的泌乳期产奶量不能相互比较，因而需要将实际的泌乳期产奶量标准化为统一的泌乳天数的产奶量。目前世界各国通用的做法是将这些实际的泌乳期产奶量标准化为305d产奶量。

④成年当量：成年当量是指各胎次产量校正到第5胎时的305d产奶量。一般在第5胎时，母牛的身体各部位发育成熟，生产性能达到最高峰。利用成年当量可以比较不同胎次的母牛在整个泌乳期间生产性能的高低。

中国奶牛协会在1992年9月颁布的《中国荷斯坦牛登记办法（试行）》中提出了一个

校正办法,即将不同胎次的产奶量校正到第5胎的产奶量,其校正系数见表6-2。

表6-2 各胎次产奶量的校正系数

胎次	1	2	3	4	5
系数	1.351 4	1.176 5	1.087 0	1.041 7	1.000 0

(2) 乳成分含量的度量指标。

①乳脂率:乳脂率是指乳中所含脂肪的百分率。乳脂率是衡量一头奶牛生产性能的主要指标。生产中有很多因素能够影响奶牛的乳脂率,但遗传和饲料是两个主要因素。同时,饲养管理对乳脂率的影响也是不可忽视的。目前,我国除黑龙江、内蒙古等地奶牛的乳脂率可达到3.4%～3.6%外,其他地区大多在3.0%～3.2%,而日本平均乳脂率已达3.8%。

②乳蛋白率:乳蛋白率是乳中所含蛋白质的百分率。乳蛋白是一种营养价值很高的蛋白质,它的氨基酸含量和构成比例基本上与人体所需氨基酸的数量、比例相接近。我国在2007年颁布的《中国荷斯坦乳牛生产性能测定技术规范》将其列入其中。

③体细胞数:体细胞数(SCC)是指每毫升牛奶中所含的体细胞量,它反映牛场奶牛乳房健康状况。它包括多种类型的细胞如白细胞和脱落的上皮细胞等,高SCC记录预示着大量的白细胞的存在和乳房感染概率较大。牛群体细胞数是整个牛群乳房健康程度的标志。

2. 挤奶能力测定 挤奶能力是指奶牛在挤奶时所表现出的诸如排乳速度、各个乳区的泌乳量的均衡性等性能。这些性状对于机器挤奶来说是十分重要的,因为挤奶的时间越长,或各个乳区不能同时挤净,机器对乳房的机械损伤就会增加,乳房炎的发生可能性也相应增加。

(1) 排乳速度。一般用平均每分钟的泌乳量来表示,由于每分钟的泌乳量与测定时的日产奶量有关,所以应在一定的泌乳阶段测定。一般规定在第50～180泌乳日时,在一个测定日内测定一次挤奶中间阶段所需的时间和奶量。

(2) 前后房指数。度量各乳区泌乳的均衡性主要指标,它是指一次挤奶中前乳区的挤奶量占总挤奶量的百分比。

3. 生长发育及肥育性能的测定 生长发育的测定对于乳用、乳肉兼用和肉用牛都是很有必要的,而且测定方法也基本相似,其作用是为牛的早期选择提供依据。生长发育的测定性状主要是各生长阶段的体重,即初生重、6月龄重、12月龄重、18月龄重和24月龄重。对公犊牛一般在测定站进行测定,母犊牛一般在牛场内测定。

对肉牛和乳肉兼用牛来说,除了要测定各生长阶段直至屠宰时的体重和相应的日增重外,有条件的还要对采食量、饲料报酬、胴体组成和肉质等性状进行测定,测定方法与猪的相关测定类似。

(四) 绵羊的生产性能测定

1. 毛长 是指一年内羊毛生长的长度,测定时在肩胛后缘一掌、体侧中线稍上处,打开毛丛量取从皮肤表面到毛的顶端的自然长度,通常以厘米为单位。

2. 细度 羊毛细度是反映羊毛品质的重要指标,其测定方式有两种。第一种是用肉眼观察凭经验评定,用品质支数来表示其细度。所谓羊毛支数是指1 kg重的羊毛能够纺成的1 000 m长的毛纱的段数,可在测量毛长的相同部位观察评定。第二种是仪器测定法,用羊毛的直径来表示其细度。通常在羊的肩胛骨中心点、体侧和腰角至飞节连线的中点三个部位取毛样并充分混匀，而后或制成横切片用显微镜测微尺测量，或直接用专用的羊毛细度测定仪测量。

3. 密度 在绵羊体表单位面积的皮肤上，羊毛纤维分布的稀密程度称为被毛密度，用"根/m^2"表示。测定时，用密度钳在绵羊体侧部取单位面积的毛样，根据计算的羊毛纤维根数来判定。

4. 剪毛量 用一次剪毛所得的羊毛重量来判定。

5. 净毛率 将剪下的羊毛通过洗毛除去杂质（油汗、尘土、粪渣、草料碎屑等）后所得净毛的重量（称为净毛量）与剪毛量（也称为污毛量）的比率。

6. 剪毛后体重 剪毛后羊的体重。

7. 弯曲度、油汗含量、细度匀度、长度匀度 在测量毛长的同一部位用肉眼观察，凭经验评定，都可分为好、中和差 3 个等级。

四、畜禽体质外貌鉴定

（一）畜禽体质

体质指动物的身体素质，是机体机能和结构协调性的表现。动物有机体是一个复杂而系统的整体，只有在有机体各部位间、各器官间以及整个有机体与外界环境间保持一定协调的情况下，才能很好地生长发育和繁殖，才能充分发挥其生产性能，这种协调表现就是体质。可以这样认为，畜禽体质是畜禽作为统一整体所形成的外部的、生理的、结构的、机能的综合反映。

（二）畜禽外形

1. 外形的概念 外形是指畜禽的外表形态，我国古代称之为"相"。外形能在一定程度上反映内部机能、生产性能和健康状况，这是因为有机体是一个统一整体，内部和外部、形态和机能的关系是极密切的。通过外形观察，可以鉴别不同品种或个体间体型的差异，来判断家畜的主要用途；正确判断家畜的健康和对生活条件的适应性，还可以对家畜的年龄进行鉴别。

2. 外形鉴定 外形鉴定是依据畜禽的生长发育、体质外貌等资料来评定畜禽的品质。外形鉴定是选种的基础，有以下 3 种方法。

（1）肉眼鉴定。肉眼鉴定是用肉眼观察畜禽的外形，并辅以触摸、测量等手段来判断种畜个体优劣。肉眼鉴定的步骤及程序：先概观后细察，先远后近；先整体后局部，先静后动。

（2）测量鉴定。体尺测量是用测量工具（直尺、测杖、圆形测定器、测角计和卷尺等）对畜禽的各部位进行测量和简单计算。体型外貌评定中要测量的体尺指标一般有：体高、背高、荐高、臀端高、体长、胸深、胸宽、腰角宽、臀端宽、头长、胸围、管围等。

（3）线性评定。在 20 世纪 70 年代后期，美国奶牛人工授精育种联合会提出了奶牛体型线性评定，这种评定方法是完全客观的，并且可用相同的统计学方法对评定结果进行分析。这个方法原则上也同样适用于其他畜种，下面以乳牛为例进行说明。

中国奶牛协会规定使用美国和日本的 50 分评分体制。现代的体型鉴定即线性评定，要求母牛在 2~6 岁进行，可每年一次。即 24~72 月龄的牛，最好是处于第 2~5 泌乳月。性状的线性评分与奶牛的年龄、泌乳时期、饲养管理无关。以各性状的假定平均值为 25 分，评分要拉得开，不要常评成25分附近的分数。对某一性状的评定，也不要联系其他性状。对于未投产牛、干奶牛、产犊牛、病牛一般不鉴定。

线性评定方法基本形成了国际性的统一标准。但各国在测定性状的选择上以及对各个性状的重视程度上有所不同。在国内，一般将奶牛的体型性状分为两级，一级性状共15个，归纳为5个部分。

①体型部分：体高、强壮度、体深、棱角清秀度。
②尻臀部：尻角、尻长、尻宽。
③肢蹄部：后肢侧望、蹄角度。
④乳房部：前房附着、后房高度、后房宽度、乳房悬垂形状、乳房深度。
⑤乳头部分：从后面看。

此外，在以上5个部分中还包含14个二级性状。

对上述性状进行线性评分，评分是用1~50分来描述。从一个极端到另一个极端不同程度的表现状态来描述体型性状。这种线性评分的大小仅是代表性状表现的程度，不能直接用其数值大小说明性状的优劣，因为有些性状处在一个极端为最佳，而另外一些性状则处在中间状态为最好。因此还需将线性评分转化为功能分，功能分为百分制。

在得到各一级性状的等级得分后，还要进一步将有关性状的得分加权合并成一般外貌、乳用特征、体躯容量和泌乳系统共4个特征性状的得分（表6-3），最后将各特征性状得分再加权合并为体型整体得分（表6-4）。

表6-3 特征性状评分的权重构成

一般外貌	权重（%）	乳用特征	权重（%）	体躯容积	权重（%）	泌乳系统	权重（%）
体高	15	棱角性	50	体高	20	前房附着	20
胸宽	10	尻角度	10	胸宽	30	后房高度	15
体深	10	尻宽	10	体深	30	后房宽度	15
尻角度	15	后肢侧视	10	尻宽	20	悬韧带	15
尻宽	10	蹄角度	10			后房深度	25
后肢侧视	20	尻长	10			乳头位置	10
蹄角度	20						

表6-4 整体评分合成

特征性状	一般外貌	乳用特征	体躯容积	泌乳系统	合计	等级
权重（%）	30	15	15	40		
功能分						
加权得分						

根据母牛的整体评分进行等级评定，通常按以下标准划级定等。90~100分为优秀（excellent，记为EX）；85~89分为良好（very good，记为VG）；80~84分为佳（good plus，记为G+）；75~79分为好（good，记为G）；65~74分为中（fair，记为F）；51~64分为差（poor，记为P）。

五、性能测定结果的记录系统

(一) 个体识别

个体识别包括在现场对动物活体的识别,同时,包括在性能测定记录中对每一记录所对应的个体的识别。识别个体的最简单而有效的方法是对个体进行编号,一个统一规范的编号系统是准确迅速地识别动物个体的基本保证。活体标记编号的方法有以下几种。

1. 打耳缺 常用于养猪生产中,应该遵循"左大右小、上一下三"的原则,在仔猪初生时用耳号钳避开较大血管在猪耳朵的边缘及耳根打一些缺口,每一个缺口代表一定的数字,所有缺口所代表的数字加起来就是该个体的标号。

2. 戴耳标 可用于除家禽以外的各种家畜上。利用耳标钳将写有个体标号的特制的金属或塑料标牌穿戴在动物的耳朵上。

3. 戴颈链 常用于养牛生产中,在牛的颈脖上套一个皮制的或塑料制的项链,在该链上标有个体的编号。

4. 电子标记 是将一种体积很小的携带有个体编号信息的电子装置,如电子脉冲转发器,固定在动物身上的某个特定部位,它所发出的信息可用特殊的仪器接收并读出。

(二) 系谱记录

1. 系谱的概念 系谱是指记载种畜祖先名字、编号、生产成绩和外貌鉴定结果等的原始记录。系谱上的记录来源于育种工作的日常记录,主要包括繁殖配种记录、产仔记录、称重记录、体尺测量、产品产量、饲料消耗等原始记录。由于系谱是记录祖先的资料,早于本身记录,因此,系谱测定可用于种畜禽的早期选择。

2. 系谱的编制方法

(1) 竖式系谱(直式系谱)。竖式系谱编制时,种畜的畜号或畜名记在上面,下面是父母代,再向下是祖代,以此类推。同一代中的公畜记在右侧,母畜记在左侧。系谱中间划出双线。

祖先的生产性能填写在相应的位置,以奶牛的产奶成绩为例,按照 2008-Ⅰ-305-4556-3.6 的方法来缩写,意思是 2008 年第 1 胎、305d 共产乳 4556 kg、乳脂率为 3.6%;对体尺指标也可按 136-151-182-19 的方法来缩写,意即为体高 136 cm、体长 151 cm、胸围 182 cm、管围 19 cm。

竖式系谱各祖先血统关系的模式见表 6-5。

表 6-5 竖式系谱各祖先血统关系模式

母				父				Ⅰ亲代
外 祖 母		外 祖 父		祖 母		祖 父		Ⅱ祖代
外祖母的母亲	外祖母的父亲	外祖父的母亲	外祖父的父亲	祖母的母亲	祖母的父亲	祖父的母亲	祖父的父亲	Ⅲ曾祖代

(2) 横式系谱(括号式系谱)。它是按子代在左,亲代在右,公畜在上,母畜在下的格式来填写的。系谱正中可画一横虚线,表示上半部为父系祖先,下半部为母系祖先,生产性能记录的简写同竖式系谱。

横式系谱各祖先血统关系的模式见图 6-1。

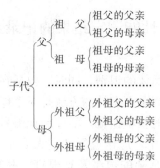

图 6-1 横式系谱各祖先血统关系的模式

(三) 记录

1. 手工记录 就是将测定结果记录在纸上，但要根据育种方案事先设计好各种统一的规范化的记录表格，将测定结果直接填入表格中。

2. 自动记录 近年来，自动记录是随着计算机信息科学的发展而出现的一种新的记录方式。自动记录可大大提高工作效率，避免由于手工操作所容易出现的错误，而且可以直接传输到计算机中转为永久性记录。自动记录系统主要由计算机、佩戴在动物个体身上或固定在个体笼位上的含有个体标号的电子标记（如磁卡、条形码、脉冲转发器等）、电子标记的阅读器和相关软件组成。

第二节 选择的基本原理

一、质量性状的选择方法

畜禽的性状可分为质量性状和数量性状。质量性状是指个体间没有明显量的区别而表现非连续性变异的性状，各变异类型间存在明显区别，能直接加以描述并区别的性状。其遗传规律符合孟德尔经典遗传学理论。如：角的有无和角型、耳型、被毛的颜色、血型、酶型及蛋白类型等。控制质量性状的基因一般都有显隐性之分（少数无显隐性，但可由表现型直接判断其基因型），选择相对简单，可根据简单的孟德尔定律进行遗传分析。选择可以引起基因频率发生变化，主要根据 Hardy-Weinberg 定律来进行选择效果的评定。

(一) 对隐性基因的选择

对隐性基因的选择意味着淘汰显性基因，也就是对显性个体和杂合体的淘汰。为便于阐明选择原理，以一对等位基因为例加以说明。例如，在一个大的随机交配的群体中，某一对相对性状，其等位基因为 A 和 a，A 对 a 为完全显性。基因型为 AA、Aa 和 aa，AA 和 Aa 的表型相同，都表现为显性性状，群体初始的基因型频率为 $D=p^2$，$H=2pq$，$R=q^2$。根据表型选择，淘汰显性个体和杂合体，保留全部隐性纯合个体。设淘汰率为 S，则留种率为 $1-S$，经过一个世代的选择后，基因频率变化情况见表 6-6。

表 6-6 选择隐性基因、淘汰显性基因时，后代基因频率的变化

基因型	AA	Aa	aa
初始频率	p_0^2	$2p_0q_0$	q_0^2

(续)

基因型	AA	Aa	aa
留种率	$1-S$	$1-S$	1
选择后频率	$\dfrac{p_0^2(1-S)}{1-S(1-q_0^2)}$	$\dfrac{2p_0q_0(1-S)}{1-S(1-q_0^2)}$	$\dfrac{q_0^2}{1-S(1-q_0^2)}$

经过一代的选择后，隐性基因频率为：

$$q_1 = \frac{1}{2}H_1 + R_1 = \frac{q_0 - S(q_0 - q_0^2)}{1 - S(1 - q_0^2)}$$

若 $S=0$，则 $q_1=q_0$，此时群体处于自然平衡状态；若 $S=1$，则 $q_1=1$，即当显性个体淘汰率达到1时，没有突变发生且基因的外显率为100%，只要经过一代选择，下一代隐性基因的频率就可以达到1。所以，选择隐性基因是比较容易的，选择进展很快。

（二）对显性基因的选择

1. 根据表型淘汰隐性个体　一般来说，致病有害基因在群体中往往是以隐性基因的形式存在，隐性有害基因在群体中的频率不高，但如果选留了杂合体作种畜，则会使群体中隐性有害基因频率迅速增加。如，海福特牛的侏儒症是由隐性基因控制，含有侏儒基因的杂合体具有粗壮而紧凑的体躯和清新的头部，更容易被选留作种用，所以20世纪50—70年代，在海福特牛育种中该基因大范围地扩散。

由于杂合体的表型与显性个体表型相同，所以在群体中彻底清除隐性基因是比较困难的。表6-7归纳了一个大的随机交配的群体，某一对相对性状，其等位基因为A和a，A对a为完全显性，选择显性基因、淘汰隐性基因时基因频率的变化情况。

表6-7　选择显性基因、淘汰隐性基因后代基因频率的变化

基因型	AA	Aa	aa
选择前基因型频率为	p_0^2	$2p_0q_0$	q_0^2
留种率	1	1	0
选择后基因型频率	$\dfrac{p_0^2}{p_0^2+2p_0q_0}$	$\dfrac{2p_0q_0}{p_0^2+2p_0q_0}$	0

则经过一代选择后，隐性基因a的频率为：

$$q_1 = \frac{p_0q_0}{p_0^2+2p_0q_0} = \frac{q_0}{1+q_0}$$

经过两代选择后，隐性基因a的频率为：

$$q_2 = \frac{q_1}{1+q_1} = \frac{q_0}{1+2q_0}$$

经过 n 代选择后，隐性基因a的频率为：

$$q_n = \frac{q_0}{1+nq_0}$$

例如：由10 000个个体组成的某群体中有一个隐性纯合子个体，每代淘汰隐性纯合子个体，将隐性基因频率降低一半需要多少代？

$$n=\frac{q_0-q_n}{q_0 q_n}=\frac{1}{q_n}-\frac{1}{q_0}=\frac{1}{\frac{1}{200}}-\frac{1}{\frac{1}{100}}=100$$

如果家畜的世代间隔较长,则所需时间非常长,可见选择进展非常缓慢。故单纯根据表型淘汰隐性纯合子个体不能彻底剔除隐性基因。

2. 应用测交淘汰杂合个体 杂合体是隐性基因的携带者,要想有效淘汰隐性个体,最常用、最有效的办法是测交法。测交方法如下。

(1) 被测公畜与隐性纯合子母畜交配。就一对等位基因而言,如公畜为杂合子,其后代中出现显性纯合子的概率为 0.5。若有 n 个后代,则这 n 个个体都为显性纯合子的概率为 $\left(\frac{1}{2}\right)^n$。当 $\left(\frac{1}{2}\right)^n \leqslant 5\%$ 时,$n \geqslant 5$,即是说,被测公畜与隐性纯合子母畜交配,所生 5 个后代均表现为显性时,有 95% 的把握判定该公畜为显性纯合子。当 $\left(\frac{1}{2}\right)^n \leqslant 1\%$ 时,$n \geqslant 7$,即被测公畜与隐性纯合子母畜交配,所生 7 个后代均表现为显性时,有 99% 的把握判定该公畜为显性纯合子。这种方法所需测交头数最少,但前提是隐性纯合个体能够活到成年,且生活力、繁殖力不降低。

(2) 被测公畜与已知为杂合体的母畜交配。当隐性纯合子个体活不到成年或繁殖率过低时采用。

假设被测公畜为杂合子,此交配形式下,测交后裔表型为显性(包含显性纯合子和杂合子)的概率为 3/4,n 个后代均为显性的概率为 $\left(\frac{3}{4}\right)^n$。当 $\left(\frac{3}{4}\right)^n \leqslant 0.05$(显著性水平)时,$n \geqslant 11$,即所生 11 个后代无一隐性表型时,有 95% 把握判定被测公畜为非隐性基因携带者。当 $\left(\frac{3}{4}\right)^n \leqslant 0.01$(显著性水平)时,$n \geqslant 16$,即所生 16 个后代无一隐性表型时,有 99% 把握判定被测公畜为非隐性基因携带者。

(3) 被测公畜与其女儿或与一已知为杂合子公畜的女儿交配。假设被测公畜为杂合子,与配母畜中显性纯合子的比例为 D,杂合子比例为 H;后代数为 n,后代表现显性的概率为 p。则:

$$P=\left(D+\frac{3}{4}\times H\right)^n$$

例如,若与配母畜显性纯合子与杂合子各半,即 $D=1/2$,$H=1/2$。则:$P=\left(\frac{1}{2}+\frac{3}{4}\times\frac{1}{2}\right)^n=\left(\frac{7}{8}\right)^n$。

当 $p \leqslant 0.05$ 时,$n \geqslant 23$;即是说所生 23 个后代均表现显性,就有 95% 把握判定被测个体为显性纯合子。若是单胎动物,被测公畜至少要与 23 个符合条件的母畜交配。当 $p \leqslant 0.01$ 时,$n \geqslant 35$;即是说所生 35 个后代均表现显性,就有 99% 把握判定被测个体为显性纯合子。若是单胎动物,被测公畜至少要与 35 个符合条件的母畜交配。

这种方法的优点是能够测定该公畜可能携带的全部隐性基因,缺点是容易造成较高的近交系数(25%),且所需女儿数量较大,单胎家畜难以办到。表 6-8 列出了单胎动物几种测交方法所需的最少的配偶数。表 6-9 列出了多胎动物几种测交方法所需的最少的配偶数与子女数。

表 6-8 单胎家畜测交所需最少与配母畜数

测交类型	最少与配母畜数	
	$p=0.05$	$p=0.01$
与隐性纯合子个体交配	5	7
与已知为杂合子的个体交配	11	16
与另一头已知为杂合子公畜的未经选择的女儿交配	23	35
与未经选择的女儿交配	23	35

表 6-9 多胎家畜测交所需最少配偶数和子女数

测交类型	所需最少配偶数		全部为显性表型个体的最少子女数	
	$p=0.05$	$p=0.01$	$p=0.05$	$p=0.01$
与隐性纯合子个体交配	1	1	共5个	共7个
与已知为杂合子的个体交配	1	2	共11个	共16个
与另一头已知为杂合子公畜的未经选择的女儿交配	5	8	10（每头母畜）	10（每头母畜）
与未经选择的女儿交配	5	8	10（每头母畜）	10（每头母畜）

（4）被测公畜与其未经选择的半姐妹交配。这种测交方法可判定该公畜是否携带从它父亲或其他共同祖先那里继承的任何隐性基因，但并不能测定这头公畜可能由另一亲本所得的隐性基因。这种交配所产生的后代近交系数为 12.5%。进行测定所需的配偶数和子女数，与父亲与女儿交配时相同。

（5）让公畜与其全同胞交配，测定来自双亲的任何隐性基因。这需要有足够数目（23~35个）的全同胞姐妹，牛、马就很难做到，而猪有可能有这么多同胞（重复选配 5~7 个胎次）。

（6）分子生物学方法。采用分子遗传学标记方法，如 PCR-RFLP 法。

（7）其他方法。直接进行后裔调查，只要发现一头隐性个体，则其父母都是杂合子。

（三）伴性基因的选择

遗传学研究表明，绝大部分的伴性基因仅被携带在一条性染色体上，即哺乳动物的 X 染色体或鸟类的 Z 染色体上，而且伴性基因所决定的多是表型等级分明的质量性状。因此，对某一伴性基因的判别和选择，主要通过对个体的表型辨别来实现。

在鸡的 Z 染色体上有着丰富的伴性基因，目前已经研究清楚的伴性基因包括：头纹基因（Ko-ko）、真皮黑色素基因（Id-id）、芦花羽色基因（B-b）、眼色基因（Br-br）、出壳白-棕羽色基因（Li-li）、银-金羽色基因（S-s）、慢-快羽基因（K-k）、肝坏死基因（N-n）、矮脚基因（Dw-dw）和无翅基因（WL-wl）等。上述伴性基因之间均表现为显隐性遗传方式，因此不同性染色体组合类型，即 ZZ 和 ZW 在决定鸡个体性别的同时，Z 染色体上携带的伴性基因也随性别表现出特殊的遗传规律。在育种上常将伴性性状用于雏禽雌雄鉴别或其他方面。

1. 利用矮脚基因（dw）进行选择　dw 基因是矮小基因中的一种。研究证明，其分子基础是由生长激素受体基因的缺陷所造成。由于 dw 基因能引起甲状腺功能降低，使鸡的体型变小，维持需要低，但生产性能比正常体型的鸡下降不多，甚至在有些方面有所改进，如产蛋性能好、饲料转化率高、死亡率低、种蛋的孵化率高等。此外，因矮小型鸡体型小，占用鸡舍面积小，可以适当加大饲养密度，降低饲养成本。由于 dw 为一隐性伴性基因，位于 Z 染色体上，当纯合的矮小型公鸡与正常体型的母鸡交配时，可以按体型自别雌雄，减少饲养公鸡的饲养成本。其交配模式如图 6-2 所示：

目前研究发现，dw 基因为一主基因，它既具有质量性状的基因特性，又具有数量性状的基因特性，有很高的经济适用性，矮小型家鸡品系培育已经应用于生产实践中。培育矮小型品系，可以采用适当的交配组合使 dw 基因在公母鸡中都达到纯合。当纯合的矮小型公、母鸡出现后，即可纯种繁育，在群体内选优去劣，扩大种群数量，经过几代选种扩群，就能培育出矮小型品系。矮小型品系培育模式如图 6-3 所示。

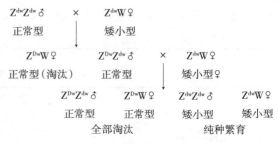

图 6-2　矮小型基因交配模式

图 6-3　矮小型品系培育模式

2. 利用羽色基因进行选择　羽毛颜色的伴性基因，目前除芦花鸡中由横斑基因（B）控制的芦花性状和由非横斑基因（b）控制的非芦花性状这对显隐性基因之外，广泛用于自别雌雄的羽色伴性基因还有金色基因（s）和银白色基因（S）。如海蓝褐是褐壳蛋用鸡，其父母代公鸡羽毛是红褐色，母鸡是白色；在商品代，雄雏绒毛是淡黄色，雌雏绒毛是黄褐色，能够自别雌雄。山东省农业科学院家禽研究所从济南花鸡中选出浅花与红花两个伴性基因，利用红花公鸡与浅花母鸡交配，后代雄雏为白色，雌雏为红色。

（四）分子遗传技术鉴定质量性状基因型

20 世纪 80 年代以来，由于分子生物学技术的发展，分子克隆及 DNA 重组技术的完善，特别是 PCR 技术和新的电泳技术的产生，各种 DNA 分子遗传标记应运而生。分子遗传学研究表明，生物的大部分遗传变异都源于 DNA 分子的变异，不同个体间可能出现一个碱基的差异，也可能由于倒位、易位、缺失或转座导致多个乃至一长段碱基的差异。DNA 变异导致了个体间在功能、特征和性状上的变异。由此，人们努力探索通过分子遗传标记来识别 DNA 分子的变异性，进而检测特定基因座位上的遗传变异，即检测个体的基因型。

应用分子遗传学技术，检测类似于应激敏感基因这样的隐性有害基因，不仅可以检出隐性纯合个体，还可以准确地检出杂合个体。实践表明，只要取样合理，仅通过一次 PCR-RFLP 检测，就可以将一个猪群的 PSS 基因净化，从而建立抗应激敏感母猪系。其检测效率是迄今为止其他的质量性状基因检测方法不可比拟的。同时说明，在动物育种中引入分子生物学技术的最大效益在于大大提高了传统选择方法的精确性。

二、影响数量性状选择效果的因素

（一）基本概念

1. 选择差和留种率　选择差指留种群均值（$\overline{P}_s$）与原群体均值（$\overline{P}$）之差，表示被选留个体所具有的表型优势，用 S 表示，$S = \overline{P}_s - \overline{P}$。选择差的大小受两个因素的影响：一是畜群的留种率，二是性状的变异程度——标准差。

(1) 留种率。指留种个体数与全群总数之比，即：

$$留种率 = \frac{留种个体数}{全群总数} \times 100\%$$

在性状表型值呈正态分布的情况下，留种率与选择差成反比。由于公畜的留种率小于母畜的留种率，故其选择差通常都大于母畜。但对于公畜限性性状的选择，如，产乳量性状和产蛋量性状的选择，如果选择不准确，留种率小的公牛和公鸡，其实际选择差要比预期的小。

(2) 性状在群体中的变异程度。同样的留种率，标准差大的性状，选择差也大。变异是选择有效的前提，没有变异，选择就无从发挥作用；变异愈大，选择收效也愈大。

2. 选择强度　不同性状间由于度量单位和标准差的不同，其选择差之间不能相互比较。为了便于比较，以各自的标准差为单位，将选择差标准化，标准化的选择差称为选择强度（i）。即 $i = \dfrac{S}{\sigma_P}$，或 $S = i \times \sigma_P$。此处，σ_P 为所测定性状的表型标准差。

3. 选择反应　由于人工选择，选留个体的子女的平均表型值也不同于原群体均值，这种由于选择而在下一代产生的反应称为选择反应。选择反应反映了通过选择，在一定时间内使性状向育种目标方向改进的程度。若子代与亲代间不存在系统环境差异，或用统计方法校正剔除亲子两代间的系统环境差异后，子代与亲代群体均数之差即为选择反应，用 ΔG 或 R 表示。选择反应用公式表示为：

$$R = Sh^2$$

4. 世代间隔　在家畜育种中，经历一个世代所需的时间，称为世代间隔。世代间隔受畜种、留种胎次、畜群年龄组成等的影响。几种主要畜禽的平均世代间隔如下：牛 4.5～5.5 年，绵羊 3.5～4.5 年，猪 1.5～2 年，鸡 1～1.5 年，马 8～12 年。家畜平均世代间隔，按每头留种的家畜出生时父母的平均年龄来计算。公式为：

$$G_I = \frac{\sum_{i=1}^{n} N_i a_i}{\sum_{i=1}^{n} N_i} \tag{6-1}$$

式中：G_I 为平均世代间隔；N_i 为各组留种数；a_i 为父母的平均年龄；n 为组数（父母平均年龄相同的为一组）。

例如：某牛场 148 头留种犊牛出生时，父母的平均年龄归成 4 组，各组留种数如表 6-10，试计算该牛群的平均世代间隔。

表 6-10　148 头留种犊牛出生时父母的年龄分布

组别	双亲平均月龄（a_i）	留种数（N_i）	$N_i a_i$
1	39	29	1 131
2	44	37	1 628
3	60	51	3 060
4	96	31	2 976
Σ		148	8 795

将表 6-10 中数据代入公式 6-1 计算，得出：$G_I = 8\ 795/148 = 59.4$（月），即 4.95 年。

5. 遗传进展　选择反应是指某性状经过一个世代的遗传改进量，也就是后代比亲代提高的部分。可是，我们在制订畜禽育种计划时往往不是以世代为单位，而是以年为单位，评定某性状在一年内的提高量。此时就需要根据选择反应和世代间隔求出年改进量，也就是年均选择反应，称为遗传进展（ΔG_t），其计算公式为：

$$\Delta G_t = \frac{R}{G_I}$$

（二）影响数量性状选择效果的因素

1. 可利用的遗传变异　为了能获得理想的遗传进展，使群体经常保持足够的可利用的遗传变异。可从以下几个方面着手。

（1）基础群应具有足够的遗传变异。组建基础群的种畜应保持尽可能多样的血统关系和较远的亲缘关系。

（2）定期进行遗传参数的估计。在育种方案中，应包括系统、规范的遗传参数估计工作。在诸多参数中，最重要的是加性遗传方差。在可能的情况下，可以每世代或每隔几个世代估计一次，根据其估计值检测群体中遗传变异度的变化，为确定下一步的育种措施提供依据。

（3）基础群应保持一定规模。在同样的选择强度下，育种群规模小，将较早地出现遗传变异度下降，进而导致选择效果降低。因此，应根据育种方案的要求，确定一个最佳的群体规模。

（4）采用育种方法扩大群体的遗传变异。当发现群体的遗传进展变缓或通过遗传参数估计，发现加性遗传方差已经较小了，应考虑增加群体的遗传变异，如从其他群体引进种畜、冷冻精液或冷冻胚胎等。由此，一方面向群体引入一些有利的基因，改进生产性能；另一方面可以扩大群体的遗传变异度。现代育种技术强调，在高水平群体间进行定期的育种材料交换，使群体内总保持着理想的遗传变异。例如，欧美各国每年都十分频繁地交换奶牛、肉牛和猪的育种材料，使得各国的优良家畜品种在高度培育的基础上，仍然保持着很大的遗传进展。

2. 选择强度　选择强度是不受性状特异性影响的通用参数。主要受留种率的影响。一般大群体的选择强度可以通过留种率查出，如表 6-11 列出了部分留种率和选择强度对应关系。

表 6-11　大群体选择的留种率（p,%）和选择强度（i）

p	i	p	i	p	i	p	i
4.4	2.116	6.0	1.985	19	1.428	24	1.295
4.6	2.097	6.5	1.951	20	1.400	25	1.271
4.8	2.080	7.0	1.918	21	1.372	26	1.248
5.0	2.063	7.5	1.887	22	1.346	27	1.225
5.5	2.023	8.0	1.858	23	1.320	28	1.202

根据表 6-11 中留种率和选择前度间的关系，可通过以下三个途径来提高畜群选择强度。

（1）在畜群内建立足够大规模的育种群（强调地区间的联合育种）。

（2）尽量扩大性能测定的规模（目的是降低留种率）。

(3) 实施特殊的育种措施,改善留种率。降低留种数量,增加后备个体数;缩短胎间距;分品系培育,强调父系亲本的选择;使用人工受精、胚胎移植、胚胎分割等新技术,以降低公畜需要量。

3. 育种值估计的准确度　衡量育种值估计准确度是通过估计育种值 I 与真实育种值 A 之间的相关系数 r_{AI}。相关系数 r_{AI} 的值越大,就表明估计育种值与真实育种值越接近,选种的准确性就越高。在育种中,可以采取下面方法提高育种值估计的准确度。

(1) 提高遗传力估计的准确性。设法提高样本含量,保证最低所需家系数,增加家系含量,是提高遗传力估计准确性的必要措施。

(2) 校正环境效应对遗传力估计值的影响。

(3) 扩大可利用的数据量。充分利用系谱记录和性能测定记录,各方面的记录数据越多,估计育种值的准确性越高。

(4) 改进育种值估计的方法。如采用 BLUP 估计育种。

4. 世代间隔　在计算世代间隔时,不能将畜群中所有初生幼畜的父母的年龄全部计算在内,因为其中有些幼畜未成年已死亡,它们对后代质量不发生影响。所以只计算那些成活留种家畜的父母平均年龄。

遗传进展与每个世代的选择反应成正比关系,而与世代间隔成反比关系。但在实践中采用加大选择反应的方法比较困难,而采用缩短世代间隔的办法则是可行的。缩短世代间隔的方法主要有以下几种。

(1) 尽可能缩短种畜的使用年限。

(2) 在保证选择的准确性的前提下,选用世代间隔较短的选种方法。

(3) 实施早期选种措施。

5. 其他因素

(1) 遗传力。遗传力对选择效果的影响表现在两方面,一是直接影响选择效果,遗传力高的性状,选择差中能遗传的部分就大 ($h^2 = \dfrac{V_A}{V_P}$),控制环境条件,减小环境方差可提高选择的准确性,更准确地反映育种值高低;二是影响选择的准确性,遗传力就是育种值到表型值的通径系数的平方,也就是育种值和表型值相关系数的平方。个体本身表型选择的准确性是以表型值与育种值的相关来衡量的,故遗传力越高的性状,表型选择的准确性越高,因而选择效果也越好。

(2) 性状间的相关(遗传相关)。了解性状间的相关性可以在育种工作中少走弯路。如果某性状与目标性状有正的遗传相关,那么在选择时,这个性状也会得到提高,如果存在负相关,则相反。

(3) 所选性状的数目。如同时选择 n 个性状,则每个性状的选择反应只有选择单个性状时的选择反应的 $\dfrac{1}{\sqrt{n}}$,故在选择时应该突出重点性状,不宜同时选择太多性状。

(4) 近交。近交衰退造成各种性状的选择效果不同程度地降低,即近交与选择效果之间有一定程度的矛盾。同时,只注重表型选择会导致杂合子比例的上升,使得纯化效果降低。

(5) 环境。任何数量性状的表型值都是遗传和环境两种因素共同作用的结果。环境的改变会导致表型值的改变,当然会影响选择反应。需要弄清楚的是在不同环境条件下畜群表型值变化的趋势。若在不同环境条件下，畜群表型值变化的趋势一致，对选择反应不会有多大影响；若在不同环境条件下，畜群中个体表型值的变化不规则，说明存在基因与环境的互作，某些基因适合于这种环境条件，而另一些基因却适合于另一种环境条件。例如，在优良环境中选出来的优秀个体在较差条件下的选择反应却不如原条件下较差的个体。

遗传与环境互作现象的存在，促使我们不得不考虑，选育究竟应该在何种条件下进行？种畜场的条件应该配置到哪种水平？结论是明显的，选育应该在与推广地区基本相似的条件下进行。考虑到随社会经济的发展，推广地区的条件会不断改善，育种场的条件可略好一些，但不能特别优厚。当然，太差了也不行，高产基因不能充分表现，就无法选择遗传性能优良的个体。这就是为什么各地区都办种畜场的原因。

第三节 选择的基本方法

一、单性状选择方法

畜禽育种工作中，需要选择提高的性状很多，比如奶牛需要提高产奶量、乳脂率、乳蛋白率；蛋鸡需要提高产蛋数、蛋重、受精率、孵化率等许多性状。但在动物育种的某一阶段可能需要只针对某一性状进行选择，称为单性状选择。在单性状选择中，除个体本身的表型值以外，最重要的信息来源就是个体所在家系的遗传基础，即家系平均数。因此，在探讨单性状选择方法时，就是从个体表型值和家系均值出发。一个个体的表型值可剖分为两部分：一是它的家系均值 P_f，二是该个体表型值与家系均值的偏差，即家系内偏差 P_w，若以 P 代表个体的表型值，则：$P=P_w+P_f$。各种选择方法的差异就在于对这两部分 P_f+P_w 加权的不同。若只根据个体表型值来选择，也就是对这两部分值同样加权，则为个体选择。而只根据家系的均值，完全不考虑家系内偏差进行选择，则为家系选择。相反，只根据家系内偏差，不考虑家系均值进行选择，则称为家系内选择。如果我们同时注意 P_f 和 P_w，但是给予两者不同加权，以便更好地利用两种来源的信息，则为合并选择。

（一）个体选择

个体表型选择又称个体选择，是根据个体表型值的高低对家畜种用价值做出评定。个体选择的依据是个体表型值与群体均值之差——离均差。离均差越大、表型值越高的个体越好，同时选择差越大，获得的遗传进展越大，个体选择的效果越好。这种方法简单易行，并且可以缩短世代间隔。但它只对遗传力高的性状选择效果好，因为遗传力高的性状其表型值受环境因素影响小，在很大程度上接近于育种值。活体上不能度量的性状或者限性性状不适合使用个体选择法。

应用个体选择的条件：一是高遗传力性状，性状的遗传力越高，表型值的大小越能真实地反映个体育种值的高低；二是标准差大的群体，一般情况，在选择强度一定的条件下，性状标准差越大，选择差越大，这样下一代产生的选择反应就越大。

（二）家系选择

根据家系均值的高低对家系做出种用价值的评定称为家系选择，这种方法是把整个家系作为一个选择单位，选留或淘汰是整个家系，凡是中选的家系当中除有遗传缺陷的个体外，其余全部留种。这里所说的家系主要指全同胞家系和半同胞家系。亲缘关系更远的家系对选择意义不大。家系选择的前提条件有以下三个。

1. 低遗传力性状　遗传力低的性状个体表型值受环境影响较大,而在家系均值中,各个体表型值由环境条件造成的偏差相互抵消,家系表型均值接近家系的平均育种值。

2. 由共同环境造成的家系间的差异和家系内个体间的表型相关要小　如果共同环境造成的家系间差异大,或家系内个体间的表型相关很大,个体的环境偏差在家系中就不能完全抵消,所能抵消的只是随机环境偏差部分,那么,家系均值反映的大部分是共同环境效应,不能代表个体的平均育种值(家系育种值)。

3. 家系成员要多　决定家系选择效果的另一个重要因素是家系成员的数目,家系越大,家系均值越接近家系平均育种值。

具备这三个条件的群体,采用家系选择就能获得较好的选择效果。

家系选择的最大缺点是易造成基因流失,因为被淘汰的家系所含的一些有利基因没有机会存留下来。

(三) 家系内选择

家系内选择是根据个体表型值与家系平均表型值离差的大小进行选择。具体做法就是挑选个体表型值超过家系均值越多的个体留作种用。适合家系内选择的条件有:首先,性状的遗传力低。其次,家系间环境差异大,家系内个体表型相关大。再次,群体规模小,家系数量少。

在此情况下,家系间的差异和家系内个体间的表型相关主要由共同环境造成,而不是由遗传原因造成。如仔猪的断奶窝重,该性状遗传力不高,个体间的表型相关主要由母体效应造成:一窝泌乳力好,断奶窝重就大;另一窝泌乳力差,则断奶窝重就低。在这种情况下,如果采用家系选择,选断奶重高的一窝,则选中的性状是泌乳力,而没有真正选择断奶重的育种值。所以这种情况下更应该采用家系内选择,因为在共同环境影响下家系内表现出的差异主要是遗传因素的好坏的差异。

家系间的差异并非主要反映家系平均育种值的差异,各家系的平均育种值可能相差不大,在每个家系内选择最好的个体留种,既不会过多丢失基因,也不会使近交系数增加太快,能获得最好的选择效果。

(四) 合并选择

为了克服前三种选择方法的不足,同时利用家系均数和家系内偏差两种信息,根据性状遗传力和家系内表型相关,分别给予两种信息以不同的加权,将其合并成一个指数——合并选择指数(I),按指数大小进行选择的方法称为合并选择。一般情况,根据合并选择指数选择的准确性高于上述各选择方法,可获得理想的选择进展。合并选择指数的公式为:

$$I = b_f P_f + b_w P_w = h_f^2 P_f + h_w^2 P_w$$

$$h_w^2 = h^2 \times \frac{1-r}{1-t}$$

$$\left[h_f^2 = h^2 \times \frac{1+(n-1)r}{1+(n-1)t} \right]$$

式中:I 是对 P_w 和 P_f 分别加权后的指数;h_w^2 是家系内离差的遗传力;h_f^2 是家系平均数的遗传力;h^2 是性状的一般遗传力;r 是家系成员间的亲缘相关系数;t 是家系成员间的表型相关;n 为家系成员数。

例：根据4窝仔猪170日龄体重资料（表6-12），分别利用个体选择、家系选择、家系内选择和合并选择方法，选择其中4个最好的个体留作种用，比较不同选择方法的差异（表6-13）。

表6-12 4窝仔猪170日龄体重资料

家系（窝）	个体180日龄体重（kg）				家系均值（kg）
1	A=80.00	B=86.00	C=93.50	D=106.50	$\overline{X}_1$=91.50
2	E=79.00	F=99.50	G=105.00	H=114.50	$\overline{X}_2$=99.50
3	I=56.50	J=60.00	K=65.00	L=118.50	$\overline{X}_3$=75.00
4	M=87.00	N=90.00	O=95.50	P=103.50	$\overline{X}_4$=94.00
					$\overline{X}$=90.00

表6-13 选择结果

选择方法	中选个体				中选理由
个体选择	L	H	D	G	个体表型值高
家系选择	E	F	G	H	家系均值高
家系内选择	D	H	L	P	家系内个体表型值高
合并选择	G	H	F	P	合并选择指数值高

（五）同胞选择

根据同胞生产性能的高低对家畜的种用价值做出评定。同胞测定主要应用于限性性状的选择，如，鸡的产蛋量、乳牛的产乳量、猪的产仔性状都限于母畜能表现出来，在对公畜禽进行选择的时候，可以根据半同胞的成绩选择公鸡的产蛋量和公牛的产乳量性状；同胞测定还可以用于活体难以准确度量的性状，如瘦肉率；另外，同胞测定应用于根本不能度量的性状，如胴体品质，这样的性状可以根据全同胞的成绩选择猪的瘦肉率、屠宰率和胴体品质。

（六）后裔选择

后裔选择是根据后代生产性能的高低对家畜种用价值做出评定。这种方法所需时间长、费用高，因此，后裔选择主要用于种公畜的选择，因为公畜后代的数量远远大于母畜，如果采用人工授精技术，一头公牛可以配上万头母牛。后裔选择尤其用于主要生产性能为限性性状的公畜，如乳牛。在育种中为了节约开支，在家畜出生后根据系谱或同胞成绩进行初选，等到家畜有生产性能表现后，在根据生长发育、生产性能和其他资料再进行一次选优去劣，只有最优秀的家畜饲养到成年进行后裔测定。

在乳牛育种中，国内外广泛采用的后裔选择方法是同期同龄女儿比较法，也称同群比较法。公牛在12~14月龄时开始采精，在短期内（一般3个月）将每头小公牛的精液分散到各个场，随机配种200头母牛。此后小公牛继续采精，但不配种或很少配种，把精液冷冻贮存起来。由于小公牛的后代分散到各个场，每个场都有与它们同一品种、同一季节出生其他小公牛的女儿，等到女儿成年后同期配种，测定女儿第一胎产乳量，根据女儿的成绩选择小公牛。

二、多性状选择方法

育种方案中考虑的育种目标是获得最大的育种效益。若只对单个性状进行选择，远达不到育种目标，必须同时考虑家畜多个重要经济性状，如猪的日增重、瘦肉率、背膘厚等，奶牛的产奶量、乳脂率等，蛋鸡的产蛋量、蛋重等，绵羊的剪毛量、毛长、毛细度等。因此，多性状选择在家畜育种中是不可避免的。传统的多性状选择方法有顺序选择法、独立淘汰法和指数选择法3种。

（一）顺序选择法

顺序选择法又称单项选择法，即将所要选择的性状逐个依次选择改进的方法。对第一个性状选择一个或数个世代，等所选的单个性状达到理想的选择效果后，就停止对这个性状的选择，再开始选择第二个性状，达到目标后，接着选择第三个性状，以此类推。

顺序选择法的优点是简单，易操作。缺点是所需时间长，对一些负遗传相关的性状，提高了一个性状则会导致另一个性状的下降。要花费更多时间和精力，往往顾此失彼，无法同时育种达标。为了克服顺序选择法的不足，有人主张利用品系繁育的方法，将要提高的性状分散到若干个品系同步选择，然后进行系间杂交，达到多个性状在短时间内同时提高的目的。这种方法是否奏效，至今没有实验证据。

（二）独立淘汰法

对所选的几个性状分别制订最低选留标准，各性状都能达标的个体方能留种，否则被淘汰。

该方法的最大优点是对家畜的各个性状进行了全面衡量，但这样做往往留下了一些各方面刚刚合格的家畜，而把那些仅某个性状较差，而其他性状都优秀的个体淘汰了。另外，同时考虑的性状越多，中选的个体数就少，不容易达到预期的留种率。生产中如果为了保证一定的留种率，只有降低选择标准，结果大量的"中庸者"中选，甚至低于群体均值的个体也有被选留的可能，这对保持和提高群体的品质是十分不利的。例如，现行的奶牛综合鉴定等级法与独立淘汰选择法有相似的缺陷：如甲、乙两头奶牛的乳脂率相同，甲牛的头胎产奶量6 000 kg，评为一级，外形评分75分，也评为一级。甲牛可以作为良种牛登记。而乙牛头胎产奶量8 000 kg，评为特级，外形评分73分，被评为二级，因此乙牛不能被登记为良种牛。

由此看来，在采用独立淘汰法和实行良种登记时，同时考虑的性状不宜太多，所定的标准也不能太死，应该在一定程度上彼此兼顾，否则，某些高产的个体和性状有可能会被不合理的淘汰掉。

（三）综合选择法

1. 选择综合性状 把所选的单一性状综合考虑，对综合性状加以选择来达到选择单一性状的目的。如猪的断奶个体重与断奶成活数即可综合为断奶窝重，从断奶窝重大的母猪后代中选种即可。再如，鸡的蛋重与产蛋数即可综合为产蛋重量。

2. 选择综合指标 将被选性状合成为一个指标加以选择的方法。如牛的产奶量与乳脂率即可合成为4%或3.5%标准乳一个指标加以选择。

3. 综合指数选择法 将被选各性状按其遗传特点、经济重要性等，分别给予适当加权，综合成一个指数，按指数高低加以选择。对目前无经济意义但有育种价值的性状，应在指数中给予一定比例，防止基因流失。该方法选择效果最好。

综合指数法不再依据个别性状表现的好坏，而仅依据这个综合指数的大小。这个指导思想与独立淘汰法正好相反，它是按照一个非独立的选择标准确定种畜的选留。指数选择可以将候选个体在各性状上的优点和缺点综合考虑，并用经济指标表示个体的综合遗传素质。因此这种指数选择法具有最高的选择效果，是迄今在家畜育种中应用最为广泛的选择方法。例如a个体在y性状上表现十分突出，x性状稍低于选择标准。而b个体在x性状表现很好，y性状稍低于选择标准，当按独立淘汰法的原则选择时，这两个个体均在淘汰之列，而与此相反，各方面均不突出的个体c，在y性状、x性状正好接近选择标准，是一个"中庸者"，按独立淘汰法的要求它正好选中。在指数选择法中，选择界限是以综合考虑两性状的总体价值为标准，依此a和b两个体均在选择界限之上而被选留，致使它们在一个性状上所具有的优秀基因没被丢失。而个体c因两性状的水平均一般，综合种用价值不高，被划作非种用之列。由此可见，指数选择法能将个体在单个性状上的突出优点与其他性状上可容忍的缺点结合起来，因此它优于独立淘汰法。

综合选择指数的制定是考虑了各目标性状的遗传变异及其相互间的遗传相关，按照其经济重要性分别予以适当的加权，综合为一个以经济效益为单位的指数，这个指数与个体的综合育种价值有最紧密的相关。

三、间接选择

间接选择又称相关选择，是利用性状间的相关关系，我们可以通过对某个性状的选择来间接选择所要改良的目标性状。如X、Y两个性状之间存在强的遗传相关，我们感兴趣的Y性状遗传力低，但X性状遗传力很高，那么通过对X性状的选择就可以间接提高Y性状。间接选择主要应用在以下几个方面。

1. 主要性状无法度量 有些性状由于受到性别限制不能表现出来，但该性别却对其后代此性状的表现影响很大，所以采用间接选择较合适。如奶牛中公牛对其女儿的产奶量影响很大，所以可以通过间接选择以选出具有高的产奶潜力的公牛作种用。生产中还有对种公鸡产蛋潜力的选择也可应用此法。

2. 有些性状在活体难以度量 如与屠宰相关联的一些性状，如屠宰率、瘦肉率等在选种时活体不能度量，所以找到与它们有强的遗传相关性状进行选择。如养猪生产中用背膘仪测定背膘厚来评价猪的瘦肉率，就是利用背膘厚与瘦肉率之间的强负相关关系。

3. 晚生性状的早期选择 有些重要的经济性状需要在早期进行选择，如鸡的500日龄产蛋量、小母牛的产奶潜力，小仔猪的育肥性能等，这些性状往往在家畜幼年时就要进行选择。因此，生产中人们一直在努力寻找本身遗传力高且与重要经济性状有高度遗传相关的早期性状。如鸡的适时开产日龄、300日龄产蛋量都与500日龄产蛋量呈正相关关系；仔猪的出生重、断奶重与育肥性能呈正相关；再如某些生理生化指标近年来研究颇多，有些已经被确定为进行间接选择的直接选择性状：如小母牛血液中总蛋白（TP）和游离脂肪酸（FFA）的含量有希望作为预测产奶量遗传价值的遗传标记。

4. 主要性状遗传力低 遗传力低的性状直接选择效果差，如有一些辅助性状的遗传力高且与所选性状有很大的遗传相关，在这种情况下，间接选择的效果可能好于直接选择。

提高间接选择反应的方法是：一是缩短辅助选择的世代间隔；二是对辅助性状施以高得多的选择强度；三是选择有较高遗传力的辅助性状；四是在选择强度相等（$i_X = i_Y$）的情

况下，选择与相关性状间有较高遗传相关的辅助性状。

总之，间接选择在畜禽育种工作中有着广阔的应用前途，尤其是应用于早期选择。人们正在努力寻找本身遗传力高且与重要的经济性状有高度遗传相关的早期性状，特别是生理生化性状，如血型、某种蛋白含量等作为辅助性状，对晚期表现的经济性状进行间接选择。早期选择可大大减少饲养成本，扩大供选群体，从而加大选择差，提高选择效果。解决早期选择问题，是当前畜禽育种工作中的一项重要课题。

第四节　种畜种用价值评定的基本方法

一、遗传评定概述

1. 估计育种值　由于个体育种值是可以稳定遗传的，因此根据它进行种畜选择就可以获得最大的选择进展。但是育种值是不能够直接度量到的，只能通过已知的包含育种值在内的各种遗传效应和环境效应共同作用的表型值进行间接估计。因此，只能利用统计学原理和方法，通过表型值和个体间的亲缘关系进行估计，由此得到的估计值称为估计育种值（EBV）。

2. 相对育种值　在畜禽育种实践中，我们要知道畜群中各个体育种值的相对大小，这时，就需要计算出每个个体的相对育种值（RBV），即个体育种值相对所在群体均值的百分数，用公式表示为：

$$RBV = \left[1 + \frac{\hat{A}}{\bar{P}}\right] \times 100\%$$

3. 综合育种值　在育种实践中，我们常常需要选择多个性状，这时，需要估计的是个体多性状的综合育种值，依据它进行选择，可以获得最好的多性状选择效果。实际上，综合育种值就是考虑了不同性状育种重要性和经济重要性的差异，一般将这些差异用性状的经济加权值表示。假设需要选择提高的目标性状总共有 n 个，每一个性状的育种值为 a_1、a_2、a_3……a_n，相应的经济加权值为 w_1、w_2、w_3……w_n，因此综合育种值（H）公式如下：

$$H = \sum_{i=1}^{n} w_i a_i$$

实际上，综合育种值同样也可以看作一个复合数量性状的育种值，可以通过适当的统计分析方法对个体的综合育种值进行估计。

对个体生产性能的测定是估计个体育种值的基础，一个完善、准确的测定系统是开展有效育种工作的前提。传统上，根据测定对象与估计育种值个体的亲缘关系分别称之为个体性能测定、系谱测定、同胞测定和后裔测定等四类。

二、单性状育种值估计

（一）育种值估计原理

数量性状表型值是个体的遗传和环境效应共同作用的结果，其中遗传效应中由于基因作用的不同可以产生三种不同的效应，即基因的加性效应（A）、显性效应（D）和上位效应（I）。虽然显性和上位效应也是基因作用的结果，但在遗传给下一代时，由于基因的分离和自由重组，它们是不能真实遗传给下一代的，在育种过程中不能被固定，难以实现育种改良的目的。只有基因的加性效应部分才能够真实遗传给下一代。个体加性效应值的高低反映了它在育种上的贡献大小，因此也将这部分效应称为育种值。

育种值是不能够直接度量到的，能够知道的只有是由包含育种值在内的各种遗传效应和环境效应共同作用得到的表型值。因此，为了提高育种效率，必须设法利用表型值尽量准确地估计出个体的育种值，最简便易行的方法就是利用回归分析的原理，建立育种值对表型值的回归方程来进行估计，例如，可以建立如下的回归方程：

$$\hat{y}=b_{yx}(x-\overline{x})+\overline{y}$$

式中：x 为自变量；y 为因变量；b_{yx} 为 y 对 x 的回归系数。

对于以表型值（P）为自变量，育种值（A）为因变量，由表型值估计育种值的回归方程为：

$$\hat{A}=b_{AP}(P-\overline{P})+\overline{A}$$

若群体足够大，各种偏差正负抵消，故 $\overline{P}=\overline{A}$，代入得：

$$\hat{A}=b_{AP}(P-\overline{P})+\overline{P}$$

式中：b_{AP} 为育种值对表型值的回归系数，也就是不同资料情况下的加权遗传力（表 6-14）；P 为性状表型值；$\overline{P}$ 为畜群平均表型值。

表 6-14 不同信息估计个体育种值的回归系数

资料来源	一个个体单次度量值 b_{AP}	一个个体 k 次度量均值 b_{AP}	n 个同类个体单次度量均值 b_{AP}
本身	h^2	$\dfrac{kh^2}{1+(k-1)r_e}$	—
亲本	$0.5h^2$	$\dfrac{0.5kh^2}{1+(k-1)r_e}$	h^2（这里 $n=2$）（非近交，双亲本均值）
全同胞兄妹	$0.5h^2$	$\dfrac{0.5kh^2}{1+(k-1)r_e}$	$\dfrac{0.5nh^2}{1+0.5(n-1)h^2}$
半同胞兄妹	$0.25h^2$	$\dfrac{0.25kh^2}{1+(k-1)r_e}$	$\dfrac{0.25nh^2}{1+0.25(n-1)h^2}$
全同胞后裔	$0.5h^2$	$\dfrac{0.5kh^2}{1+(k-1)r_e}$	$\dfrac{0.5nh^2}{1+0.5(n-1)h^2}$
半同胞后裔	$0.5h^2$	$\dfrac{0.5kh^2}{1+(k-1)r_e}$	$\dfrac{0.5nh^2}{1+0.25(n-1)h^2}$

（二）育种值估计方法

在家畜育种实践中，无论是对单性状还是多性状的选择，都有大量的亲属信息资料可以利用，问题的关键是如何合理地利用各种亲属信息，尽量准确地估计出个体育种值。常用于估计个体育种值的单项表型信息主要来自：个体本身、系谱、同胞及后裔，共 4 类。一般只有在个体出生之前，资料不足时加入祖代资料，与被估个体亲缘关系较远的其他亲属资料很少用到。

1. 个体性能测定　利用个体本身信息需要对个体生产性能进行直接的测定。在个体性能测定中，根据不同性状的特点可以是单次度量，也可以是多次度量。估计育种值的公式为：

$$\hat{A}_x = (\overline{P}_k - \overline{P})h_k^2 + \overline{P}$$

式中：$\hat{A}_x$ 为个体 x 某一性状的估计育种值（EBV）；$\overline{P}_k$ 为个体 x 的 k 次记录的平均表型值；$\overline{P}$ 为该性状的群体表型平均值；h_k^2 为 k 次记录平均值的遗传力：$h_k^2 = \dfrac{V_A}{V_{P(k)}} = \dfrac{kh^2}{1+(k-1)r_e}$。在此，$k$ 表示记录次数；r_e 表示各次记录间的相关系数。

在利用单次度量值估计时，加权系数就是性状的遗传力，因此个体育种值估计值的大小顺序与个体表型值的大小顺序是完全一样的。因此，只有一次记录的种畜，把表型值转化为育种值意义不大。当性状进行多次度量时，由于可以消除个体一部分特殊环境效应的影响，从而提高个体育种值估计的准确性。加权系数取决于度量次数和性状的重复率，度量次数越多，给予的加权值也越大；重复率越高，单次度量值的代表性越强，多次度量能提高的效率也就低。然而，在实际育种工作中应该注意到，多次度量带来的选择进展提高，有时不一定能弥补由于延长世代间隔减少的单位时间的选择进展。因此，除非性状重复率特别低，一般是不应该等到多次度量后再行选择的，而是随着记录的获得，随时计算已获得的多次记录均值进行选择。

由于个体本身信息估计育种值的效率直接取决于性状遗传力大小，因此遗传力高的性状采用这一信息估计的准确性较高。此外，如果综合考虑到选择强度和世代间隔等因素，这种测定的效率可能会更高一些。因此，只要不是限性性状或有碍于种用的性状，一般情况下应尽量充分利用这一信息。

2. 系谱测定　利用亲本信息的前提是进行系谱测定。系谱测定一方面是通过查阅分析个体祖先的生产性能等资料来估计个体的育种值，但同时更重要的是了解祖先的亲缘关系，计算出个体的近交系数，为选配工作提供参考。

根据亲本信息估计育种值有下列 4 种情况：一是一个亲本单次表型值；二是一个亲本多次度量均值；三是双亲单次度量均值；四是双亲各自度量多次的均值。其中第四种情况可以作为两种信息来源处理。亲本信息的加权值均只为相应的个体本身信息的一半，当利用双亲单次度量均值估计时它正好就是遗传力。具体育种值估计公式如下。

（1）对只有一个亲本有记录时。

$$\hat{A}_x = [(\overline{P}_{P(k)} - \overline{P})]h_{P(k)}^2 + \overline{P}$$

式中：$\overline{P}_{P(k)}$ 为一个亲本 k 次记录的平均值；$h_{P(k)}^2$ 为亲本 k 次记录平均值的遗传力。

（2）父母同时有 k 次记录时。

$$\hat{A}_x = 0.5[\overline{P}_{S(k)} - \overline{P}]h_{S(k)}^2 + 0.5[\overline{P}_{D(k)} - \overline{P}]h_{D(k)}^2 + \overline{P}$$

式中：$\overline{P}_{S(k)}$、$\overline{P}_{D(k)}$ 分别为父亲和母亲 k 次记录的平均值；$h_{S(k)}^2$、$h_{D(k)}^2$ 分别为父亲和母亲 k 次记录平均值的遗传力。

若双亲只有一次记录，则：

$$\hat{A} = [0.5(P_S + P_D) - \overline{P}]h^2 + \overline{P}$$

当利用更远的亲属信息估计育种值时，只需在加权值计算公式中将相应的亲缘系数代替亲子亲缘系数即可，只是由于亲缘关系越远，其信息利用价值越低，一般而言祖代以上的信息对估计个体育种值意义不大。

尽管亲本信息的估计效率相对较低，利用亲本信息估计育种值的最大好处是可以作早期选择，甚至在个体未出生前，就可根据配种方案确定的两亲本成绩来预测其后代的育种值。此外，在个体出生后有性能测定记录时，亲本信息可以作为个体选择的辅助信息来提高个体育种值估计的准确度。

3. 同胞测定 同胞测定在家畜育种实践中经常用到，同胞测定有全同胞和半同胞之分，同父同母的子女为全同胞，在没有近交的情况下，全同胞个体间的亲缘系数为0.5；同父异母或同母异父的子女为半同胞，在没有近交的情况下，半同胞个体间的亲缘系数为0.25。根据同胞信息估计育种值的公式如下。

(1) 全同胞信息。

$$\hat{A}_x = (\overline{P}_{FS} - \overline{P})h_{FS}^2 + \overline{P}$$

式中：$\overline{P}_{FS}$ 为全同胞的表型均值；h_{FS}^2 为全同胞均值的遗传力，$h_{FS}^2 = \dfrac{0.5nh^2}{1+(n-1)0.5h^2}$

(2) 半同胞信息。

$$\hat{A}_x = (\overline{P}_{HS} - \overline{P})h_{HS}^2 + \overline{P}$$

式中：$\overline{P}_{HS}$ 为半同胞的表型均值；h_{HS}^2 为半同胞均值的遗传力，$h_{HS}^2 = \dfrac{0.25nh^2}{1+(n-1)0.25h^2}$

无论是全同胞还是半同胞测定，都可以有下列4种情况：①一个同胞单次度量值；②一个同胞多次度量值；③多个同胞分别单次度量的均值；④多个同胞各有多次度量的均值。在多个同胞度量均值情况下，计算公式中分子的亲缘系数是这些同胞与被估测个体间的亲缘系数；由同胞资料遗传力估计原理知道，在分母中的多个同胞间表型相关可以用同胞个体间亲缘相关乘上性状遗传力得到，但是这一亲缘相关系数与分母中的含义不同，应明确加以区分，它表示的是这些同胞个体间的亲缘相关，两者的取值有时也是不一样的，如下面将要谈到的多个半同胞子女信息估计育种值时两者的取值就不相同。可以看出同胞测定的效率除了与性状遗传力和同胞表型相关系数有关外，最主要取决于同胞测定的数量。同胞信息的估计效率在前两种情况下均低于个体选择，并且半同胞信息选择效率低于全同胞。但是由于同胞数可以很多，特别是在猪、禽等产仔数多的畜禽中，全同胞、半同胞资料很多，因此在后两种情况下可以较大幅度地提高估计准确度，特别对低遗传力性状的选择，其效率可高于个体选择。在测定数量相同时，全同胞的效率高于半同胞。

用同胞信息估计育种值的优点主要有：①可作早期选择；②可用于限性性状选择；③由于同胞数目可以很大，能较大幅度地提高估计准确性；④活体难以度量的性状，更需要根据同胞信息选择。

4. 后裔测定 估计个体育种值的最终目的是希望依据它进行选择使后代获得最大的选择进展，因此，一个个体的后代生产性能的表现是评价该个体种用价值最准确的标准。然而，后代的遗传性能并不完全取决于该个体，而与它所配的另一性别个体遗传性能好坏也有关系，并且数量性状的表型值在很大程度上受环境影响。后裔信息估计育种值的最大缺点是延长了世代间隔，缩短了种畜使用期限，而且育种费用大大增加。因此，目前后裔测定一般只对影响特别大的种畜进行，如奶牛育种中种公牛的选择。

（1）公畜与随机母畜交配。

$$\hat{A}_x = (\overline{P}_O - \overline{P})h_O^2 + \overline{P}$$

式中：$\overline{P}_O$ 为子女的表型均值；h_O^2 为子女均值的遗传力。

由于 $h_O^2 = 2h_{HS}^2$，有：$\hat{A}_x = 2(\overline{P}_O - \overline{P})h_{HS}^2 + \overline{P}$。故由后裔资料估计的育种值可靠性高于半同胞，信息家畜头数相同时为半同胞的两倍。

（2）公畜与经选择的母畜交配。若与配母畜是经过选择的，则与配母畜的平均表型值大于畜群均值，必须对估计育种值进行矫正，将经选择使与配母畜高于群体均值而又传递给后代的部分从子女高出群体均值的部分中扣除。矫正后的估计育种值公式为：

$$\hat{A} = \left[(\overline{P}_O - \overline{P}) - \frac{1}{2}(\overline{P}_D - \overline{P})h^2\right]h_O^2 + \overline{P}$$

在育种工作中，后裔测定主要适用于种公畜，因此在实际测定时应注意以下几点：第一，消除与配母畜效应的影响，可以采用随机交配以及统计校正等方法来实现；第二，控制后裔间的系统环境效应影响，在比较不同种公畜时，应尽量在相似的环境条件下饲养它们的后代，并提供能够保证它们遗传性能充分表现的条件；第三，保证一定的测定数量。

5. 多信息育种值估计 复合育种值是根据多项资料估计的个体育种值。由于资料来源不同，提供资料的个体间亲缘相关就不同，导致对同一性状的遗传效应无法直接相加。根据统计学原理，可用偏回归系数进行加权。但是，计算偏回归系数的过程很复杂，需要掌握大量的统计学知识，特别是通径分析，在此只介绍一种经过简化处理的利用多种资料来估计育种值的方法。

简化处理的方法是：在单项育种值基础上，根据性状 h^2 高低给予不同的加权值，并使各项加权值之和为 1。即：

$$\hat{A} = 0.1A_1 + 0.2A_2 + 0.3A_3 + 0.4A_4$$

式中的 A_1、A_2、A_3、A_4 分别代表某种信息估计的育种值由性状的 h^2 来确定（表 6-15），如有缺项，该项以 0 计。

表 6-15 不同遗传力的情况下 $A_1 \sim A_4$ 对应的不同信息育种值

h^2	A_1	A_2	A_3	A_4
$h^2 < 0.2$	亲本	自身	同胞	后裔
$0.2 \leqslant h^2 < 0.6$	亲本	同胞	自身	后裔
$h^2 \geqslant 0.6$	亲本	同胞	后裔	自身

三、多性状综合遗传评定

（一）简化选择指数

1. 简化选择指数公式 在实际育种工作中，为了操作方便，常用简化选择指数进行选种。目前常用的简化选择指数计算公式为：

$$I = \sum W_i h_i^2 \frac{P_i}{\overline{P}_i}$$

式中：W_i 为第 i 个性状的经济加权值；h_i^2 为第 i 个性状的遗传力；P_i 为第 i 个性状的个体表型值；$\overline{P_i}$ 为第 i 个性状的群体均值；I 为简化选择指数。

2. 制订简化选择指数的步骤 根据育种习惯，把畜群中各性状表型值等于群体均值的个体的选择指数 I 定为 100，其他个体的选择指数与之相比较，超过 100 越多者越好。由于，当 $P_i = \overline{P_i}$ 时，$I=100$，所以：

$$I = \sum_{i=1}^{n} aW_i h_i^2 = 100$$

$$a = \frac{100}{\sum_{i=1}^{n} W_i h_i^2}$$

所以，制订简化选择指数的步骤通过以下三个步骤来完成：

(1) 确定群体各性状的平均表型值、遗传力、加权值。即：$\overline{P_i}$、h_i^2、W_i，且 $\sum_{i=1}^{n} W_i = 1$。

(2) 计算 a 值。

$$a = \frac{100}{\sum_{i=1}^{n} W_i h_i^2}, \quad 则：a_i = \frac{100 \times W_i h_i^2}{\sum_{i=1}^{n} W_i h_i^2}$$

(3) 确定简化选择指数。

$$I = \sum_{i=1}^{n} a_i \frac{P_i}{\overline{P_i}}$$

[例题 6-1] 北京某牛场实施对产乳量、乳脂率和外貌评分性状采取综合指数选择，各性状的群体平均值、遗传力和加权值如下，试通过计算制订该乳牛群的简化选择指数。

产乳量：$\overline{P_1} = 4\,000\,kg$，$h_1^2 = 0.3$，$W_1 = 0.4$。

乳脂率：$\overline{P_2} = 3.4\%$，$h_2^2 = 0.4$，$W_2 = 0.35$。

外貌评分：$\overline{P_3} = 70$ 分，$h_3^2 = 0.3$，$W_3 = 0.25$。

[解] 根据已知条件，有：

$$W_1 h_1^2 + W_2 h_2^2 + W_3 h_3^2 = 0.335$$

则：

$$a_1 = \frac{W_1 h_1^2}{\sum_1^3 W_i h_i^2} \times 100 = \frac{0.3 \times 0.4}{0.335} \times 100 = 35.82$$

$$a_2 = \frac{W_2 h_2^2}{\sum_1^3 W_i h_i^2} \times 100 = \frac{0.4 \times 0.35}{0.335} \times 100 = 41.79$$

$$a_3 = \frac{W_3 h_3^2}{\sum_1^3 W_i h_i^2} \times 100 = \frac{0.3 \times 0.25}{0.335} \times 100 = 22.39$$

故：

$$I = \sum_1^3 a_i \frac{P_i}{\overline{P_i}} = 35.82 \times \frac{P_1}{\overline{P_1}} + 41.79 \times \frac{P_2}{\overline{P_2}} + 22.39 \times \frac{P_3}{\overline{P_3}}$$

乳牛群的简化选择指数为：

$$I = \sum_1^3 a_i \frac{P_i}{\bar{P}_i} = \frac{35.82}{4\,000} \times P_1 + \frac{41.79}{3.4} \times P_2 + \frac{22.39}{70} \times P_3 = 0.009P_1 + 12.291P_2 + 0.312P_3$$

当测得某个体的 P_1、P_2 和 P_3 三性状的表型值，即可计算该个体的简化选择指数 I。

（二）通用选择指数

当性状间存在遗传相关时，一个性状的改变会导致其他性状的变化，因此需要调整各性状改进的比例，使之达到获得最大经济效益的目的。

假设个体经济上的遗传进展为 H，综合选择指数为 I，则有：

$$H = W_1 G_1 + W_2 G_2 + \cdots + W_n G_n = \sum_{i=1}^n W_i G_i; \quad I = b_1 P_1 + b_2 P_2 + \cdots + b_n P_n = \sum_{i=1}^n b_i P_i$$

式中：W_i 为第 i 个性状的经济加权值；G_i 为第 i 个性状的基因型值（育种值）；b_i 为第 i 个性状 H 和 I 相关达到最大时的待定系数；P_i 为第 i 个性状表型值。

$b_i P_i$ 的目的是使 I 逼近个体经济遗传进展 H 的极大值。对同时选择的 n 个性状而言，根据最小二乘原理，当下列等式成立时，H 和 I 的相关最大。

$$b_1 P_{11} + b_2 P_{12} + \cdots + b_n P_{1n} = W_1 G_{11} + W_2 G_{12} + \cdots + W_n G_{1n}$$
$$b_1 P_{21} + b_2 P_{22} + \cdots + b_n P_{2n} = W_1 G_{21} + W_2 G_{22} + \cdots + W_n G_{2n}$$
$$\vdots \qquad \vdots \qquad \vdots \qquad \vdots \qquad \vdots$$
$$b_1 P_{n1} + b_2 P_{n2} + \cdots + b_n P_{nn} = W_1 G_{n1} + W_2 G_{n2} + \cdots + W_n G_{nn}$$

式中：当 $i \neq j$ 时（$i=1, 2, \cdots, n$；$j=1, 2, \cdots, n$），P_{ij} 和 G_{ij} 分别表示性状 i 和性状 j 的表型协方差和遗传协方差；当 $i=j$ 时，P_{ij} 和 G_{ij} 分别表示性状 i 的表型方差和遗传方差。

利用上述方程，求得 b_i 后，即可求得 I。

（三）选择指数法应用的注意事项

1. 突出育种目标性状 前面已经介绍过，选择指数的效率与目标性状多少有关，因此在一个选择指数中不应该、也不可能包含所有的经济性状，同时选择的性状越多，每个性状的改进速度就越慢。一般来说，一个选择指数包括 2~4 个最重要的选择性状为宜。

2. 用于遗传评定的信息性状应该是容易度量的性状 在制定选择指数时，可以将需要改进的主要经济性状作为目标性状包含在综合育种值中，而将一些容易度量、遗传力较高、与目标性状遗传相关较大的一些性状作为信息性状。如果可能的话，尽量保持信息性状与目标性状相同，此外也还可以充分利用遗传标记作为选种的辅助性状。

3. 信息性状尽可能是畜禽的早期性状 进行早期选种可以缩短世代间隔，提高单位时间内的选择效率。尽量选择一些与全期记录有高遗传相关且能在前期表现的性状，作为选择的信息性状。

4. 目标性状中尽量避免有高的负遗传相关性状 由于目标性状间的相互颉颃，如果同时包含两个高的负遗传相关性状，它们的选择效率会很低，应尽可能避免，若必须同时选择，应尽可能将其合并为一个性状。

四、BLUP 法估计育种值简介

传统种用价值评定方法的优点是操作方便，但对很多因素无法进行准确估计或矫正，如影响观察值的系统环境效应，在利用传统方法估计育种值时是假设它不存在，而实际上它是存在的。BLUP 方法是美国学者 Henderson 于 1948 年提出的，由于这种方法涉及大量的计算，由于当时计算条件的限制，一直到 20 世纪 80 年代，随着数理统计学尤其是线性模型理论、计算机科学、计算数学等多学科领域的迅速发展，BLUP 法在估计家畜育种值方面才得到了广泛应用，特别是在大家畜的种用价值评定方面，为畜禽重要经济性状的遗传改良作出了重大贡献。

（一）BLUP 的概念

BLUP（best linear unbiased prediction），即最佳线性无偏预测。按照最佳线性无偏的原则去估计线性模型中的固定效应和随机效应。线性是指估计值是观测值的线性函数；无偏是指估计值的数学期望等于被估计量的真实值（固定效应）或被估计量的数学期望（随机效应）；最佳是指估计值的误差方差最小。

（二）BLUP 的数学模型

根据 BLUP 的定义，所用数学模型为线性模型——模型中所包含的各因子是以相加的形式影响观察值，相互间呈线性相关。

线性模型由数学方程式、方程中随机变量的期望方差和协方差、假设及约束条件等组成。线性模型有很多种类，按功能可分为：回归模型、方差分析模型、协方差分析模型和方差组分模型。按因子数可分为：单因子模型、双因子模型和多因子模型。按因子性质可分为：固定效应模型、随机效应模型和混合效应模型。

BLUP 所使用的数学模型是混合效应模型，它的实质是选择指数法的推广，但它又有别于选择指数法，它可以在估计育种值的同时对系统环境误差进行估计和矫正，因而，在传统育种值估计的假设不成立的情况下，其估计值也具有理想值的性质。BLUP 法唯一的缺点是受计算条件的限制。现在已有利用 BLUP 法原理编制的软件，将在下面章节介绍软件的应用。

第五节　常用育种软件应用

一、统计分析软件

（一）SAS 统计软件

SAS 统计分析系统具有十分完备的数据访问、数据管理和数据分析功能。在国际上，SAS 被誉为数据统计分析的标准软件。SAS 系统是一个模块组合式结构的软件系统，共有 30 多个功能模块，其基本部分是 BASE SAS 模块。BASE SAS 模块是 SAS 系统的核心数据管理任务，并管理用户使用环境，进行用户语言的处理，调用其他 SAS 模块和产品。在 BASE SAS 的基础上，还有许多模块以完成不同的功能。其中，SAS/STAT 统计分析模块包括回归分析、方差分析、属性数据分析、多变量分析、判别和聚类分析、生存分析、心理测验分析和非参数分析等 8 类 40 多个过程，每个过程均含有极为丰富的选项。在动物育种中应用较多的模块除 BASE SAS 和 SAS/STAT 外，还有 SAS/IML（交互式矩阵模块）、SAS/Genetics（遗传学模块）、SAS/GRAPH（作图模块）、SAS/QC（质量控制模块）、SAS/ETS（经济计量学和时间序列分析模块）等。

SAS 是用汇编语言编写而成的，通常使用 SAS 需要编写程序，比较适合统计专业人员

第六章 选种原理与方法

使用。目前，SAS 的最新版本为 9.4 版，为多国语言版。

（二）SPSS 统计软件

SPSS 软件也是一个组合式通用统计软件包，兼有数据管理、统计分析、统计绘图和统计报表功能。其统计功能是 SPSS 的核心部分，利用该软件，几乎可以完成所有的数理统计任务。基本统计功能包括：样本数据的描述和预处理、假设检验（包括参数检验、非参数检验及其他检验）、方差分析（包括一般的方差分析和多元方差分析）、列联表、相关分析、回归分析、对数线性分析、聚类分析、判别分析、因子分析、对应分析、时间序列分析、生存分析、可靠性分析。目前，SPSS 最新版为 25.0 版，为多国语言版。

（三）DPS 统计软件

DPS 数据处理系统是目前国内统计分析功能最全的软件包。软件的运行环境是中文视窗系统，采用多级下拉式菜单。用户使用时整个屏幕犹如一张工作平台，随意调整，操作自如，故称其为 DPS 数据处理工作平台，简称 DPS 平台。

它将数值计算、统计分析、模型模拟以及图形表格等功能融为一体，兼有 Excel 等流行电子表格软件系统和若干专业统计分析软件系统的功能。DPS 与众多的电子表格比较，具有强大得多的统计分析和数学模型模拟分析功能。与国外同类专业统计分析软件系统相比，DPS 系统具有全中文用户界面、操作简便的特点。在统计分析和模型模拟方面功能齐全，易于掌握，尤其是对广大中国用户，其工作界面友好，只需熟悉它的一般操作规则就可灵活应用。DPS 系统目前的版本为 9.50 版。

二、育种值估计软件

（一）PEST 软件

PEST 是一个用于多变量预测和估计的软件包，主要用于求解混合模型方程组。模型类型可以是固定效应模型、随机效应模型和混合模型。特点是适用于不同的操作平台，既可以处理大型数据，又可以处理小型数据，并可以接受各种格式的输入数据。

PEST 可以配合动物模型、公畜模型、公畜-母畜模型和遗传组模型；模型中可以配合任意数目的固定效应、随机效应和协变量；对单变量和多变量固定模型和混合模型进行假设检验；处理缺失值、近交、异质方差和高达 20 阶的多项式；采用不同的关联矩阵；考虑个体间的血缘关系；将基础亲本的平均育种值设置为 0；计算最佳线性无偏预测值的预测误差方差和最佳线性无偏估计值的标准误，并获得固定效应和随机效应的协方差矩阵。

（二）BLUPF90 系列软件

BLUPF90 系列是一个用 FORTRAN 90/95 语言编写的动物育种数据的混合模型分析软件集。主要包括以下程序。①BLUPF90：由 3 个程序组成，分别用数据矩阵技术、Gauss-Seidel 迭代和先决条件的共轭梯度法估计 BLUP 育种值。②REMLF90：用期望最大化算法估计方差组分。③AIREMLF90：用平均信息算法估计方差组分。④GIBBSF90：用 Gibbs 抽样进行方差组分的贝叶斯估计。⑤MRF90：用 R 法估计方差组分。⑥RENUMMAT：个体重新编号以创建数据文件和加性遗传效应系谱文件。⑦RENDOMN：建立显性遗传效应系谱文件和计算近交系数。⑧SIMF90：育种数据模拟程序。⑨ACCF90：计算个体动物模型和母体效应模型中 BLUP 育种值的近似准确性。这些程序都是行模式接口。Monchai Duangjinda 用 Visual Basic for MS-Access 2000 集成了上述程序的 Windows 图形化接口，并将软件命名为 BLUPF90 PCPAK。

（三）GPS 种猪育种数据管理与分析系统软件

GPS 是我国自行研制开发的软件，既适用于种猪生产与管理又适用于猪的育种，由 6 个模块组成（图 6-4）。

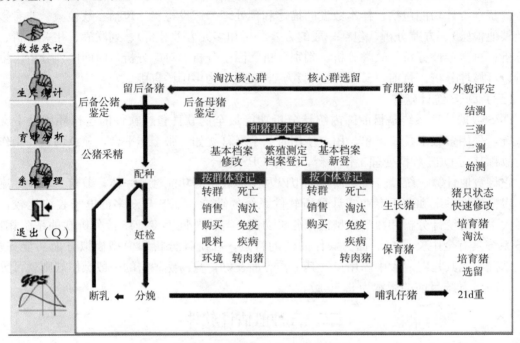

图 6-4　种猪管理与育种分析系统

1. 系统管理　该模块的主要功能是帮助系统管理员进行日常的应用维护工作，以保证系统安全、高效运行。主要包括：用户维护、系统授权、系统数据备份、系统运行日志管理等。

2. 基础数据　该模块的主要功能是完成系统中的基础数据定义，采集生产过程中种猪配种、配种受胎情况检查、种猪分娩、断奶数据；生长猪转群、销售、购买、死淘和生产饲料使用数据；种猪、肉猪的免疫情况；种猪育种测定数据等实际猪场在生产和育种过程中发生的数据信息。

3. 种猪管理　该模块主要功能是完成种猪基本信息登记、生长状态、转群等工作，并提供种猪制卡和种猪猪群结构分析报表。

4. 生产性能　主要功能是完成种猪日常生长、繁育等测定信息的登记和管理工作。

5. 育种分析　本模块主要功能是对本系统的猪只进行育种分析。根据实际育种测定数据和生产数据，系统提供了方差组分剖分（遗传力、重复率、遗传相关等）、多性状 BLUP 育种值的计算和复合育种值（选择指数）等经典的及现代的育种数据分析方法。满足了目前国内外的种猪育种工作的需要。为用户实际育种工作的方便，系统提供了 30 余种统计分析模型和从种猪性能排队到选留种猪、近交情况分析等多达 24 种育种数据分析表，用户可直接用于具体的育种工作中，使种猪育种工作变得十分简便。此外，系统还提供了数据与 Excel 和 HTML 文件格式的接口功能，方便用户保存自己的数据。

6. 猪群管理　该模块主要完成猪只转群、存栏清点业务、相关的业务基础信息定义及猪只存栏报表的查询统计工作。

（四）GPS 家禽育种数据采集与分析系统

GPS 家禽育种数据采集与分析系统是我国科技工作者自行研制开发的软件，适用于种禽的管理与家禽育种，系统主界面如图 6-5 所示。将家禽的相关数据录入系统软件，通过方差分析的方法计算各个性状的遗传力、重复率、加性效应方差、残差效应方差等。用户可以根据 BLUP 计算的各个性状的育种值和选择指数进行选种。还可以计算选定性状的年遗传进展，进行场间种禽水平比较和品系间的比较。

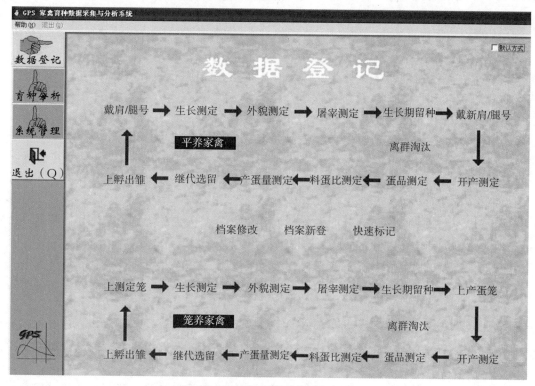

图 6-5　家禽数据采集与分析系统

三、选择效果估计软件

SelAction 是一个预测家畜和伴侣动物实际育种方案的选择反应和近交速率的计算机程序。程序允许用户在有限时间内以交互方式比较不同育种方案的选择反应和近交速率。程序利用确定性模拟方法，计算时间需求少，界面友好，因而可以作为一种交互式育种方案优化工具。

SelAction 可以预测下列育种方案及其组合方案的选择反应。

1. 多性状选择　可以预测包含多达 20 个性状的育种方案的选择反应。
2. BLUP　可以预测基于动物模型 BLUP 选种的育种方案的选择反应。
3. 同胞和后裔信息　可以预测用同胞信息和后裔信息选种的育种方案的选择反应。
4. 多阶段选择　可以预测利用 2 阶段或 3 阶段选种的育种方案的选择反应。
5. 离散和重叠世代　可以预测世代分明和世代重叠群体的选择反应。对于世代重叠群体,每个性别的年龄类型可以多达 20 个。

6. 近交　可以预测因选择而导致的具有离散世代和多性状选择的群体的近交速率。

另外,通过利用 PEST、BLUPF90 等软件估计育种值进而计算遗传趋势,也可以反映选择效果。

育种数据分析是一项复杂的技术工作,采用不同的方法和统计软件可能会产生不同的结果,应用上要根据具体的数据结构和实际育种需要选用相应的分析方法和计算软件。相信随着动物育种理论和方法以及计算机技术的进一步发展,更多遗传育种和统计分析软件会被进一步开发,动物的遗传改良工作将会取得更大进展。

思考题

1. 解释名词

世代间隔　数量性状　质量性状　体质　选择差　留种率　系谱

2. 简答题

(1) 简述家畜线性评定的方法。

(2) 猪、鸡、牛生产性能测定的性状和方法是什么?

(3) 影响数量性状选择效果的因素有哪些?在选种中应采取何种措施加快选择进展?

(4) 说明对单一数量性状的选择方法有哪些?各种选择方法的优缺点是什么?

3. 讨论分析题

(1) 应用测交淘汰杂合个体的方法有哪些?鉴定一个种公畜在某一性状方面是纯合体还是杂合体,用哪种测交方法比较方便?

(2) 如果选择对显性性状不利或对隐性性状不利时,群体基因频率将会如何变化?

(3) 以猪的选种为例,试比较后裔测定、同胞测定和个体性能测定的优缺点。

4. 计算题

(1) 在荷兰牛群中,已知红斑为隐性。大约每 100 头牛中有一头红斑牛。如果全部红斑牛淘汰不繁殖,预期下一代红斑牛的比例是多少?如果在以后世代中每代都把红斑牛全部淘汰掉,问需要多少代可把红斑基因的频率降到 $1/10^4$?

(2) 若控制荷斯坦牛毛色的红色基因与黑色基因开始是相等的,那么经多长时间后,红斑牛的出现比例将降低到 1/100?而从 1/100 降到 1/900 大体需要多少代?

第七章

选配体系

本章导读

本章主要阐述了家畜选配的作用、选配的方法、近交系数的计算、亲缘系数的计算及其杂种优势的利用途径和方法等内容。通过学习，要求深刻理解选配的基本原理，掌握各种选配方法在育种实践中的应用以及提高杂种优势的措施。

本章任务

了解家畜选配的原则、选配的种类；熟悉选配的作用、杂交的遗传效应、配合力的测定方法；掌握家畜选配方法、近交程度分析、杂交方法及杂种优势利用措施。

第一节 选配的作用与种类

一、选配的概念及实质

选配是指人为确定个体或群体间的交配体制，有目的地选择公母畜的配对，有意识地组合后代的遗传型，以达到培育良种或合理利用良种的目的。选配是对畜群交配的人工干预。

(一) 随机交配、自然交配与选配的区别

随机交配是指在一个有性繁殖的生物群体中，任何一对雌雄个体不受任何选配的影响而随机结合，任何一个雌性或雄性个体与任何一个异性个体的交配有相同的概率。

随机交配不等于自然交配。自然交配是将公母家畜混放在一处任其自由交配，这种交配方式实际上是动物的竞争选配在其中起作用，如粗野强壮的雄性个体，其交配的概率就高于其他雄性个体。

在畜牧实践中，家畜不可能存在随机交配。但就某一性状而言，随机交配的情况还是不少的。例如，对猪进行个体间选配时，通常不考虑双方的血型，如果血型与其他被选择的性状之间无相关，则就血型这一性状而言，可以认为是随机交配。

随机交配的遗传效应是能使群体保持平衡。任何一个大群体，不论基因型频率如何，只要经过随机交配，基因型频率就会或快或慢地达到平衡状态。如没有其他因素影响，一代一

代随机交配下去，这种平衡状态永远保持不变。但在小群体中可能因发生随机漂变而丧失平衡，甚至丢失某些基因。在群体中频率高的基因一般不易丢失，频率低的基因则较易丢失。随机交配使基因型频率保持平衡，从而使数量性状的群体均值保持一定水平。随机交配的实际用途在于保种或进行综合选择时保持群体平衡。

(二) 选种与选配的关系

选种是选配的基础，但选种的作用必须通过选配来体现，因此选种和选配是相互联系而又彼此促进的，选配验证选种、巩固选种，选种又可加强选配。利用选配有意识地组合后代的遗传基础，利用选种改变动物群体的基因频率。有了良好种源才能选配；反过来，选配产生优良的后代，才能保证在后代中选种。

二、选配的作用

选配是人为控制家畜公母畜的交配，使优良个体获得更多的交配机会，使优良基因更好地重组，促进畜群的改良和提高。具体作用有以下五个方面。

1. 创造必要的变异 家畜交配双方的遗传基础不可能完全相同，它们所产生的后代是父母双方遗传基础重新组合的结果，因此，后代产生变异是必然的。在家畜育种中，为了满足人们某种经济目的而选择相应的公畜和母畜交配，就有可能产生人们需要的变异，也就为培育新的理想型创造了条件。这已被杂交育种的大量成果所证实。

2. 把握变异方向，并加强某种变异 当畜群中出现某种有利变异时，可通过选种将具有这种变异的优良公母畜选出，然后通过选择具有相同有利变异的公母畜交配，巩固该变异。经过若干代的选种和选配，具有这种变异家畜个体在畜群中会逐渐增加，最终形成整个畜群具有的共同特点。

3. 能加速基因纯化、稳定遗传性、固定理想型 遗传基础相似的公母畜交配，其后代的遗传基础通常与其父母相似。因此，若通过连续几代选择性状特征相似的公母畜相配，则控制该性状的基因就会逐渐纯合，最终性状特征也被固定下来。这亦被新品种或新品系培育的实践所证实。

4. 避免非亲和基因的配对 配子的亲和力主要决定于交配双方配子间的互作效应，在实际育种中我们可以通过交配试验来选择配子间互作效应大的公母畜交配，使其产生优良的后代，满足人们物质生活的需要。

5. 控制近交程度，防止近交衰退 细致地做好选配工作可防止畜群被迫近交。即使近交，选配也可使近交系数的增量控制在合理水平，达到减缓甚至防止近交衰退的目的。

综上所述，合理地运用选种和选配，不仅可以保持和巩固畜群原有的优良性状，而且通过基因的分离和重组，还可以使优良性状得以发展甚至创造出更优异的性能，发挥选种和选配的创造性作用。通过选配，可以改变畜群的各种基因比例，使群体中有利基因的频率迅速增加。利用选配，又能有意识地组合后代的遗传基础，应当说，选种是选配的基础，但其结果又必须通过选配才能具体体现，同时，合理选配又能为进一步选种创造更好的条件。

三、选配的种类

选配按其着眼对象的不同，可大体分为个体选配与种群选配两类。

1. 个体选配 个体选配是以畜群中的个体为单位的选配方法，选配时主要考虑与配个体之间的品质关系、特点和亲缘关系而进行。个体选配又可分为品质选配和亲缘选配。品质选配是根据雌雄个体间的品质对比进行选配,品质选配又可分为同质交配和异质交配两种;亲缘选配是根据雌雄个体间的亲缘关系远近进行选配,亲缘选配则可分为近亲交配、远亲交配两种。

2. 种群选配 种群选配是以畜群为单位的选配方法,研究与配个体所隶属的种群特性和配种关系,根据双方是属于相同的还是不同的种群而进行。因此,在生产实践中种群选配分为纯种繁育与杂交繁育两大类。

选配的种类见图7-1。

图7-1 家畜选配的种类

四、选配的原则

1. 目的明确 了解畜禽种群的现有水平和需要改进提高的性状,然后根据育种目标,在调查、分析个体和种群特性的基础上,制定出选配计划及方案,有计划地实现选配目的。

2. 公畜等级要高于母畜 在畜群繁育过程中,选留的公畜数量要比母畜数量少,而且公畜的后代远远大于母畜。因此,公畜的质量要高于母畜,最低限度是同等级的公母畜配种。

3. 相同或相反缺点的公母畜不能配种 具有相同缺点的公母畜交配,所产生的后代缺点更加严重;具有相反缺点的公母畜交配,亲本的缺点不能在后代中得到改正。

4. 控制近交的使用 生产场中一般不使用近交,只有在杂交育种过程中固定优良性状及增加种群纯合基因时使用近交。同时要严格选种、控制近交代数,加强饲养管理等措施,防止近交衰退。

五、选配方法

(一)品质选配

品质选配又称选型交配,它所依据的是交配个体间的品质对比。所谓的品质既可以指家畜的一般品质,如体质、体型、生物学特性、生产性能和产品质量等方面的品质;也可以指遗传品质(在数量遗传学上,指其EBV的高低),同时,既可以针对个体的单一性状,也可以针对个体的综合性状。品质选配与随机交配的不同之处主要是其改变了公母畜间的交配概率,因此,可以通过品质选配定向且迅速地改变群体中某一基因的频率,达到改良畜群的目的。

1. 同质选配(同型交配、选同交配、正选型交配) 同质选配是以表型相似性为基础的选配方式,也就是选用性状相似、性能表现一致或育种值的优秀公母畜交配,期望后代继承亲代的优良性状。所谓的同质性,是相对的同质,绝对同质性状的家畜是不存在的,同质的性状可以是一个性状,也可以是一些性状,即指所选的主要性状相同或相似。表型相似的实质是基因型相似或相同,交配双方愈相似,就愈有可能将双亲的共同优良性状遗传给后代。此种交配方法的作用是使亲本的优良性状相对稳定地遗传给后代,既可使优良性状得到保持和巩固,又可增加优良个体在群体中的数量。

同质选配的效果往往取决于对基因型判断是否正确和交配双方的同质化程度,如果基因型判断正确且交配双方同质化程度高,则可收到良好效果;另外,还取决于同质选配所持续的时间,如果连续数代进行,可加强其效果。

同质选配的优点是能在后代群体中巩固和发展交配双方共同的优良品质，使控制该优良性状的基因纯合。例如，选择生长速度快的杜洛克公猪与生长速度快的杜洛克母猪交配，能够得到生长速度快的后代仔猪，连续几代的这样选配，生长速度快的性状就能在群体中稳定遗传，控制该性状的基因也能够纯合。由此可见，在育种实践工作中，为了保持某种富有价值的性状，增加群体中纯合基因型的频率，往往采用同质选配。

同质选配的缺点是不利于产生新的变异，连续几代的同质选配，会使种群内的变异性相对减小；有时还可能使种畜的某些缺点得到强化；如果长期采用同质选配有可能导致无意识的近交，引起衰退现象，因为越是同质的个体，它们的亲缘关系往往越近。所以在同质选配过程中要特别加强选择，严格淘汰体质衰弱或者有遗传缺陷的个体。

同质选配在育种实践中主要应用于以下几种情况：①群体当中一旦出现理想类型，通过同质交配使控制性状的基因纯合并固定下来，扩大其在群体中的数量。②通过同质交配使群体分化成为各具特点而且纯合的亚群。③同质交配加上选择得到性能优越而又同质的群体。

采用同质选配应注意下列事项：①尽量用性能最好的个体配最好的个体，如果用性能一般的个体配一般个体，很难得到优秀的后代。②选配双方只有共同优点，没有共同缺点。③同质表型选配虽与同质遗传选配作用性质相同，但其程度却有不同。而且运用遗传同型交配，可以准确预测下一代的基因型，而对于表型同型交配因表型相同的个体基因型未必相同，故无法准确预测下一代的基因型。因此，实践中应尽量准确地判断个体的基因型，根据基因型进行同质交配。④同质交配是同等程度地增加各种纯合子的频率。因此，若理想的纯合子类型只是一种或者几种，那就必须将选配与选择结合起来。只有这样，才能使群体定向地向理想的纯合群体发展。⑤同质交配将使一个群体分化成为几个亚群，亚群之间因基因型不同而差异很大，但亚群内的变异却很小。因此在亚群内要想进一步选育提高可能比较困难。⑥同质交配因减少杂合子的频率而使群体均值下降，因此，适于在育种群中应用，不适于在繁殖群中应用。⑦同质交配必须用在适当时机，达到目的之后即应停止。同时，必须与异质交配相结合，灵活运用。

同质选配存在的问题：①虽然遗传上的同型交配较之表型上的同型交配更加准确、快捷，但是判断基因型并非易事。②同质交配只能针对一个或者少数几个性状进行，因为要使2个个体在众多性状上同质是困难的。

2. 异质选配（异型交配、选异交配、负选型交配） 异质选配是以交配双方品质不同为基础的选配方式。异质选配分为两种情况：①单一性状品质不同的异质交配，是以优改劣为目的异质选配，选择同一性状优劣程度不同的雌雄个体交配，期望后代的性状能得到较大程度的改良，提高群体生产水平。例如选择细毛美利奴羊公羊与粗毛藏绵羊母羊交配，以改良粗毛藏绵羊羊毛品质。②多个性状品质不同的异质交配，是以综合双亲优点为目的异质选配。选择具有不同优异性状的雌雄个体交配，以期将两个亲本的优异性状结合在一起，后代兼有双亲的优点。例如选择产仔数多的优良太湖母猪与生长速度快的优良长白猪交配。此种交配方法的作用是综合双亲的优良性状，丰富了后代的遗传基础，创造新的类型，提高后代的适应性和生活力。

异质选配的缺点是对连锁性状和负相关的性状选配效果不好。因为异型选配的效果多为中间型遗传，其结果是把群体平均一下，并把有关的极端性状回归至平均水平。要想获得理想的选配效果，必须严格选种，遵循性状的遗传规律，同时考虑遗传参数。

异质交配在育种实践中主要用于下列几种情况：①用好改坏，用优改劣。例如新疆细毛羊育成后在毛长、油汗颜色等方面不理想，选用了澳洲美利奴羊进行了导入杂交改良，使新疆细毛羊的毛长、油汗品质等方面得到了很好的改变。②综合双亲的优良特性，提高下一代的适应性和生产性能。③丰富后代的遗传基础，并为创造新的遗传类型奠定基础。例如，在异质交配产生了 AaBb 的基础上，采用 AaBb×AaBb 同质横交，即有可能得到 AABB 纯合优秀类型。

育种实践中应用异质交配需注意以下事项：①不要将异质交配与"弥补选配"混为一谈。所谓"弥补选配"是选有相反缺陷的公母畜相配，企图以此获得中间类型而使缺陷得到纠正。如凹背的与凸背的相配，过度细致的与过度粗糙的相配等。这样交配实际上并不能克服缺陷，相反却有可能使后代的缺陷更加严重，甚至出现畸形。正确的方式应是凹背的母畜用背腰平直的公畜配，过度细致的母畜用体质结实的公畜配。②异质交配的主要目的是产生杂合子，因此准确判断基因型同样极为重要。③在考虑多个性状选配时，在单个性状时个体间可能是异质交配，但在整体上可能因综合选择指数相同而可视为同质交配。这也说明了二者间的辩证关系。④异质交配也要注意适用场合及其时机。像同质交配多用于育种群一样，异质交配可能多用于繁殖群。而且一旦达到目的，即应停止或改用同质交配。

异质交配所存在的问题与同质交配一样，即判断基因型比较困难，并只能针对少量性状进行。

（二）亲缘选配

亲缘选配是依据交配双方间的亲缘关系的远近进行的选配。育种学中，双方间存在亲缘关系，就称为近亲交配，简称近交；如果双方间不存在亲缘关系，就称为远亲交配，简称远交。并且常以随机交配作为基准来区分是近交还是远交。若交配个体间的亲缘关系大于随机交配下期望的亲缘关系，即称为近交；反之则称为远交。在育种学中，通常简单地将到共同祖先的距离在 6 代以内的个体间的交配（其后代的近交系数大于 0.78%）称为近交，而把 6 代以外个体间的交配称为远交。此外，远交细究起来尚可分为两种情况：①群体内的远交。这种远交是在一个群体之内选择亲缘关系远的个体相互交配。其在群体规模有限时有重大意义，因在小群体中，即使采用随机交配，近交程度也将不断增大，此时人为采取远交、回避近交，可以有效阻止近交程度的增大，从而避免近交带来的一系列效应。②群体间的远交。这种远交是指两个群体（品种或品种以上的群体）的个体间相交配，而群体内的个体间不交配。因为涉及不同的群体，这种远交又称杂交。而且根据交配群体的类别，有时进一步分为品系间、品种间的杂交（简称杂交）和种间、属间的杂交（简称远缘杂交）。图 7-2 是亲缘关系远近的示意图。

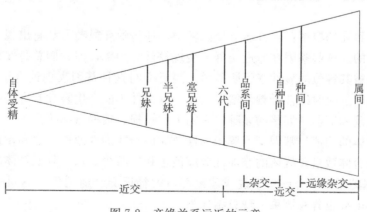

图 7-2 亲缘关系远近的示意

图 7-2 表明了育种中将品种间个体的交配称为杂交,将种间或种间以上的类群间的个体交配称为远缘杂交。需要注意的是品种内的品系间个体交配还是属于纯繁范畴,而品种间的品系的个体交配才算杂交。

1. 近交选配 是使用亲缘关系很近的个体交配进行繁殖的一种制度,在家畜育种中,父女、母子、全同胞、半同胞等亲缘关系很近的个体间进行交配繁殖称为近交选配。近交个体有着关系密切的共同祖先,基因型彼此相似,因而近交与同型交配相似。

2. 近交的遗传效应 近交的遗传效应主要表现在以下几个方面。

(1) 使基因型纯合、群体分化。近交可以使后代群体中纯合基因型的频率增加,增加的程度与近交程度成正比。根据遗传学原理,一对杂合基因型个体交配,其后代再逐代进行遗传同型交配,杂合基因型频率每世代减少一半,纯合基因型频率相应增加,即 0 世代纯合体为 0,1 世代纯合个体为 50%,2 世代纯合个体为 75%,3 世代纯合个体为 87.5%,以此类推。在个体基因纯合的同时,群体被分化成若干各具特点的纯合子系,即纯系。一对基因的情况下,分化成两个纯合子系,即 aa 系与 AA 系;两对基因情况下,分化成四纯合子系,即 aabb 系、AABB 系、AAbb 系和 aaBB 系;以此类推,n 对基因可分化出 2^n 种纯合类型。我们可以在群体分化的基础上加强选择,达到固定某种基因型的目的。因此,在培育品种或品系过程中,常常应用近交来固定某些优良性状。如果在育种过程中,实行高度近交,如连续进行父女交配、母子交配、全同胞交配或半同胞交配,直至近交系数达到 37.5% 以上时,即成近交系。近交系可作为杂交亲本,近交系杂交通常都能产生强大的杂种优势,能大幅度提高畜牧业生产水平。但近交建系过程中淘汰率大,成本很高,大家畜育种中基本没有使用近交系的。

(2) 导致近交衰退。近交衰退是指隐性有害纯合子出现的概率增加使家畜的繁殖力、生活力、生产性能及适应性等低遗传力性状的性能比近交前有所降低的现象。近交衰退的具体表现为以下几个方面。

①生活力及适应性下降:某些近交系显示,随着近交的增加,死亡率增加。从事家畜近交的大多数育种工作者的观察表明,近交比非近交的动物对于环境胁迫更加敏感。

②生长速度降低:主要是指与发育或生长受阻,在畜牧生产中与生长性状相关的数量性状也相应降低,如产奶量、产毛量、产肉性能等性状。

③繁殖性能减退:繁殖性能包括死胎、畸形率、成活率、产仔数等性状,在近交时,出现较明显的衰退。

④增加遗传致死的概率:在许多近交试验中,遗传致死或畸形都有出现。而这些性状在遗传上总是隐性的。这些基因在非近交群中表现较低的频率,但它们总是保持隐藏或是未知状态,通常总是被其等位的显性基因所掩盖。当近交时这种基因表现纯合子的可能性增加,这就像所有的基因近交时纯合子频率增加一样,近交并不能产生隐性有害基因,而只是允许这些基因得到表现和证实。如猪的多趾、牛的上皮缺损、犊的弯腿等。

(3) 降低群体的均值。基因型值等于加性效应值与非加性效应值之和,近交会增加纯合体数量,减少杂合体数量,群体的非加性效应值也相应减少,从而降低群体的平均值。

3. 近交衰退的原因 有许多学说或理论都可解释近交衰退现象,不同的学说或理论有不同的依据,其解释也各有侧重。现总结如下。

(1) 有害的隐性基因暴露。一般控制病态的基因绝大多数都是隐性的,所以处于杂合状态时是不表现出病态或不利的性状。这些有害基因的作用可被显性的杂合子等位基因所掩盖，但经过一段近亲繁殖，纯合的基因（纯合子）比例渐渐增多，于是有害的隐性基因相遇成为纯合子而显出作用，出现了不利的性状，对个体的生长发育、生活和生育等产生明显的不利影响。例如，杂种动物所带有的不育的隐性基因往往被其显性的等位基因所掩盖，而不表现其不育的性状，但由于纯育，动物的纯合性逐渐增高，不育的现象也就表现出来了。

（2）多基因平衡的破坏。个体的发育受多个基因共同作用的影响，其中每个基因的作用效应微小。对野生或杂交动物，由于自然选择的作用，那些有利于生物适应环境的基因组合成平衡的多基因系统；而近交往往会破坏这个平衡，造成个体发育的不稳定。

（3）近交使群体基因纯合，基因的非加性效应减小。数量性状的表型值由加性效应、非加性效应和环境偏差共同作用，所以近交后群体的繁殖力、适应性、抗病力和生活力等低遗传力性状表型值降低。

（4）生活力减退。从生理生化的角度看，近交后代所以出现生活力减退，大概是由于某种生理上的不足，或由于内分泌系统的激素不平衡，或者是未能产生所需要的酶，或者是产生不正常的蛋白质及其他化合物。有人对兔和鸡的研究发现，近交后代的血液中，红细胞数和血红蛋白含量降低，红细胞直径变小。

4. 影响近交衰退的因素 近交衰退并不是近交的必然结果，即使引起衰退，其结果也不是完全相同的。近交衰退程度受家畜种类、群体特性、个体特性、生活条件和性状种类等因素的影响。

（1）家畜种类。近交的衰退程度因家畜的种类不同而不同，例如，神经类型敏感的家畜（如猪）比迟钝的家畜（如羊）衰退严重；小家畜、家禽在繁育过程中，由于世代较短、繁殖周期快，近交的不良后果积累较快，因此易发生衰退现象。

（2）家畜的经济类型。肉用家畜对近交的耐受程度高于乳用和役用家畜。其原因除神经类型外，可能在于肉用家畜营养消耗较小，在较高的饲养水平下，能缓解近交的不良影响。前者的父女交配，其生活力的降低程度大体与后者的堂兄妹交配接近。

（3）群体纯合程度。一般来说，基因纯合程度较差的群体，杂合体多，受非加性效应作用大，故近交易引起衰退；反之，基因纯合程度大的群体，受加性基因作用大，同时，排除了部分有害基因，所以衰退不明显。

（4）个体。个体间的近交效果差异很大，有的个体近交系数为10%左右时，已经出现明显衰退；而有的个体近交系数达20%甚至更高，却无明显的衰退迹象。即使是近交系数完全相同的同代仔畜或同窝仔猪中，有的出现衰退，有的个体不出现衰退。再就是畸形与生活力强弱也没有绝对联系，因为有的个体虽然很弱，但并不表现畸形。另外，一般初产比经产母猪所生的近交后代较易出现衰退现象。

（5）性别。一般来说母畜对近交较敏感，公畜对近交的耐受程度高。因为公畜对后代只有遗传影响，而母畜除了遗传影响外，还在怀孕和哺乳时期，对后代有很大的母体效应。因此，在育种中，一般都是用近交程度高的公畜和近交程度低的母畜交配，常用的顶交就是据此设计的。

（6）生活条件。饲养条件较好的家畜，环境条件适宜，可在一定程度上缓解近交衰退的危害。

(7) 性状种类。近交对各个性状的影响不同，一般来讲，遗传力高的性状（如胴体品质、毛长、乳脂率等）受加性基因作用大，近交衰退不严重；反之，受非加性基因作用大，易衰退。

5. 防止近交衰退的措施 近交也存在不利之处，即有可能产生近交衰退。因此，应用近交时要特别注意防止衰退发生。只有这样才能发挥近交应发挥的作用。防止近交衰退可以采取以下措施。

（1）严格淘汰。严格淘汰是近交中被公认的一条必须遵循的原则。无数实践证明，近交中的淘汰率应该比非近交时大得多。所谓淘汰，就是将那些不合乎理想要求的、生产力低下、体质衰弱、繁殖力差、表现出有衰退迹象的个体从近交群中坚决清除出去。其实质就是及时将分化出来的不良隐性纯合子淘汰掉，而将含有较多优良显性基因的个体留作种用。

（2）加强饲养管理。个体的表型受到遗传与环境的双重作用。近交所生个体，种用价值一般是高的，遗传性也较稳定，但生活力较差，表现为对饲养管理条件的要求较高。如果能适当满足它们的要求，就可使衰退现象得到缓解、不表现或少表现。相反，饲养管理条件不良，衰退就可能在各种性状上相继表现出来，如果饲养管理条件过于恶劣，直接影响正常生长发育，那么后代在遗传和环境的双重不良影响下，必将导致更严重的衰退。但需要注意的是，对于加强饲养管理应当辩证看待。在育种过程当中，整个饲养管理条件应同具体生产条件相符。如果人为改善、提高饲养管理条件，致使应表现出的近交衰退没有表现出来，将不利于隐性有害或不利基因的淘汰。

（3）适当控制近交的速度和程度。为慎重起见，近交的速度宜先慢后快，一般先进行半同胞交配，观察近交后代的表现，如效果好、不衰退，再加快近交速度。美国明尼苏达一号猪的育成，就是先慢后快的典型。在初期培育过程中，首先是用泰姆华斯猪与长白猪杂交，子一代实行半同胞交配，之后运用4~5头公猪进行小群闭锁繁育，缓慢提高近交程度，当发现有一族母猪表现非常好时，便减少公猪头数，加大近交强度。当然，近交方式应根据实际情况灵活运用，可以先慢后快，也可以先快后慢。先快后慢的方式一般用于杂交育种中横交固定阶段的初期，因为此时对杂交的耐受力较强，让不良基因尽快纯合暴露，然后转入较低程度的近交，从而避免近交衰退的积累。

（4）血缘更新。一个畜群尤其是规模有限的畜群在经过一定时期的自群繁育后，个体之间难免有程度不同的亲缘关系，因而近交在所难免，经过一些世代之后近交将达到一定程度。此外，无论什么群体在有意识地进行几代近交后，近交都将达到一定程度。为了防止近交不良影响过多积累，此时即可考虑从外地引进一些同品种同类型但无亲缘关系的种畜或冷冻精液，来进行血缘更新。为此目的的血缘更新，要注意同质性，即应引入有类似特征的种畜，因为如引入不同质的种畜来进行异质交配，将会使近交的作用受到抵消，以致前功尽弃。

（5）灵活运用远交。远交即亲缘关系较远的个体交配，其效应与近交正好相反。因此，当近交达到一定程度后，可以适当运用远交，即人为选择亲缘关系远甚至没有亲缘关系的个体交配，以缓和近交的不利影响。但是，同样应注意交配双方的同质性，以避免淡化近交所造成的群体的同质性。

6. 近交的用途 在家畜生产上要绝对避免近交，但在育种中近交又是经常利用的手段，具体体现在以下几个方面。

（1）**揭露有害基因。** 近交增加有害隐性基因纯合的机会，因而有助于发现和淘汰其携带者，进而降低这些基因的频率。例如，猪的近交后代中，往往出现畸形胎儿，若能及时将产生畸形胎儿的公母猪一律淘汰，就会大大减少以后出现这种畸形后代的可能。此外，还可趁此时机，测验一头种畜是否带有不良基因，为选择把好质量关。

（2）**保持优良个体血统。** 近交一方面增大了隐性有害基因的纯合的概率，但同时也使优良基因纯合的概率增大，通过选择，就可能使优良基因在群体中固定。例如，当牛群中出现了一头特别优良的公牛，为了保住它的特性，并扩大它的影响，此时只有让这头公牛与其女儿交配，或让其子女互相交配，或采用其他形式的近交，才能达到这个目的。这也是品系繁育中所常用的一种手段。

（3）**提高畜群的同质性。** 近交导致群体的纯合子比例增加，从而造成畜群的分化。随着近交程度的增加，分化程度越来越高。当 $F=1$ 时，畜群分化为诸多品系，品系内方差为 0，而系间方差为随机交配时的 2 倍，即系内基因型完全一致且纯合，而系与系间绝对不同。因此，如果结合选择，即选留理想的品系，淘汰不理想的品系，便可获得同质而又理想的畜群。这种方法尤其对于质量性状（如毛色、肤色、耳型等）的效果是很显著的。

（4）**固定优良性状。** 近交可使基因纯合，因此可以利用这种方法来固定优良性状。换句话说，近交可使优良性状的基因型纯合化，从而能稳定地遗传给后代，不再发生大的分化。值得指出的是：同质选配也有纯化基因和固定优良性状的作用，但和近交相比，其固定速度要慢得多，而且只限于少数性状，要同时全面固定就比较困难。同质选配大多只在生产性能和体型外貌上要求同质，而忽视或难以保障遗传上的同质，表现型虽相似，但不等于基因型相同，所以其作用是有限的。

（5）**提供试验动物。** 近交可以产生高度一致的近交系，因而可为医学、医药、遗传等生物学试验提供试验动物。

7. 应用近交要注意的问题 在培育新品种和建立新品系中，为了固定优良性状和提高种群纯度时都可用到近交。近交是获得家畜性状稳定遗传的一种高效方法。但近交会出现衰退，因此，在应用近交时要注意以下问题。

（1）**近交必须伴随选择。** 近交会暴露隐性有害基因，而且有可能会出现明显体质衰弱的个体，在选种过程中必须将这些个体在群体中剔除掉。

（2）**适时停止近交。** 关于近交使用时间的长短和近交方式，原则上以达到育种目的适可而止，及时采用其他选配方法，以便使畜群保持旺盛的生命力。

（3）**依个体、品种、育种目的不同，灵活运用近交。** 体质健壮、品质优良的公畜可用于近交，性能不良的种畜用于近交没有任何意义，反而会使畜群品质退化。近交的目的是固定优良基因，所以必须对种公畜进行严格选择，要确认其不携带隐性不良基因，再采取近交将其优良基因在群体中固定下来。长期封闭的地方品种可高度近交，这样的群体基因纯合程度比较高，对近交的耐受程度较大，如我国的太湖猪、金华猪在育种开始采用了较高程度的近交，但没有出现明显的近交衰退，而且对优良基因的固定起到了很好的作用。如果采用杂交育种，当出现理想型后，可用程度较高的同胞或父女交配，以加快畜群的同质化进程。

（4）**加强对近交后代的饲养管理。** 近交后代的基因趋于纯合，非加性效应降低，适应性和生活力都有不同程度的降低，因此，提高近交后代的饲养管理水平势在必行。

（5）商品场严禁用近交。商品场以追求最大生产性能为主要目的，并不强调基因的纯合度，而近交会在不同程度上出现衰退，所以在以商品生产为目的的牧场要绝对避免家畜近交。

（三）纯种繁育

纯种繁育简称纯繁，是指在同一种群范围内，通过选种选配、品系繁育、改善培育条件等措施，以提高种群性能的一种方法。其目的是当一个种群的生产性能基本能满足经济生产需求，不必做大的方向性改变时，使其保持和发展种群的优良特性，增加种群内优良个体的比例，同时，克服种群的某些缺点，达到保持种群纯度和提高种群质量的目的。

"纯种繁育"不同于"本品种选育"，两者都在同一种群范围内进行繁殖和选育，但所针对的种群特性不同。纯种繁育是针对培育程度较高的优良种群和新品种而言，目的是为了获得纯种；本品种选育是针对某一品种的选育提高而言，但并不强调保纯，为了提高性能，甚至可采用小规模的杂交，但前提条件是不能改变这个品种的主要特征和特性。

纯种繁育的作用：巩固种群遗传性（优良品质），使种群固有的优良性状得以稳定遗传下去，并迅速增加同类优秀个体的数量；提高现有种群品质，使种群的生产性能不断提高。

（四）杂交繁育

1. 杂交的概念　在家畜育种中，杂交是指具有差异的群体的个体间的交配，即"异种群选配"。这种差异体现在表型、基因型或群体特性等三个方面。一般来说，不同品种间的个体交配称为杂交；不同品系间的个体交配称为品系间杂交；不同种或不同属间的个体间交配称为远缘杂交。

2. 杂交的应用　杂交在畜禽生产和育种中发挥着重要的作用，总体讲有两个方面的应用。

（1）杂交育种。通过杂交，实现遗传材料的重组，即基因和性状重新组合，产生新的遗传型，使原来不在同一个群体的基因集中到一个群体中，原来分别在不同种群个体上表现出来的性状集中到同一个种群的个体上。所得的杂种，具有较多新的变异，通过选择培育出适合人们需要的类型，满足日益增长的物质生活的需要。

（2）杂交利用。通过杂交所得的杂种在生活力、适应性、抗逆性、生产性能等诸多方面优于纯种个体的特性，为家畜的商品生产提供了广阔的空间。

第二节　近交程度分析

一、近交系数的计算

（一）近交系数

近交系数是表示近交个体基因纯合程度的数量指标，其定义是个体的纯合等位基因来自共同祖先基因的概率，通常以 F 表示。近交系数的概念最初由 S. Wright（1921）提出时是作为结合的配子间遗传性相关而赋予定义的，后来才由 G. Malcot（1948）给予上述的定义，现在已广泛使用这个定义。

(二)近交系数的计算公式

根据通径系数原理,个体 x 的近交系数即是形成 x 个体的两个配子间的相关系数,用 F_x 表示。

$$F_x = \sum \left[\left(\frac{1}{2}\right)^{n_1+n_2+1}(1+F_A)\right] = \sum \left[\left(\frac{1}{2}\right)^N (1+F_A)\right]$$

式中:F_x 表示个体 x 的近交系数;n_1 表示一个亲本到共同祖先的代数;n_2 表示另一个亲本到共同祖先的代数;F_A 表示 x 个体双亲的共同祖先自身的近交系数;$n_1+n_2+1=N$,为亲本相关通径链中的个体数。

如共同祖先不是近交所生个体,即 $F_A=0$,公式简化为:

$$F_x = \sum \left(\frac{1}{2}\right)^{n_1+n_2+1}$$

(三)典型近交后代的近交系数

1. 半同胞后代的近交系数

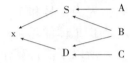

$$F_x = \left(\frac{1}{2}\right)^{1+1+1} = \frac{1}{8} = 12.5\%$$

2. 全同胞后代的近交系数

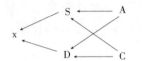

$$F_x = \left(\frac{1}{2}\right)^{1+1+1} + \left(\frac{1}{2}\right)^{1+1+1} = 25\%$$

3. 亲子交配后代的近交系数

$$F_x = \left(\frac{1}{2}\right)^{1+0+1} = 25\%$$

4. 共同祖先自身是近交个体的情况

$$F_x = \left(\frac{1}{2}\right)^{1+1+1} \cdot \left[1+\left(\frac{1}{2}\right)^{1+1+1}\right] = 14.06\%$$

5. 近交系数的迭代公式

(1) 连续自交下,第 t 代个体的近交系数为:$F_t = \frac{1}{2}(1+F_{t-1})$。

(2) 连续用全同胞交配,第 t 代个体的近交系数为:$F_t = \frac{1}{4}(1+2F_{t-1}+F_{t-2})$。

(3) 连续半同胞交配条件下,第 t 代个体的近交系数为:$F_t = \frac{1}{8}(1+6F_{t-1}+F_{t-2})$。

(4) 连续与同一个体回交情况下,第 t 代个体的近交系数为:$F_t = \frac{1}{4}(1+2F_{t-1})$。

(四)近交系数的计算步骤

[例题 7-1] 种畜 x 个体的横式系谱如下,求个体 x 的近交系数 F_x。

$$x \begin{cases} S \begin{cases} 1 \begin{cases} 7 \begin{cases} 15 \\ 10 \end{cases} \\ 14 \begin{cases} 15 \\ 20 \end{cases} \end{cases} \\ 3 \end{cases} \\ D \begin{cases} 1 \begin{cases} 7 \begin{cases} 15 \\ 10 \end{cases} \\ 14 \begin{cases} 15 \\ 20 \end{cases} \end{cases} \\ 14 \end{cases} \end{cases}$$

[解]

第一步：寻找共同祖先。根据个体 x 的系谱找出 x 个体父母的所有共同祖先，共同祖先可用△、☆或√标记。寻找共同祖先的方法：共同祖先是在父系和母系同时出现的个体，但共同祖先的祖先不能算作近交个体父母的共同祖先。此题的共同祖先为 1 号和 14 号个体。14 号个体作为共同祖先的原因是它不仅是 1 号个体的母亲同时还是 D 个体的母亲。7、15、10 和 20 号个体也同时在父系和母系出现，但它们都是 1 号的祖先，所以不能再算作 x 个体的父母的共同祖先了。

第二步：绘制箭头式系谱。每个个体在图中只占一个位置，不涉及近交的个体不必绘出；箭头由共同祖先引出，通过各祖代指向其父、母，归结于个体 x，即成通径图。

第三步：找出通径链。这里所要找的通径链是指通过共同祖先把近交个体的父亲和母亲连接起来的所有链。

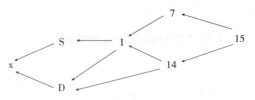

通经链：S←1→D，$N=3$；S←1←14→D，$N=4$。N 值等于通径链上的个体数目。

第四步：计算共同祖先的近交系数。共同祖先 14 为非近交个体，所以 $F_{14}=0$；而共同祖先 1 为近交个体，下面计算 F_1。

采用上述找通径链的方法，可得：7←15→14，$N=3$。这里 1 号个体的父母的共同祖先是 15 号，而 15 号是非近交个体，所以 $F_{15}=0$。

根据近交系数的计算公式：

$$F_x = \sum \left[\left(\frac{1}{2}\right)^N (1+F_A) \right]$$

所以：

$$F_1 = \left(\frac{1}{2}\right)^3 (1+F_{15}) = 0.125$$

第五步：计算 x 个体的近交系数。

$$F_x = \left(\frac{1}{2}\right)^3 (1+F_1) + \left(\frac{1}{2}\right)^4 (1+F_{14}) = 0.125 \times (1+0.125) + 0.0625 \times (1+0) = 0.203125$$

故 x 个体的近交系数是 0.203125。

（五）畜群近交程度估算法

畜群近交程度是以畜群的平均近交系数来表示。畜群平均近交系数的估算方法视群体大小而定。

1. 小群体 分别求出各个体的近交系数 F_x，以各个体 F_x 的平均数来表示群体的近交系数。

2. 大群体 随机抽取一定数量的家畜，逐个计算近交系数 F_x，以各个体 F_x 的平均数来表示群体的近交系数。

3. 分类计算 将畜群中的各个体按近交程度分类，以各类近交系数的加权均值来表示群体的近交系数。

4. 封闭群体 对于不再引进外血的闭锁畜群，其群体平均近交系数可采用下述方法进行估计。

当每代近交系数增量（ΔF）不变时，其近交系数计算公式为：
$$F_t = 1 - (1 - \Delta F)^t$$

式中：F_t 为第 t 世代的畜群近交系数；ΔF 为每代近交系数增量；t 为世代数。

在不同留种方式下，每个世代的近交增量 ΔF 的计算方法如下。

（1）当各家系不等量留种时。
$$\Delta F = \frac{1}{8N_S} + \frac{1}{8N_D}$$

式中：ΔF 为畜群平均近交系数的每代增量；N_S 为每代参加配种的公畜数；N_D 为每代参加配种的母畜数。

（2）当各家系等量留种时。
$$\Delta F = \frac{1}{32N_S} + \frac{1}{32N_D}$$

为防止近交衰退的发生，提倡各家系等量留种。当畜群中母畜数在 12 头以上时，一般可略去母畜的部分，这时的群体每个世代的近交增量可用下式估算：

各家系内不等量留种：$\Delta F = \dfrac{1}{8N_S}$。

各家系内等量留种：$\Delta F = \dfrac{1}{32N_S}$。

二、亲缘系数的计算

在育种工作中，不仅需要了解群体内个体的近交系数，很多时候还要了解群内两个体的亲缘系数（R），亲缘系数又称为血缘系数，是指两个个体间的遗传相关程度，也就是遗传相关系数。

亲缘系数与近交系数的区别可用图 7-3 表示，近交系数 F_x 反映的是组成 x 个体的两个配子间的相关程度，而亲缘系数 R_{SD} 体现的是 x 个体的两亲本间的遗传相关程度。个体间的亲缘关系分为直系亲属和旁系亲属两类。

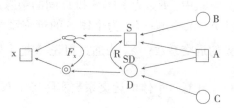

图 7-3 亲缘系数与近亲系数的区别

（一）直系亲属间的亲缘系数

直系亲属是指某个体和祖先的关系，个体 x 与其某个祖先间的亲缘系数的计算公式为：

$$R_{xA} = \sum \left(\frac{1}{2}\right)^n \sqrt{\frac{1+F_A}{1+F_x}}$$

式中：R_{xA} 为 x 个体到其祖先 A 个体间的亲缘系数；n 为由个体 x 到其祖先 A 的世代数；F_x 为 x 个体的近交系数；F_A 为 A 个体的近交系数；$\sum$ 表示个体 x 到祖先 A 的通径链的路数累加。

[例题 7-2]　x、D、S、I 个体间的关系如下图，试计算 x 个体与 S 个体间的亲缘相关系数 R_{xS}。

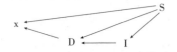

[解]

第一步：找出通径链。计算亲缘系数的通径链是指通过个体 x 的父亲或母亲把个体 x 和祖先连接起来的链。

S → x　　　　　　　　$n=1$
S → D → x　　　　　　$n=2$
S → I → D → x　　　　$n=3$

这里的 n 值等于通径链上的个体数减去 1。

第二步：计算祖先和个体的近交系数。这里祖先 S 为非近交个体，所以 $F_S=0$；个体 x 为近交个体，计算方法按照前面介绍的方法计算，可得 F_x。

第三步：计算直系亲缘系数 R_{xS}。

$$F_x = \left(\frac{1}{2}\right)^{1+0+1} + \left(\frac{1}{2}\right)^{2+0+1} = 0.375,\ F_S = 0$$

$$R_{xS} = \left[\left(\frac{1}{2}\right)^1 + \left(\frac{1}{2}\right)^2 + \left(\frac{1}{2}\right)^3\right] \cdot \sqrt{\frac{1+0}{1+F_x}} = 0.746\ 1$$

注意：计算直系亲属间的亲缘系数时，通径链起于后代，止于祖先，中途不转换方向。

（二）旁系亲属间的亲缘系数

旁系亲属是指同一代上的两个个体之间的关系，旁系亲属间的亲缘系数计算公式为：

$$R_{SD} = \frac{\sum\left[\left(\frac{1}{2}\right)^n (1+F_A)\right]}{\sqrt{(1+F_S)(1+F_D)}}$$

式中：R_{SD} 为个体 S 和 D 间的亲缘系数；n 为个体 S 和 D 分别到共同祖先的代数之和，即 $n=n_1+n_2$；F_S 为个体 S 的近交系数；F_D 为个体 D 的近交系数；F_A 为 S、D 的共同祖先的近交系数；$\sum$ 为通过祖先 A 把个体 S 和 D 连接起来的通径链路数的累加。

注意：个体的近交系数实际等于双亲的亲缘系数乘以 $\sqrt{\frac{(1+F_S)(1+F_D)}{2}}$。若双亲均为非近交个体，即 $F_S=F_D=0$，则个体的近交系数等于其双亲亲缘系数的 $\sqrt{1/2}$。

[例题 7-3]　半同胞亲缘关系如下图，半同胞的亲缘系数计算如下。

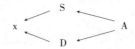

半同胞的亲缘系数为 $R_{SD} = \dfrac{\left(\dfrac{1}{2}\right)^2 \cdot (1+0)}{\sqrt{(1+0)(1+0)}} = \dfrac{1}{4} = 0.25 = 2F_x$

[例题 7-4] 全同胞亲缘关系如下图，全同胞的亲缘系数计算如下。

全同胞的亲缘系数为 $R_{SD} = \dfrac{\left[\left(\dfrac{1}{2}\right)^2 + \left(\dfrac{1}{2}\right)^2\right] \cdot (1+0)}{\sqrt{(1+0)(1+0)}} = \dfrac{1}{2} = 0.5 = 2F_x$

第三节 杂种优势的利用

一、杂交的遗传效应

在遗传学上，一般把两个基因型不同的纯合子之间的交配称为杂交。但在育种学上，不同品系、品种甚至物种之间个体的交配称为杂交，所产生的后代称为杂种。具体来说，一般是把不同品种间的交配称为杂交；把不同品系间的交配称为系间杂交；把不同种或不同属间的交配称为远缘杂交。它们的后代虽然雌雄大多不能繁殖，却因性能优良而备受欢迎，如骡、牛的远缘杂种优势利用就比较普遍，有的后代还有繁殖能力。如黄牛与瘤牛的杂种耐暑、抗病、饲料转化率高；乳用牛与牦牛杂交的第一代，其泌乳力也较显著高于牦牛，母牛能生育，公牛不育。杂交是一种培育新品种或新品系的技术，也是一种利用杂种优势生产高性能商品畜禽的方法。杂交是近交的逆向过程，因此其遗传效应与近交的遗传效应相反。具体表现如下。

1. 杂交使杂合子比例增加 遗传基础不同的两个纯合子之间交配，F_1代必然全部杂合。对群体来说，可以提高杂合基因型频率，降低纯合基因型频率。

2. 杂交提高群体非加性均值 数量性状的基因型值是由基因的加性效应值和基因的非加性效应值构成。加性效应是由微效基因作用的累加造成的，而非加性效应则包括等位基因之间相互作用产生的显性效应和非等位基因之间相互作用产生的上位效应两部分。全部的显性效应和大部分的互作效应都存在于杂合基因型中。随着畜群中杂合基因型频率的升高，畜群的非加性效应值升高，因此，畜群的平均表型值相应也得到提高。

3. 杂交使群体趋于一致 杂交使个体的基因型杂合，却使群内个体一致性增强。杂交使群体杂合基因型频率增加，即增加了群体中相互之间差异不大的杂合子的比率，提高了群体的一致性。现代畜牧业生产中多采用纯系间杂交，得到规格一致的 F_1 代。F_1 代个体间表现出整齐度高、生长发育和生产性能方面差异小的特点，因而商品畜禽规格一致，有利于实现商品化和工厂化生产。

简言之，杂交是获得优良畜禽的有效途径，是提高畜产品数量和质量、提高畜牧业生产效益的重要手段，已经在品种改良中起到了巨大作用，并将为新品种的培育开辟广阔的前景。

二、杂种优势与杂种优势利用的概念

(一) 杂种优势的概念

早在 2000 多年以前我国劳动人民就利用马、驴杂交生产骡,骡具有比马、驴都优异的耐力和役用性能。早在汉代劳动人民就懂得"既杂胡马,马乃益壮"的道理。到了近代,杂种优势利用发展迅速。1914 年 Shull 提出"杂种优势"这一术语,后来经过许多人的努力,杂种优势不仅在理论上逐渐完善,同时也在生产中取得了可喜的成就,并广泛应用于现代畜牧业生产中。

杂种优势是指遗传基础不同的种群杂交产生的子一代杂种,往往其生活力、生长势和生产性能等低遗传力性状的表型值高于两亲本的平均值甚至超过任意一亲本的现象。杂种优势的表现分为 3 种类型:

1. 表现母系杂种优势　如性早熟、繁殖力提高、泌乳力增强等。

2. 表现父系杂种优势　如性早熟、经济品质好、配种能力强等。

3. 综合性表现　杂种个体生活力增强,饲料利用率提高,生长速度加快,繁殖力增强,畸形、缺损、致死、半致死现象减少。即各方面综合表现优势。

据报道,利用不同品种猪进行杂交,杂种在生长性能、饲料利用率、饲料转化率和胴体品质等方面分别提高了 5%~10%、13% 和 2%,而在猪繁殖性能方面提高更为显著,杂种母猪的产仔数、成活率、断奶窝重分别提高了 8%~10%、25% 和 45%。杂种优势利用已成为现代工厂化养殖业的一个不可短缺的环节,在方法上也日趋精确与高效,已由一般的种间或品种间杂交,发展成专门化品系杂交和配套系杂交的现代化杂种优势利用体系。

(二) 杂种优势利用的概念

杂种优势利用是指利用杂种优势增加产量,提高经济效益的过程。因此,有人把杂种优势利用称为经济杂交。但杂种优势利用的含义比经济杂交广泛,不仅是杂交方法问题,还包括杂交亲本的选择提纯和杂交组合的筛选。杂种优势的利用除了技术性工作外,还需要周密组织工作的保证,特别是要有一套健全的杂交繁育体系。杂交繁育体系是为了开展杂种优势利用工作而建立的一整套合理组织结构,包括建立各种性质的繁育场,确定它们之间的相互关系,在规模、经营方向、互助协作等方面的密切配合。

有人把"杂种优势"误认为只要是"杂种"就必定有"优势",其实并非如此,有时还会出现"杂种劣势"。杂种是否有优势,有多大优势,在哪些方面有优势主要取决于杂交用亲本及其相互配合情况。如果亲本群体缺乏优良基因,或亲本群体的纯度很差,或两亲本群体在主要经济性状上的基因频率差异小,或在主要性状上所具有的基因其显性与上位效应都很小,或缺乏充分发挥杂种优势的饲养管理条件,这些因素都会影响杂种优势的表现。因此,杂种优势利用是包括杂交亲本的选优、提纯,杂交组合的筛选,杂交工作的组织及提供适宜的饲养管理条件等环节的一整套措施。

杂种优势利用在畜牧业生产中已经非常普遍,世界范围内饲养的肉鸡、蛋鸡当家品种几乎都来源于专门化品系的配套系;饲养的商品猪绝大多数是二元或三元杂交猪甚至是配套系;目前,肉牛、肉羊、水禽也进行了大量的品种间杂交以利用杂种优势,有些已经取得了一定的成效。因此杂种优势利用已经成为现代畜牧业的一个重要环节。

应该引起重视的是杂种优势是建立在纯种的基础上的,因此不能因为片面追求短期经济效益而忽略或者舍弃千百年来育成的优良地方品种,反而应该加大力度保持和提高优良品种的品质,为将来更好地利用杂种优势培育素材。

三、配合力测定

(一) 概念

配合力是指种群通过杂交能够获得的杂种优势程度,即杂交效果的好坏和大小。由于各个种群的遗传基础不同,所以各种群间的配合力大小差距很大。目前,人们还没有找到精确预测配合力的方法,只能通过杂交试验进行配合力的测定。配合力分为一般配合力和特殊配合力。

1. 一般配合力 指 1 个种群与其他各种群杂交所获得杂交效果的平均数。如果一个品种和其他各个品种杂交都能获得较大的杂种优势,说明这个品种的一般配合力较大。如大约克夏猪和世界上其他品种猪杂交都能取得很好的杂种优势。一般配合力的遗传效应是基因的加性效应,因为显性效应和上位效应在不同的杂交组合中有正有负,在计算平均值的时候能相互抵消,所以它反映的是杂交亲本群体平均育种值的高低。因此,一般配合力靠纯繁来提高;遗传力高的性状,一般配合力的提高比较容易;反之,遗传力低的性状,一般配合力不易提高。

2. 特殊配合力 指两个特定种群间杂交所获得的超过一般配合力的杂种优势。特殊配合力的遗传效应是基因的非加性效应(显性效应与上位效应),反映的是杂种群体平均基因型值与亲本平均育种值之差。提高特殊配合力主要依靠杂交组合的选择;遗传力高的性状,各组合的特殊配合力不会有很大的差异;反之,遗传力低的性状,特殊配合力可以有很大差异,因而有很大的选择余地。

为了便于理解上述两种配合力,举例如下:$F_{1(A)}$ 为 A 品种与 B、C、D、E、F……各个品种杂交产生的杂种一代某一性状的平均值表型值,$F_{1(B)}$ 为 B 品种与 A、C、D、E、F……各品种杂交产生的杂种一代该性状的平均值,$F_{1(AB)}$ 为 A、B 两品种杂交产生的一代杂种该性状的平均值。$F_{1(A)}$ 即 A 品种的一般配合力;$F_{1(B)}$ 即 B 品种的一般配合力;$F_{1(AB)} - \frac{1}{2}[F_{1(A)} + F_{1(B)}]$ 即为 A 和 B 两品种杂交产生的特殊配合力(图 7-4)。

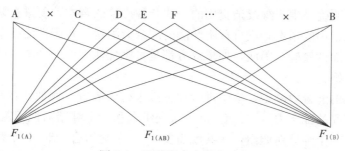

图 7-4 两种配合力概念示意

(二) 配合力的测定方法

通常通过杂交试验进行配合力的测定,主要测定的是杂交组合的特殊配合力,一般以杂种优势值(H)和杂种优势率($H\%$)来表示:

$$H = \overline{P}_{F_1} - \overline{P}$$

$$H\% = \frac{H}{\overline{P}} \times 100\% = \frac{\overline{P}_{F1} - \overline{P}}{\overline{P}} \times 100\%$$

式中：$\overline{P}_{F1}$ 为杂种一代的平均表型值；$\overline{P}$ 为亲本纯繁时的平均表型值。

[例题 7-5] 广东省农业科学院动物科学研究所报道的一次猪的杂交实验结果如表 7-1 所示，计算产仔数、初生重、30 日龄窝重和 60 日龄个体重的杂种优势率。

表 7-1 北京本地母猪与内江公猪杂交结果

交配组合	产仔数（头）	初生重（kg）	30 日龄窝重（kg）	60 日龄个体重（kg）
北京本地（♀）× 内江（♂）	9.2	0.87	40.35	14.00
北京本地（♀）× 北京本地（♂）	9.0	0.62	32.70	9.10
内江（♀）× 内江（♂）	7.7	0.79	39.65	10.65

这里仅以计算 30 日龄窝重的杂种优势率为例说明。

[解]

$$H\% = \frac{40.35 - \frac{1}{2}(32.70 + 39.65)}{\frac{1}{2}(32.70 + 39.65)} \times 100\% = \frac{40.35 - 36.175}{36.175} \times 100\% = 11.54\%$$

（三）配合力测定中应注意的问题

第一，有合理的试验设计，突出主要性状，有统一严格的记录记载，控制实验条件，除品种、品系不同外，其他试验条件要一致。

第二，设立亲本对照组，试验组与对照组饲养条件相同，试验组与推广地区条件一致。

第三，不必要的组合可以不做。减少测定任务的方法有如下几种。

(1) 在测定以前就根据资料分析和遗传学知识进行估计。凡估计与目的要求相差太远的组合，就可不必列入测定任务。例如，出口肥猪要求的是黑毛肉用型，当然为了生产出口杂种猪时，双方都是脂肪型或双方都是白猪的杂交组合，就可不必进行测定了。

(2) 适合作母本的就作母本，适合作父本的就作父本，不必每种组合都进行正反交测定，这样可减少一半的测定任务。

(3) 目的性要明确。生产继续杂交用的一代杂种母猪的亲本，要进行繁殖性能的配合力测定。直接生产肥猪用的亲本，进行育肥性能的配合力测定。育肥性能的遗传力不算低，不可能产生多大的非加性效应，因此，如果双方都是育肥性能很差的亲本，就不必要列为育肥性能配合力测定的组合了。

(4) 同一地区的配合力测定，集中进行比分散进行要节省。例如，在一个地区要测定 5 个专门化品系相互间的配合力，一共有 20 个杂交组合和 5 个纯繁对照组就够了；如分散 10 次进行，每次都要 2 个纯繁对照组，一共就需要 10 个杂交组合、20 个纯繁对照组，组数增加 1 倍，而且杂交组相互之间还不好比较。所以集中进行，虽然规模大一些，但总的来说在各方面都更为节省。

第四，每组数量要满足统计分析要求，头数太少则没有代表性。为此，要求杂交亲本的种群标准差要小，并且每组要有一定的含量。

第五，集中地点、同一年度、同一季节进行测定。

四、产生杂种优势的方法

（一）简单杂交（二元杂交）

简单杂交是指两个品种或者两品系杂交的 F_1 代全部用作商品生产的杂交方式，杂交代无论公、母畜不再继续配种繁殖，见图 7-5。简单杂交的目的是获得性状表现一致的杂种群。简单杂交对于提高产肉、产卵、产乳等都有显著效果，可以在杂交生产的起步阶段广泛采用。

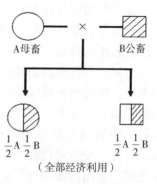

图 7-5 简单杂交示意

这种杂交方式简单易行，测定配合力容易。但是杂交工作的维持并不容易，因为杂交亲本需要源源不断地补充，所以从事简单杂交工作的牧场要么进行纯繁供种，要么就经常引进杂交亲本。此外，这种杂交方式不能充分利用繁殖方面的杂种优势，而用以繁殖的母畜都是纯种，繁殖性能的遗传力低，杂交一代的杂种优势比较明显，生产中不利用这一方面的杂种优势很可惜。

简单杂交在畜牧生产中表现的杂种优势主要有以下两个方面。

1. 繁殖性状的杂种优势比较明显 如表 7-1 所示，广东省农业科学院动物科学研究所报道的一次猪的杂交实验结果显示：产仔数的杂种优势率为 10%。母本对产仔数的影响起主导作用，有母体效应优势，其他繁殖性状如初生重、断奶重等性状杂种明显高于纯种，表现出杂种优势。

2. 生长和肥育性状有杂种优势 国内外畜牧生产中大量的杂交试验表明，畜禽的生长和肥育性状有杂种优势，这些优势一直被畜牧生产者所利用，并且利用的范围和程度有进一步扩大的趋势，尤其是肉用畜禽的生产，各个国家饲养的肉猪、肉鸡、肉牛、肉羊几乎都在不同程度上开展了杂交。我国为了适应市场需求和提高畜禽生产力，也相继进行了杂交试验和杂交推广工作，并且取得了一定的成效。目前，不同地区的地方良种畜禽在保种的基础上先后进行了杂交试验，以开发促保种，以提高单产量推动地方良种的发展。以地方良种猪为例，经典的二元杂交模式是以世界驰名的肉用型猪（如长白猪、大约克、杜洛克等）为父本、以地方品种猪为母本的杂交，杂种的生长优势率一般在 10% 左右。我国以前没有专门的肉牛品种，现在肉牛生产主要是以引进的肉牛品种如利木赞牛、安格斯牛或短角牛等与我国的黄牛品种杂交，杂交牛生长性状的杂种优势率在 5% 左右。

（二）三元杂交

三元杂交是指用一个品种或品系的公畜（禽）与另两个品种（系）的杂种母畜（禽）交配进行商品生产的杂交方式（图 7-6）。这种杂交方式的杂种优势率整体高于二元杂交，因为杂种代替纯种作母本时，充分发挥了母畜性能的杂种优势，加之第二次杂交，后代又获得生活力与生长势等方面的杂种优势；且在第二次杂交时，利用大量杂种母本繁殖，少养纯种，节约成本。以猪为例，表现在子一代母猪比纯种母猪产仔多（产仔数的母本杂种优势率为 8%～10%），泌乳力高，哺育力强，从而使子一代母猪的断奶仔猪数比纯种母猪提高，其断奶仔猪的母本优势率为 11%～13%，断奶窝重也相应提高，子一代母猪断奶窝重的母本优势率达 10%～16%。

三元杂交的生产组织工作比二元杂交要复杂，需要维持 3 个纯系，两次配合力测定：一次是杂种母猪的两亲本间以繁殖性能为重点的配合力测定，另一次是第3个种群与杂种母畜间以育肥性能为重点的配合力测定，成本相对较高；另外，杂种公畜（禽）的繁殖优势没有表现和利用的机会。

使用三元杂交需要注意的是品种的选择与组合。合理的组合可以使三个品种（系）不同性状互相取长补短，得到理想的杂种优势，其中最关键的问题就是确定第一父本和第二父本。这种杂交方式目前主要用于肥猪生产，大多数国家采用的都是杜洛克猪、长白猪、大约克夏猪三元杂交生产模式进行商品肉猪的生产。

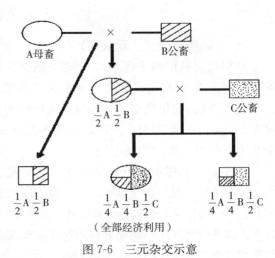

图7-6 三元杂交示意

（三）双杂交（四元杂交）

双杂交是指两个品种或品系分别两两杂交，然后两杂种间再次进行杂交，生产商品用畜禽。目前，这种杂交模式主要用于鸡的配套杂交。鸡的配套杂交主要是利用近交系之间的杂交，先用高度近交的方式建立近交系，然后采用轻度近交保存近交系，同时进行近交系之间的配合力测定，选出适合作父本和母本的单杂交鸡，杂交组合确定后，分两级生产杂交鸡，第一级是生产父本和母本的单杂交种鸡，第二级是生产双杂交的商品鸡。杂交模式如图7-7所示：

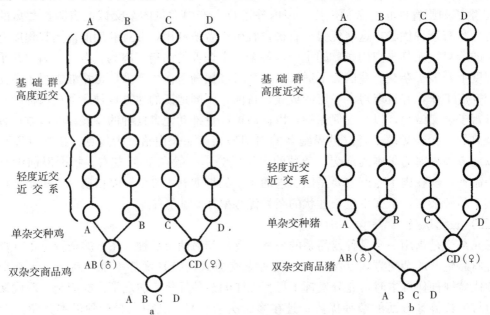

图7-7 双杂交示意
a. 鸡近交系双杂交 b. 猪近交系双杂交

利用双杂交模式生产的商品鸡生活力强，生产性能高，表现出较高的杂种优势，如德国罗曼公司培育的罗曼褐蛋鸡配套系、美国海兰国际育成公司育成的海兰褐蛋鸡配套系，美国爱维茵国际家禽育种公司育成的爱维茵肉鸡配套系、美国爱拔益加公司培育的爱拔益加肉鸡配套系等，这些商品鸡的配套系在生产中占有的比重越来越大，在很大程度上推动了养鸡业的成熟和发展。

双杂交模式利用的遗传基础更为广泛，可能有更多显性优良基因互补和更多互作类型，从而有望获得较大的杂种优势；同时利用杂种公、母畜（禽）的杂种优势，一代杂种表现配种力强，可以少养多配，使用年限延长；利用大量杂种繁殖，少养纯种，节约成本；双杂交过程中制种和商品生产同时进行，即二元杂交后代不作种用者，用其进行商品生产也可获得较好效益。但双杂交涉及4个品种或品系，杂交的组织工作就更复杂些。由于家禽的世代间隔短、繁殖力高、建系相对容易，在家禽中同时保持几个纯种群相对容易，所以家禽生产中采用这种杂交方式比较多，而相对来说大家畜如牛、羊等采用双杂交的相对较少。

（四）轮回杂交

用两个或两个以上的品种（品系）轮流参与杂交，每代杂种母畜继续参与繁殖外，其余的杂种公畜和不作种用的部分母畜进行商品利用。杂交模式如图 7-8 和图 7-9 所示。

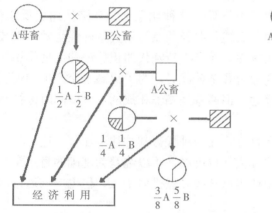

图 7-8 二元轮回杂交示意

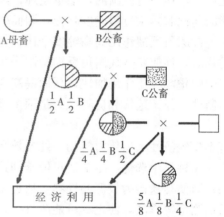

图 7-9 三元轮回杂交示意

1. 轮回杂交的优点

（1）除第一次杂交外，母畜始终都是杂种，有利于利用繁殖性能的杂种优势。

（2）对于单胎家畜，需要较多母畜，可以利用杂种母畜进行繁殖，采用这种模式较合适。

（3）每代只需引入少量纯种公畜或利用配种站的种公畜，不需要维持几个纯繁群，杂交工作便于组织。

（4）每代交配双方都有相当大的差异，始终能产生一定的杂种优势。

2. 轮回杂交模式的缺点

（1）要代代变换公畜，即使发现杂交效果较好的公畜也不能继续使用，每次购入的公畜使用一个配种期后，要等到下次轮到这个品种杂交时才能再次使用，中间闲置造成很大的浪费。克服该缺点的有效方法是使用人工授精或几个畜场联合使用公畜。

（2）配合力测定较难，特别是第一轮回的杂交，由于相应的杂种母畜还没有产生，这就需要首先生产供测定用的杂种母畜，一旦完成第一轮回杂交以后，只要杂交方案不变，以后的轮回不一定都要做配合力测定。

（五）顶交

顶交是指用近交系公畜与无亲缘关系的非近交系母畜交配。在利用近交系杂交时，发现近交系母畜生活力和繁殖力都差，不适宜作母本，所以改用非近交系母畜。但是由于这种杂交方式的母畜群不是近交系，纯合程度较差，后代往往容易产生分化，为补救这一缺憾，就要使杂交用的父本高度纯化，公畜在主要性状上基本上都是优良的纯合基因，这样对杂交的效果影响不大。顶交不仅是一种生产商品畜禽的杂交方式，而且还可以用于纯种繁殖。

五、提高杂种优势率的措施

（一）杂交亲本种群的选优与提纯

选优就是通过选择，使亲本种群的优良、高产基因频率尽可能增大。杂交亲本应当是高产、优良、血统纯的品种，提高杂种优势的根本途径是提高杂交亲本的纯度。提纯就是通过选择和近交，增加亲本种群优良基因型频率，缩小群内个体间差异，加大群间差异。无论父本还是母本，在一定范围内，亲本越纯，经济杂交效果越好，但是亲本纯到一定界限就使新陈代谢的同化和异化过程速度减慢，因而生活力下降，这种现象称为新陈代谢负反馈作用。具有新陈代谢负反馈作用的高纯度个体，再与有遗传差异的品种杂交，两性生殖细胞彼此获得新的物质，促使新陈代谢负反馈抑制作用解除，而产生新陈代谢正反馈的促进作用，导致新陈代谢同化和异化作用加快，从而提高生活力和杂种优势。为了提高杂交亲本的纯度，需要进行制种工作。选优和提纯虽说是两个概念，但两者是相辅相成的，可以同时进行和同时完成。

有不少经济性状遗传力较高，纯繁效果良好，而杂种优势却往往不显著。这一类性状就应该在亲本种群中选优，尽量通过纯繁加选择去加以提高，不以纯繁为基础的盲目杂交是不可取的；即使是遗传力较低的性状，通过个体表型选择虽然进展不大，但也应该通过同胞测定和后裔测定等方法，使之尽可能改进。

选优提纯的主要方法是品系繁育，因为品系比品种小，容易培育，容易提纯，可以有效缩短选育时间。具有高纯度优良基因的亲本群，是使杂种产生更大杂种优势的基础。

（二）杂交亲本的选择

杂交亲本遗传差异越大，血缘关系越远，其杂交后代的杂种优势越强。在选择和确定杂交组合时，应当选择那些遗传性和经济类型差异比较大的、产地距离较远和起源无相同关系的品种作杂交亲本。如用引进的外国猪种与本地（育成）猪种杂交或用肉用型猪与兼用型猪杂交，一般都能得到较好的结果。

在确定杂交组合时，应选择遗传性生产水平高的品种作亲本，杂交后代的生产水平才能提高。猪的某些性状，如外形结构、胴体品质不太容易受环境的影响，能够相对比较稳定地遗传给后代，这类性状遗传力高的性状不容易获得杂种优势。有些性状如产仔数、泌乳力、初生重和断奶窝重等，容易随饲养管理条件的优劣而提高或降低，不易稳定地遗传给后代，这些遗传力低的性状易表现出杂种优势。通过杂交和改善饲养管理条件就能得到满意的效果。生长速度和饲料利用率等属于遗传力中等的性状，杂交时所表现的杂种优势也是中等。

杂交亲本的选择按父、母本分别进行。因为对父、母本的要求不同，选择标准也不同。

1. 对母本的选择

（1）选择在本地区数量多、适应性强的当家品种或品系作母本。因为母本要求数量多，所以种畜来源问题很重要；适应性强有助于在本地区基层推广。如当地猪种或当地改良品种所要求的饲养条件容易符合或接近当地能够提供的饲养水平，充分发挥母本品种的遗传潜力。

（2）选择繁殖力高、母性好、泌乳力强的品种或品系作母本。这关系着杂种后代的发育与成活，直接影响杂种优势的表现，同时与生产成本的降低有很大关系。如我国的地方猪种最能适应当地的自然条件、繁殖力强、资源丰富，种猪来源容易解决，能够降低生产成本。在一些商品瘦肉猪出口基地，能够提供高水平的饲养条件，可以利用瘦肉型外来猪种作为母本品种。在瘦肉型外来品种中，大白猪的适应性强，在耐粗饲、对气候适应性和繁殖性能方面都优于其他品种。世界各国大多利用大白猪作经济杂交的母本品种。

（3）在不影响杂种生长速度的前提下，母本的体格不宜过大。体格太大会浪费饲料，增加成本。如蛋鸡繁育体系中的祖代母本一般选用体型小、产蛋多的品种或品系。

2. 对父本的选择 总体上讲，父本品种的品质要高于母本品种。

（1）选择生长速度快、饲料利用率高、胴体品质好的品种或品系作为父本。往往是经过高度培育的品种和品系才能满足这些条件，如长白猪、北京鸭、荷斯坦牛等品种或精心选育的专门化品系。

（2）选择与杂种生产类型相同的品种或品系作父本。例如生产瘦肉型猪应选择瘦肉型品种如大约克或杜洛克猪作父本。

（3）父本的适应性和种源问题放在次要地位考虑。因为父本要求数量少，故适当的特殊照顾是可以满足的。对我国气候环境条件有较好适应性的猪种有苏联大白猪和大约克夏猪，前者比较适应我国北方地区，而后者则适应华中和华南地区。

（三）杂交效果的预估

在确定参与杂交的亲本时，首先应该考虑到哪些品种或品系参与杂交，它们之间能否有杂种优势，有多大优势是需要预估的。实践证明，不同种群杂交的效果有很大差异，必须通过配合力测定才能准确判定其杂交效果。但配合力测定需要一定时间，又费钱费事，在品种、品系很多时，不可能一一测定。因此在进行配合力测定前，对杂交效果应有个大致的估计，把预估效果较大的杂交组合列入测定的范畴。

估计杂交效果的依据有以下几点。

1. 种群间差异大者，杂种优势往往较大 一般参与杂交的种群分布地区距离较远，血统来源差别较大，特点不同，杂交后可望获得明显的杂种优势。

2. 长期与外界隔绝的种群间杂交，一般可产生较大的杂种优势 地域的隔绝和繁育方法的隔绝使得种群的基因型纯度较高，杂交效果显著。

3. 遗传力低、近交时衰退严重的性状，杂种优势较大 控制这类性状基因的非加性效应较大，杂交使得群体中杂合子频率增加，群体均值提高。

4. 主要经济性状变异系数小的种群，杂交效果好 群体的整齐度反映基因的纯合度，群体的变异系数一般与杂种优势的大小成反比。

（四）认真做好组织工作

1. 制订计划积极推广 开展杂种优势利用是一项比较复杂、需要多方面配套并且连续性强的工作。各地区应根据本地区的畜种资源、育种力量和饲料条件等，以及已有的杂交经验和配合力测定结果，制定出科学、合理的杂交方案，有计划、有步骤地开展这项工作。现在基层生产中，对于系统选育程度不高的地方畜种的使用上，存在混乱现象，忽而唯纯种论，忽而全面杂化，还伴随着一些人"炒种"而引起的盲目杂交现象。因此在今后的育种工作和畜牧业生产中还应该正确引导和加强地区的技术力量，广泛开展技术咨询及推广工作，使养殖场（户）能够科学、全面地认识杂种优势利用的各个环节，避免出现把纯种搞绝、把杂种搞乱、畜种资源流失或耗竭的被动局面。

2. 建立健全繁育体系　为了开展整个地区的杂种优势利用工作，应建立的一整套合理的组织机构，包括建立各种性质的牧场，确定它们间的相互关系，在规模、经营方向、互助协作等方面密切配合。

（五）大力开展系间杂交

随着畜牧生产的现代化，以品种为单位的杂交已经日益显得粗糙、笨重，生产性能提高缓慢，改品种间杂交为系间杂交已势在必行。在国外畜牧生产先进的国家，在鸡等家禽上已基本上完成了这种改变，现在已很少有人再谈某品种与某品种杂交效果如何，而只说某某系杂交效果如何。养猪业中也开始热衷于培育专门化品系，把猪的杂种优势利用工作推向更精确，更灵活、更高速发展。

把杂交单位由品种改为品系，有以下优点。

（1）培育一个品系比培育一个品种要快得多，这样就可以真正做到"遍地开花"，培育大量杂交用的种群，随时增加新的杂交组合，为不断选择新的理想杂交组合创造有利条件。

（2）品系的范围较小，整个种群的提纯比较容易。在杂种优势利用工作中，亲本群体的纯化程度是一个很关键的问题。亲本群体纯，不但能提高杂种优势和杂种的整齐度，而且能够提高配合力测定的正确性和精确度，这一点对于畜牧生产走向现代化具有相当深远的意义。

（3）品系形成快、形式多，就有可能快淘汰、多淘汰，因而遗传质量的改进不仅可以通过种群内选育而渐进，而且可以通过种群的快速周转而跃进。

为了使杂种优势利用工作更广泛、更高效地开展起来，首先必须大量建系。地方良种要建系，外来品种也要建系，现有的杂种群中也可建系。为了利用杂种优势而建立品系，比其他目的的建系更简单一些，实际上也就是在一个不大的封闭群内进行选优提纯。

（六）合理利用现有杂种

随着畜牧业的不断发展，许多地区先后引进很多外来畜禽品种，由于过去在生产中缺乏系统、合理的选育、选配和杂交计划，导致本地区纯种越来越少，留下了大量的来源不清、血统混杂的杂种，如果不及时整顿、放任自流，会造成生产力低落、畜种退化等不良后果，因此，合理利用现有杂种，提高它们的生产性能是现阶段畜牧生产中一个非常重要的问题。

（1）组织人力对现存的杂种群进行调查，摸清它们的血统来源、生产特点和体质类型，然后进行分类、分群，在此基础上制定选育计划，进行择优选育、提纯，培育专门化品系，为将来普及杂种优势利用工作准备大量理想的杂交亲本。

（2）在摸清杂种的血统来源的基础上，以现有的杂种作母本，引进本地区过去未曾引进的畜禽品种作父本开展杂交，进行配合力测定，选出合适的杂交组合利用杂种优势。只要加强杂种的选育工作，再杂交还是有优势可以利用的。

思考题

1. 在生产实践中，你如何正确地运用选配知识，生产更优良的后代？
2. 某猪场现有基础母猪 1 000 头，种公猪 35 头。试制订该猪场的选配计划。
3. 有亲缘关系的个体是否是近交个体？近交个体的父母一定是亲缘个体吗？
4. 什么是共同祖先？如何在系谱中找到共同祖先？
5. 在生产实际中，怎样灵活运用近交？为什么在商品畜场不宜使用近交？
6. 品质选配与亲缘选配是否是彼此独立的？前者是否比后者更有效？
7. 已知 X 个体的系谱如下，求 F_X、R_{SD}、R_{X7}。

$$X\begin{cases}S\begin{cases}1\begin{cases}5\\7\end{cases}\\2\end{cases}\\D\begin{cases}3\begin{cases}5\\8\end{cases}\\2\begin{cases}9\begin{cases}7\\20\end{cases}\\10\begin{cases}7\\30\end{cases}\end{cases}\end{cases}\end{cases}$$

8. 在生产实践中应用杂交有何作用？
9. 如何进行配合力测定？测定配合力时要注意哪些问题？
10. 为什么品种间杂交正逐步被配套系杂交所取代？你认为在家畜杂交生产中应如何开展配套系杂交？

第八章

品系与品种培育

本章导读

本章介绍了品系的类别及培育品系的意义与条件，同时对品系的建系方法进行了阐述；接着从配套系杂交的角度介绍了专门化品系培育的方法；品种培育主要介绍了本品种选育的概念、特点及措施，杂交育种的方法与步骤。

本章任务

弄清品系的类别及培育品系的意义、方法与条件；了解建立品系的建系方法；理解配套系杂交的意义及建立专门化品系的目的与建系方法；掌握本品种选育的概念及选育措施的实施；弄清杂交育种的方法及应用范围，了解杂交育种的步骤；学会用已知的育种素材设计杂交育种方案。

第一节 品系培育

一、品系的概念

品系作为畜禽育种工作最基本的种群单位，在加速现有品种改良、促进新品种育成和充分利用杂种优势等育种工作中发挥了巨大的作用。品系有狭义和广义之分。狭义的品系是指来源于同一头卓越的系祖，并且有与系祖类似的体质和生产力的种用高产畜群。同时这些畜群也都符合该品种的基本方向。广义的品系是指一群具有突出优点，并能将这些突出优点相对稳定地遗传下去的种畜群。

二、品系的类别

品系的种类大体可分以下几种。

1. 单系 单系是从一个优良家系的优秀祖先发展起来的品系。单系一般以优秀种畜祖先，即系祖的名号来命名。单系的特点是群体小、育成时间短、形成快、系内近交系数高，遗传性较稳定，种用价值高。当然，单系不是亲缘群，也不是系祖的全部后代都能归属于品系，只有那些保持并发展了系祖特点的个体才是品系的成员。

2. 近交系 近交系是利用近亲交配，一般应用连续4~6代全同胞或父女、母子交配后，近交系数达到0.5以上的品系称为近交系。另外主要采用较温和的近亲交配，血统趋向某一系祖或几个系祖，近交系数达到0.375以上的也归入近交系。在养鸡业中，利用近交系杂交生产蛋、肉产品，取得了一定效果。

3. 群系 在20世纪40年代以后，出现了以群体为基础的建系方法。这种建系方法要求先选择某些性状表型值好的个体组成基础群，然后严格闭锁繁育，经过多个世代选种选配，使畜群中的优秀性状迅速集中，并转变成为群体所共有的稳定性状，这样综合了优良性状建成的品系，称为群系。群系建系速度较快，规模较大，把祖先分散的优良基因集中在后代群体中，使后代品质超过祖先。

4. 专门化品系 是指具有某方面突出优点，并专门用于某一配套系杂交的品系，可分为专门化父系和专门化母系。它的做法是根据家畜的全部选育性状可以分解为若干组的原则（如肉畜的性能可以分解为母畜的繁殖性能以及后代的肥育和胴体性能两大组），而建立各具一组性状的品系，分别作为母本和父本，然后通过父母本系间杂交，以获得优于常规品系的畜群。

专门化品系杂交产生的商品代畜禽不仅生产性能高，而且品质整齐，适于集约化生产。

5. 合成系 合成系是指两个或两个以上来源不同、但有相似生产性能水平和遗传特征的系群杂交后形成的种群，经选育后可用于杂交配套。

合成系育种重点突出主要的经济性状，不追求血统上的一致性，因而育成速度快。如北京农业大学畜牧系在20世纪80年代初开始培育合成红和合成白两个合成系，配套形成的农大褐蛋鸡在国家"七五"攻关测定中，主要生产性能名列前茅，成为我国成功地应用合成系育种的一个典范。

6. 地方品系 地方品系是指由于各地生态条件和社会经济条件的差异，在同一品种内经长期选育而形成的具有不同特点的地方类群。如太湖猪有枫泾猪、梅山猪、嘉兴黑猪等，荷斯坦牛有荷系、日系、德系等，大白猪有英系、加系、美系等多种地方品系。这些由于各地自然经济条件不同，人们对家畜的选育方向和方法不一致，在同一品种内就有不同的地方品系。

三、培育新品系的意义

1. 加速现有品种的改良 一般情况下，畜群中的优秀个体是少数。采用品系繁育，就能增强优秀个体对畜群的影响，使个别优秀个体的优点迅速扩散为群体所共有的特点，甚至使某些个体的几种优良性状迅速集中并转变为群体所共有的特点，从而提高整个品种质量。

家畜的性状极其复杂，一个品种需要改良和提高的性状往往在1~20种。但要同时提高几个性状，会降低每个性状的选择差，选择效应下降，改良速度缓慢。如果实行顺序选择，不但费时较长，有时甚至还不可能。因为性状之间如果存在负相关，一个性状提高了，另一个性状又会下降。为了避免这些弊端，可将各个性状分别在不同畜群中选择，建立几个各自突出某一优良性状的品系，然后通过有计划的品系间杂交，形成兼备多种优良性状的大量个体，使选育效率大大提高。

在品种内部建立一系列各具特点的品系，丰富品种结构，有意识地控制品种内部的异质性；同时，品系内往往保持一定程度的亲缘关系，而品系间则一般没有亲缘关系。这样，就有可能使家畜品种通过分化建系和品系综合，而得到不断发展和提高。

2. 充分利用杂种优势　因为品系的纯度比品种大，且品系各具特点，所以品系间杂交后把各自的优点结合到商品杂种畜上，既能获得加性效应，也能获得杂种优势，不仅一般配合力较好，其特殊配合力也强。所以品系繁育能为杂种优势利用提供杂交亲本，生产出规格一致的、品质优良的商品畜禽。

3. 促进新品种的育成　不管是纯种繁育，还是杂交育种，都广泛地应用了品系繁育。如短角牛、海福特牛、波中猪和乌克兰草原白猪等在品种培育过程中，品系繁育都起了重大作用。在杂交育种过程中，得到一定数量的理想杂种群时，就可采用品系繁育的方法，培育出若干各具特点的品系，再进行系间杂交，完善品种的整体结构，以促进新品种的育成。

四、品系培育的条件

在一个品种内，无论品系是如何形成和发展的，品系的遗传特性必须要能够稳定地遗传。因此，对于有目的的人工建系进行品系繁育来说，建系之初至少要满足以下几个条件。

1. 畜禽的数量　畜禽群体很小是无法进行品系繁育的。每个品系应有适当的家系组成，并且要有足够的数量。因畜种不同和饲养条件上的差异，组成品系的家系数和个体数可视具体情况而定。例如，德国认为一个品种应有3～15个品系，我国提出至少应有3个品系。

2. 畜禽的质量　品系繁育的目的，是提高和改进现有品种的生产性能，充分利用品系间不同的遗传潜力来产生杂种优势。因此，品系必须是一群高产畜禽，只有在生产性能超过当地平均水平的畜群中建系，才能保证所建成的品系，可以用来改良和提高其他畜群。因此，基础群的种畜必须是优秀的，而且各自要有某一方面较突出的优良特征。如果畜群中有个别出类拔萃的公畜或母畜，就可采用系祖建系法。如果优秀性状分散在不同个体身上，还可以用近交建系或群体继代建系法。

3. 饲养管理条件　保持饲养管理的相对稳定，是保证选育成功的必备条件之一。如果没有合理而稳定的饲养管理、种畜的饲料配方与饲喂方法、环境卫生等条件，那么畜群就不能正常发育和配种繁殖，这也直接影响了育种数据的准确性，降低品系繁育的效率。

4. 技术与设备　品系繁育是一项极其重要的育种工作措施，技术性比较强。要求有统一、完整的技术组织工作。与此同时，先进的技术还应有必需的仪器设备保障，使育种数据更真实可靠。

五、品系培育的方法

品系培育的方法很多，从基本理论上说，大体可分为系祖建系法、近交建系法和群体继代选育法三种。

（一）系祖建系法

这种方法是古老的建系方法，它适用于建立以低遗传力性状为特点的高产品系，它的特点是从品种或系群中选择出卓越的个体（种公畜）作为系祖，通过中亲交配的近交形式，使其后代与这一卓越的系祖保持一定的亲缘关系，以保持和积累其系祖的优秀品质，使该系祖的优秀品质为群体共同所有。这种方法至今在特定条件下仍有其用途。

系祖建系法的优点有三：第一是方法灵活，不拘一格，简单易行，可以在小规模畜群中进行；第二是易于固定某一个或几个个体的优良特性；第三是便于保持血缘。此法的缺点是：一般而论，系祖难于看准，很不易得到；以一头系祖为中心组群建系，遗传基础太窄，可能降低成功率；系祖继承者的选择需要较大的选择强度，且不易选中，后代一般很难接近更无法超过系祖；掌握不好，易于造成近交衰退；品系不易维持，寿命不长。

（二）近交建系法

近交建系法是在选择了足够数量的公母畜以后，根据育种目标进行不同性状和不同个体间的交配组合，然后进行高度近交，如亲子、全同胞或半同胞交配若干世代，以使尽可能多的基因座位迅速达到纯合，通过选择和淘汰建立品系。其建系步骤如下。

1. 组建基础群　在组建基础群时，首先要考虑数量和质量的要求。由于高度近交中易出现衰退现象，需大量淘汰不良个体。所以建立近交系时必须有大量的原始材料，以数量多来弥补这方面的缺点。一般要求母畜越多越好，公畜数量则不宜过多，以免近交后群体中出现的纯合类型过多，而影响近交系的建成。组成基础群的个体不仅要求优秀，而且要求它们是同质的，即性状的表现基本相同，不应有重大的缺点，没有遗传缺陷。因此，选择优良的公母畜为基础群是建立近交系的重要条件。

2. 实行高度近交　在建立近交系时，通常采用的是有规则的近亲繁殖，如全同胞交配、半同胞交配或亲子交配等形式。在实际运用近交时，既要考虑亲本个体品质的优秀程度和基因纯合程度，也要注意配偶间的关系。通过分析上一代的近交效果来决定下一代的选配方式。如果近交后效果很好，即后代品质比上一代好，则要继续应用同一选配方式，以迅速巩固其优良品质。

3. 开展配合力测定　在建立近交系的过程中，一定要结合配合力测定，这是因为近交系间杂交时，只有极少数（2%~4%）近交系间具有较好的配合力。因此，在近交建系进行到第三代以后，基因（或遗传性）逐渐趋于纯合，这时就应作近交系间杂交组合试验，从中选出配合力强的近交系，一旦找到配合力强的近交系时，就应放慢近交速度，采用温和的近亲交配，把重点放在扩群保系上，以便日后发挥近交系杂交的作用。

在鸡、猪育种方面，可以采用近交建系法，但从培育近交系的实践证明，建立近交系并非完全都能成功。因此，畜禽要建立一个近交系得付出很大的代价，而效果却不及玉米自交系那样明显。例如，英国于20世纪50年代培育了146个近交系数在40%以上的大白猪近交系，到1970年时只剩下18个，且杂交效果并没有取得显著效果。

（三）群体继代选育法

群体继代选育法又称闭锁继代选育法、系统选育法、纯系内选育法。其建系是从选集基础群开始，然后闭锁繁育，根据品系繁育的育种目标进行选种选配，一代一代重复进行这些工作，直至育成符合品系标准、遗传性稳定、整齐均一的群体。

组建基础群时，必须按照建系的目标，将品系预定的每一种特征和特性的基因汇集在基础群的基因库中。当预期的品系只需要突出个别少数性状时，则基础群以同质为好，这样可以加快品系的育成速度，减轻工作强度，提高育种效率。当预期的品系要求同时具有几方面的特点时，则基础群以异质为宜，因为客观上选集好几方面性状都优良的大量个体是困难的，而选集一方面或一个性状较突出的个体较为容易，建群以后通过有计划的选配，把分散于不同个体的理想性状汇集于后代。一般来说，基础群要有一定数量的个体，尤其要有足够的公畜，且公母畜比例合适。例如，猪的公母数量以每世代100头母猪和10头公猪，鸡则以1 000只母鸡和200只公鸡为宜。

在选配方案上，原则上避免近交，不再进行细致的个体间的同质选配，而是提倡以家系为单位进行随机交配。

种畜的选留要考虑到各个家系都能留下后代，优秀家系适当多留。一般情况下不用后裔测定来选留种畜，而是考虑本身性能和同胞测定，以缩短世代间隔，加快世代更替。例如，猪和禽可以做到一年一个世代。

第二节 专门化品系的培育

随着畜牧业生产专门化程度的提高，系间杂交已成为养猪业、养禽业和其他肉用家畜生产中一种固定、高效的商品畜禽的繁育体系。而专门化品系的出现，是随着配套系杂交应用而出现的，它是现代化畜牧业生产的重要标志之一。

一、配套系杂交

（一）配套系杂交的概念

在杂种优势利用过程中，人们逐渐感到，品种间杂交越来越难以满足现代化畜牧业生产的要求，于是建立一些配套的品系作为杂交中的专用父本和母本，成了生产中新的杂交体系，并取得了很好的杂交效果，得到了普遍的应用。

配套系杂交就是按照育种目标进行分化选择，培育一些专门化品系，然后根据市场需要进行品系间配套组合杂交，杂种后代作为经济利用。

配套系的建立与培育新品种的含义完全不同，建立配套系的目的是为了进行配套杂交，充分利用杂种优势，提高整个畜禽的生产水平。

（二）配套系间杂交的优点

品系间杂交与品种间杂交相比，具有下列优点。

1. 培育专门化品系可以提高选种效率 培育专门化品系的遗传进展速度总要比培育通用品系快，尤其是当两个专门化品系分别选育的性状呈负遗传相关时，其进展相对更快，选种效率更高。

2. 品系间杂交的效果更好 因为品系某些基因座位的纯度比品种大，且品系各具特点，所以品系间杂交后把各自的优点结合到商品畜禽个体上，既能保持加性效应，也能获得杂种优势，不仅其一般配合力较好，其特殊配合力也强。

3. 品系间杂交所得的商品畜禽一致性好 系间杂交更便于畜牧业的集约化、工厂化生产。日本学者通过多年的杂交试验得出结论：品种间杂交的商品畜禽其性能一致性差，原因在于品种内存在较大的遗传变异；而品系内的遗传变异度小，杂交后的商品畜禽其性能整齐划一。

4. 可更好地适应市场变化的需求 品系的规模相对品种而言要小得多，可在相对较短的时间内培育出品系，从而能有效地应对产品在市场上出现的时间上或区域上的波动性，是适应市场需要有效的杂交方法。

二、专门化品系培育

（一）概念

所谓专门化品系是指生产性能"专门化"的品系，是按照育种目标进行分化选择育成的,每个品系具有某方面的突出优点,不同的品系配置在繁育体系不同的位置,承担着专门任务。例如,在猪的育种中,根据现代遗传学的理论和长期育种、生产实践,考虑到猪的各种经济性状的遗传特性,要使猪的重要经济性状,如产仔数、生长速度、饲料报酬、肉质、生活力等都很好地集中在同一品种内是不切实际的,尤其是那些呈负相关的性状。但是,集中力量培育具有1~2个突出的经济性状,其他性状保持一般水平的专门化品系是完全可能的。专门化品系一般分父系和母系,在培育专门化品系时,母系的主选性状为繁殖性状,辅以生长性状,而父系的主选性状为生长、胴体和肉质性状。

(二)专门化品系的优点

培育专门化父系和母系较之通用品系至少有下列好处。

1. 提高选择进展 生产性状和繁殖性状这两类性状分别在不同的系中进行选择,一般情况下比在一个系中同时选择两类性状其效率要高些,特别是当性状间呈负相关时。

2. 专门化品系用于杂交体系中可取得互补性 在作为杂交父本和母本的不同系中分别选择不同类的性状,然后通过杂交可把各自的优点结合于商品畜禽个体上。从理论和实践看,专门化品系间杂交的互补性极为明显,效果是比较好的。

三、专门化品系的培育及维持

配套系杂交中专门化品系的建立与传统意义上的品系培育的含义完全不同,建立专门化品系的目的是为了进行配套杂交,充分利用系间杂种优势和互补优势,提高畜牧业生产水平和经济效益。例如,像艾维因肉鸡配套系、迪卡猪配套系相对于品种而言,它的群体较小,一般每个配套系由数个专门化品系配套,每个专门化品系只突出1~2个经济性状,遗传进展较快,培育配套系所需的时间较短,配套系群体小,结构简单,因而更新的周期短,能灵活机动地适应多变的市场需求。

一般专门化品系的建立方法主要有3种,即系祖建系法、群体继代选育法和正反交反复选择法。

系祖建系法、群体继代选育法在前面已经讲过,但用于专门化品系建立的群体继代选育已不同于传统的群体继代选育法,对闭锁和继代已不严格要求。

(一)群体继代选育法

1. 明确建系目标 首先,要明确将采用几系配套杂交生产杂优畜禽。只有这样,才能确定培育多少个专门化品系,哪一个作父系,哪一个作母系。其次,将畜禽的重要经济性状分配到不同的专门化品系中作为目标性状,进行集中选择。每个专门化品系突出1~2个重要经济性状,则可以加快遗传进展,加快基因型纯合的速度。例如在养猪业中,父系的主选性状一般为生长性状、胴体性状和肉质性状;母系的主选性状为繁殖性状,辅以生长性状。

2. 组建基础群 基础群是建系的基本素材,一旦闭锁,中途一般不再引入新的基因。因此,其有利基因种类和频率决定着该专门化品系遗传进展的方向和速度。故正确地组建基础群对于未来育成的专门化品系质量起着十分重要的作用。基础群应符合以下要求。

(1)基础群的质量好。基础群的遗传质量直接影响到选育的进展和建立专门化品系的质量。因此,选集到基础群的主选性状均值要高于一般水平,具有较大的选择差,以保证基础群具有较高的增效基因频率。为提高基础群的平均水平和选择差,在筹建基础群的过程中,一般应从别的畜群引入更优良的个体,特别要注意从主选性状优异的畜群中引种。同时,基础群内各个体的近交系数最好为零,基础群内的公畜之间应没有亲缘关系,以免过早地被迫进行高程度的近交。

(2) 遗传基础广泛。只有做到这一点,基因来源才可能丰富,才能使支配主选性状的所有位点都具有增效基因(对群体而言),方可为闭锁繁殖后通过基因重组出现更多类型的基因组合、出现更优个体奠定良好的基础。从遗传学角度看,只要群体中具有育种目标所需要的基因,都可考虑作为基础群,而不必强调是曾祖代、祖代还是父母代,因为需要选择的是由基因决定的性状而不是代次。有时,也可在杂种的基础上组建基础群,选育效果可能更好些,因为杂种有杂种优势,比纯系或曾祖代有更高的成活率和适应性,有利于进一步扩群和选择。但此法要求基础群规模大些,否则不易成功。

(3) 基础群的规模适中。基础群太小,则基因相对贫乏,就会降低选种效率,且会导致近交程度增加过快,给专门化品系的建立带来局限性和困难。基础群过大,虽然对选种有利,但受到现场测定能力、畜禽容量、测验费用等的限制。因此,要在权衡两方面利弊的基础上确定群体大小。根据实践,猪的基础群要求公猪数不少于 8 头,公母比例 1∶5,较常见的群体规模有 8 公、40 母,10 公、50 母,12 公、60 母,20 公、100 母或 20 公、200 母等;鸡的基础群则应有 1 000 只母鸡和 200 只公鸡为宜。如我国北京黑猪选育的基础群规模为 10 公、50 母,取得了较好的效果。

3. 闭锁繁育 基础群选出后,畜群必须严格封闭,以加速理想型基因的纯合,集中和稳定有益性状。用闭锁继代选育法建立专门化品系进行闭锁繁殖时,更新用的后备公、母畜都应从基础群的后代中选择,至少 4 个世代不再引入其他来源的种畜。在闭锁繁育前期交配体系上,采用避开全、半同胞交配的随机交配,避免高度近交。在闭锁繁育阶段的后期,由于畜群已逐步趋向同质时,则应实行不限制全、半同胞交配的完全随机交配,结合严格的淘汰,能加快优良性状基因的纯合,促进品系的建立。

4. 严格选留 在专门化品系建系过程中,选种目标要始终一致,使基因频率朝着一定方向改变,促使基因型发生显著变化。对专门化品系的父系、母系,目标性状和选择方法不同,但都必须根据选择指数进行选择,以提高选择的准确性。各世代选种时,要按它们的发育和生产阶段多次进行,每次都应有较大的选择强度,尤其不应随年龄增大而大幅度下降。

基础群经过 5~6 代的闭锁繁殖,平均近交系数达 10%~15%,选择的性状符合建系的指标要求,群体遗传性又稳定,专门化品系即建成。

5. 配合力测定 培育专门化品系的主要目的是为了在杂交生产中充分利用专门化品系的特殊配合力,即利用专门化品系间的杂种优势,以获得优质高产的商品杂优畜禽。因此,在培育专门化品系的过程中,一般要求从第三世代开始,每一世代都要进行配合力测定,以检验专门化品系的一般配合力以及专门化品系间的特殊配合力。通过杂交组合试验,就可决定某一专门化品系在配套繁育中的地位,同时找到最佳的杂交组合,以便于在生产中推广应用。

(二) 正反交反复选择法

正反交反复选择法于 1945 年首先用于玉米品系培育,从 20 世纪 70 年代开始,逐步应用于鸡、猪的品系培育。

1. 正反交反复选择法的步骤

①首先组成 A、B 两个基础群(基础群组建的要求与闭锁继代选育法基本相同),依性

能特征特点不同,定为 A、B 两个系,每个系中着重选择的性状应不同。这两个系最好事先经测定具有一定杂种优势。

②把 A、B 两系的公、母畜,分为正、反两个杂交组,即 A♀×B♂ 和 A♂×B♀,进行杂交组合试验。

③根据正反杂交结果即根据 F_1 代的性能表现鉴定亲本,将其中最好的亲本个体选留下来,其余亲本和全部后代杂种都一起淘汰作商品生产用,选留下来的亲本个体必须与其本系的成员交配即分别进行纯繁,产生下一代亲本。

④将前面繁殖的优秀的 A、B 两系纯繁畜选择出来,再按"正反杂交—后裔(性能)测定—选种—纯繁"的模式重复进行下去,到一定时间后,即可形成两个新的专门化品系,而且彼此间具有很好的杂交配合力,可正式用于杂交生产(图 8-1)。

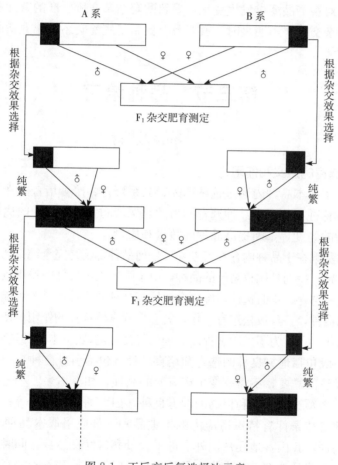

图 8-1 正反交反复选择法示意

2. 改良正反交反复选择法 上述基本方法存在两个很大的缺陷。一是选择主要针对非加性遗传效应进行,品系本身的生产性能得不到较大的改进,不但违背了育种原理中期望加性遗传效应和非加性遗传效应都得到改进的要求,而且也影响种畜场生产效率的提高;二是世代间隔过长,增加了一倍,不利于加速专门化品系的建成。于是提出了改良正反交反复选择法。首先,同时利用纯繁个体和杂种的测定值进行选择,以加强对加性遗传效应的改进,提高纯系本身的生产性能。其次,以同胞选择代替后裔测定,即根据纯繁同胞和杂种半同胞的成绩来选择，以缩短世代间隔。

在用 RRS 法或改良 RRS 法培育专门化品系过程中，应注意在两系内分别由中选个体纯繁组成下一世代亲本群时，既要注意避免过度近交，同时又要防止出现随机漂变。

(三) 配套系的维持与更新

1. 配套系的维持　配套系育成后，必须立即转入维持阶段，即进行扩群保系，以便推广应用，发挥其在商品生产中的作用。配套系维持的目的就是保持配套系建成时的遗传特性，使之在计划维持期限内不发生显著退化。其维持的期限，一般以 10~15 年为宜。

维持配套系的基本要求是，不引入外血，保留配套系育成的 2/3 以上种畜的血统，控制近交系数的上升速度，继续提高配套的质量。

2. 配套系的更新　配套系的维持过程中，如果出现由于近交系数上升速度过快而产生衰退，或由于人们对畜产品要求发生变化，导致配套系杂交所生产的杂优畜不能满足人们的要求，或配套系间杂交效果不明显时，就要及时更新某些配套系，建立新的配套系，以获得更大的系间杂种优势。

第三节　品种培育

一、本品种选育

(一) 本品种选育的意义和作用

本品种选育是指在本品种内通过选种选配、品系繁育、改善培育条件等措施，以提高品种生产性能的一种育种方法。本品种选育的目的是保持和发展本品种的优良特性，克服某些缺点，并保持品种的纯度，不断提高品种的数量和质量。

本品种选育的基础在于品种内存在着差异。任何品种都不是完全纯一的群体，它存在着类群间和个体间的差异。特别是比较高产的品种，由于受到人工选择的作用较大，品种内异质性更大。这就为本品种选育、不断选优提纯、全面提高品种的质量提供了可能。同时，一个品种即使是品质很高的良种，一旦放松选育工作，就会受到自然选择的作用，使群体向野生型方向发展，导致品种退化。可见，为了巩固和提高品种的优良性能，实行本品种选育是十分必要的。

本品种选育一般包括地方良种的选育和培育品种（包括引进良种）的选育。对某些基本上能够满足国民经济的需要，不需改变生产方向的品种，如秦川牛、小尾寒羊等；或者具有特殊的经济价值，必须予以保留和提高的地方良种，如太湖猪、湖羊等；或者生产性能虽然较低，但对当地的自然条件有特殊适应力的本地品种，都应采取本品种选育的方法。近年来，为了改良本品种，我国各地还从国外引进了大量畜禽优良品种。同时，通过杂交育种培育出一批新品种。这些品种都需要进行本品种选育，以便保持和不断提高其生产性能和适应性。当然培育品种和地方良种在本品种选育方法上不尽相同，前者强调纯繁，而后者在必要时并不排除采取小规模的导入杂交。

近些年来，我国对广东大花白猪、四川内江猪、荣昌猪、浙江金华猪等开展了较系统的选育工作，提高了生长速度和饲料报酬；对秦川牛、南阳牛等良种黄牛，通过选育加大了体型，增加了役力和产肉性。实践证明，通过加强本品种选育，可以迅速提高地方良种和培育品种的质量。例如，我国育成的新疆细毛羊，在 1954 年该品种育成时，成年公羊平均剪毛量为 7.3 kg，毛长为 7.0 cm。成年母羊平均剪毛量为 3.9 kg，毛长 6.8 cm。经过 40 多年的选育，到 1999 年，成年公羊的平均剪毛量到达 12.8 kg，毛长 11.3 cm。成年母羊的平均剪毛量为 7.3 kg，毛长为 9.0 cm。选育的结果是平均剪毛量提高 47%～61%，毛长提高 20.3%～45.8%。

因此，本品种选育对进一步提高生产性能有重大作用。我国幅员辽阔，品种资源丰富，必须充分贯彻"本品种选育和杂交改良并举"的方针，加速畜禽品种的改良提高，促进畜牧业的发展。

（二）本地品种的特点

我国畜禽品种很多，根据选育程度大体分为 3 类：第一类是选育程度较高，类型整齐，生产性能突出的良种；第二类是选育程度较低，群体类型不一，性状不纯，生产性能中等，但具有某些突出经济用途的地方品种；第三类是导入外血育成的新品种，但其遗传性还不稳定，后代有分离现象。对于这 3 类品种，在选育措施上应各有所侧重。对第一类，主要是加强选育工作，开展品系繁育，提高生产性能。对于第二类，着重开展闭锁繁育，加强选择，提纯复壮。对第三类，则要继续加强育种工作，提高品种纯度，使体型性能一致，有的还要进一步扩大群体含量。

（三）本品种选育的基本措施

选育地方品种首先要进行全面深入的品种普查，摸清品种的分布、数量、质量、形成历史以及产区的自然条件和经济条件等情况，在此基础上，对发掘出来的品种进行科学的鉴定，明确它们的特征、特性、主要优缺点，以便采取相应的选育措施确保品种的保存和提高。

1. 制定选育规划，确定选育目标　在普查鉴定的基础上，根据国民经济的需要，当地的自然经济条件以及原品种的具体特点，制定地方品种资源的保存和利用规划，提出选育目标（包括选育方向和选育指标）。确定选育目标时要注意保留和发展原品种特有的经济类型和独特品质，并根据品种的具体情况确定重点选育性状。

2. 划定选育基地，建立良种繁育体系　在地方良种的产区，应划定良种选育基地。在选育基础范围内逐步建立育种场和育种繁殖场，以及一般的繁殖饲养场，建立一套良种繁育体系，才能使良种不断扩大数量，提高质量。在良种场内还要建立良种核心群，为选育区提供优良种畜，促进整个品种的提高。例如，对南山牧场新疆细毛羊选育过程中，在普查基础上，选择了 300 头优良母羊组成育种群，同时从中精选了 50 头母羊、10 头公羊建立核心群，为选育基地输送了大批优良种羊，使该羊群的质量迅速提高。

3. 严格执行选育技术措施　在选育过程中，一项重要的技术措施是定期进行性能鉴定。要拟定简易可行的良种鉴定标准和办法，实行专业选育与群众选育相结合，不断精选育种群和扩大繁殖群。

要严格执行规定的选种选配方案。按照选育目标，采取以同质选配为主，结合异质选配的办法，使重点选育的性状得到改良。同时，严格选优去劣，不断提高畜群的纯合程度。

在开展本品种选育时，还要克服粗放的饲养习惯。应把饲草饲料基地建设，改善饲养管理条件，合理培育放在重要地位。

4. 开展品系繁育　在本品种选育过程中，积极创造条件，开展品系繁育，有利于整个品种全面提高。一般来说，地方品种由于地理和血缘上的隔离，往往形成了若干不同类型，这为品系繁育提供了有利条件。地方品种是长期闭锁繁育的群体，群体的平均近交系数较高，可以在地方良种群体中尽力找出突出的家畜家族，采取亲缘建系法，建立繁殖性能高的品系。用类型间杂交或性能建系的方法，建立生长快、胴体品质好的品系，使良种的优良特性得到不断发展和提高。

5. 加强组织领导，建立选育协作组织　实践经验说明，建立相应的各种畜禽选育协作组织，在统一组织领导下，制定选育方案，各单位分工负责，定期进行统一鉴定，评比检查，交流经验，对加速地方良种的选育能起到积极推动作用。

二、杂交育种

杂交育种是培育家畜新品种的重要途径，在国内外都普遍采用。所谓杂交育种就是运用杂交将两个或3个以上的品种特性结合在一起，创造出新的品种。

（一）杂交育种方法

1. 级进杂交　又称为改造杂交或吸收杂交。这种杂交方法既是一种改良品种的方法，也是一种育成新品种的方法。当原有地方品种的生产性能低劣，不能满足经济发展的需要，或者生产类型需要根本改变，如役用牛改为肉用牛，脂肪型猪改为瘦肉型猪，可以采用这种方法。

级进杂交的具体做法是：选择改良品种的优良公畜与被改良品种的母畜交配，所生后代的杂种母畜连续与改良品种公畜交配，直到获得理想畜群后，进行自群繁育，固定优良性状，培育出新的品种（图8-2）。

级进杂交所得的杂种，通常以级进杂种的"血缘成分"或称"血液"的多少加以区别。级进杂种的血缘成分，可按照下式计算：

$$级进杂种的外血成分 = \frac{2^n - 1}{2^n}$$

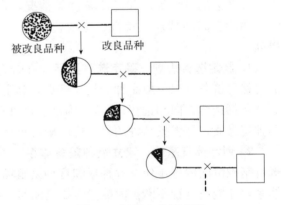

图8-2　级进杂交模式图

式中：n 为级进代数。若 $n=1$，F_1 含外血成分等于1/2，即50%；二代杂种含外血成分等于3/4，即75%；三代杂种用7/8表示，四代杂种用15/16表示，其余依此类推。

实践证明，级进杂交是改造生产力低、成熟晚的品种的有效方法。我国各地广泛应用此法改良本地黄牛、绵羊和马，均取得了显著成效。

使用级进杂交应注意以下问题。

（1）明确改良的具体目标。进行级进杂交前，首先必须有明确的目标和指标。这些目标和指标都应事前慎重考虑并细致地订出计划。

（2）选择适合的改良品种。级进杂交的结果与选用的改良品种的遗传特性直接相关。必须选择符合育种要求，具有高产性能，适应当地自然经济条件，而且遗传性稳定的优良品种。

（3）加强选择和培育。随着杂交代数的增加，杂种生产性能愈接近改良品种，对培育条件要求愈高。因此，要积极改善饲养管理条件，同时对杂种加强适应性选择，才能提高育种效果，加速育种进度。

2. 引入杂交　又称导入杂交，是在保留原有品种基本品质的前提下，用引入品种来改良原有品种某些缺点的杂交育种方法。应用引入杂交能够保持原有品种的主要特性和优良品质，又能在较短时间内改进原有品种的某些性状或克服某些缺点，所以是一些地方品种选育中常使用的育种方法。例如，狼山鸡选育过程中引入了澳洲黑鸡的血液，东北细毛羊选育中引入过斯达夫细毛羊血液，新疆细毛羊也导入了澳洲美利奴细毛羊等，都收到了明显的效果。

引入杂交的做法是：用引入品种的公畜与原有品种的母畜杂交一次，然后从杂种中选出理想的公畜与原有品种的母畜回交，理想的杂种母畜与原有品种的公畜回交产生含25%外血的杂种，然后进行自群繁育。如果杂种还不够理想或者原品种的品质保留较小，可将杂种再与原品种回交一次得到含有12.5%外血的杂种，然后选择理想杂种，进行自群繁育（图8-3）。

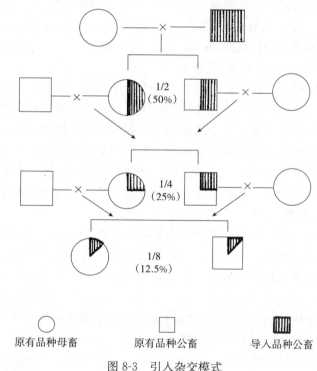

图 8-3　引入杂交模式

应用引入杂交时应注意以下问题。

（1）慎重选择引入品种。引入品种的生产方向，应与原来品种基本相同，但又具有针对其缺点的显著优点。这样才能既保证其优良品质又改掉其缺陷，从而得到提高。因此，引入品种应是具有所需的突出优良性状，并与原来品种基本相似的优良品种。

（2）应先进行小规模杂交试验。采用引入杂交是否能得到预期的育种效果，应先进行小规模杂交试验。如果取得明显效果，就可以全面开展引入杂交育种工作。否则，应重新引进其他品种，再进行杂交试验。

（3）加强对杂种的选择和培育。引入杂交育种成功的关键在于对杂种后代的细致选择和合理培育。否则，引入品种的优点会随着回交代数的增加而逐渐消失，后代又会恢复原状，起不到改良提高的目的。

3. 育成杂交 用两个或三个以上的品种进行杂交以育成新品种的方法称为育成杂交。使用两个以上品种杂交来培育新品种称为简单的育成杂交。用三个以上的品种杂交培育新品种称为复杂的育成杂交。

如果本地品种具有某种优点，但不能满足国民经济的需要，而且又无别的品种可以代替；或者需要把几个品种的优点结合起来育成新品种，便可采用育成杂交的方法。育成杂交没有固定的模式，它可以根据育种目标的要求，采用级进杂交，或者多品种交叉杂交，或者正反杂交相互结合等方法，以达到育成新品种的目的。例如，新淮猪就是用大约克夏猪和淮猪进行正、反杂交育成的。在育种开始时，用大约克夏公猪和淮猪母猪杂交；同时用淮猪公猪与大约克夏母猪杂

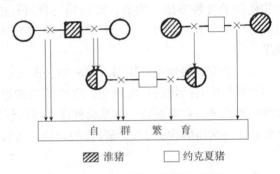

图 8-4　新淮猪育种经过示意
（箭头多少表示重要性）

交，得出杂种一代母猪再和大约克夏公猪杂交产生杂种二代。然后对杂种一代和二代严格选择，选出黑毛色，生产性能高的个体，进行自群繁育，育成新淮猪新品种（图 8-4）。

我国新疆毛肉兼用细毛羊是用 4 个品种绵羊育成的。首先用高加索、泊列考斯两个毛肉兼用细毛羊品种的公羊与本地的哈萨克羊和蒙古羊的母羊分别杂交，得出杂种一代母羊，继续和上述两个优良品种公羊杂交，直至杂种第 4 代时，选出优秀的杂种公羊和优秀杂种母羊，进行杂交固定，并经过长期选育工作，从而育成了新疆毛肉兼用细毛羊。

（二）杂交育种的步骤

开展杂交育种工作，必须在全面调查研究基础上，根据国民经济需要，结合当地自然经济条件和原有品种特点，制定一个切实可行的育种方案，确定育种方向、育种指标和育种措施，然后，根据育种方案有计划地进行。杂交育种一般分为以下 3 个阶段。

1. 杂交创新阶段 这一阶段的任务是：采取杂交的方法，运用两个或两个以上品种的优良特性，通过基因重组和培育，以改变原有家畜类型并创造新的理想型。所以，这一阶段也就是通过杂交手段来创造新的理想型的阶段，简称为杂交创新阶段。

要创造新类型必须要有明确具体的理想型的要求，所用品种及杂交方式必须有助于理想型的创造。杂交对所用品种及个体越具有理想型的要求，创造理想型的时间也就可能越短。此外，为了保证新品种能适应该地区条件，亲本品种中最好有一个当地品种。

在这一阶段，对杂种要严格地进行选种选配，要避免近交，要有计划地将杂种按类型分成几个没有亲缘关系的小群，并进行小群内同质选配，为建立品系打下基础。

在实践中，杂交育种可在以往品种杂交改良的基础上进行，这样可缩短育种年限。至于杂交代数的多少，应根据杂种表现如何而定。一般说当杂种出现一定的理想类型后，杂交即可停止。

2. 自繁定型阶段 这一阶段的任务是：在获得通过杂交和培育创造成功的理想型个体后停止杂交，改用杂种群内理想型个体自群繁育，稳定后代的遗传基础，并对它们所生后代

进行培育,从而获得固定的理想型。在这里,杂种理想型个体的自群繁育是手段,其目的在于获得有稳定遗传性的理想类型。所以,这一阶段也就是通过自群繁育的手段,来使杂种理想型达到相对稳定为目的的阶段,简称自繁定型阶段。

有目的地采用近交,以更好地完成定型工作。为了加快杂种理想型遗传特性的稳定速度和强化其稳定程度,应选择有血缘关系的个体,甚至有时还应用有很近血缘的个体相配。几乎没有一个通过杂交育种培育的新品种,在这一阶段不进行近交的。

在选择理想型杂种准备自群繁育的过程中,对特别具有某一重要优点且相当突出的个体,应考虑建立品系和品族。要选择一定数量的与其品质相同的理想型个体与之相配,并研究分析它们的后代。对合于建系条件的,应即加强建系工作,以更好地稳定其遗传性和巩固其类型。

3. 扩群提高阶段 这个阶段的任务是:大量繁殖已固定的理想型,迅速增加其数量和扩大分布地区,培育新品系,建立品种整体结构和提高品种品质,完成一个品种所应具备的条件。要进一步通过选择和培育,巩固和提高已建立的品系。必要时,可适当进行品系间杂交,建立新品系,使品种群的质量全面提高。实行繁殖和推广相结合,积极推广优良种畜,在生产中检验其育种价值。要逐步扩大品种群的数量和分布地区,使育成的品种具有广泛的适应性。

通过以上三个阶段形成的品种,经过有关单位鉴定验收,认为符合品种条件时,即正式成为新品种。

思考题

1. 品系繁育在现代家畜育种中有何重要意义?
2. 简要说明各类品系的优点和不足。
3. 建立品系应具备哪些条件?
4. 简要说明配套系建系的方法及实践意义。
5. 试比较系祖建系法、闭锁继代选育法、正反交反复选择法和近交建系法的优缺点。
6. 什么是本品种选育?本品种选育的措施有哪些?
7. 何谓杂交育种?杂交育种的方法有哪些?
8. 引入杂交与级进杂交有何不同?

第九章

分子遗传技术在动物育种中的应用

本章导读

本章从分子水平阐述了分子遗传技术在动物育种中的应用，主要介绍了分子遗传技术的研究领域，基因工程的实施步骤与应用；概述了转基因动物育种的领域与研究方法，特别是阐述了转基因动物育种的应用成果；还概述了分子标记辅助性选择的方法，以及利用分子标记辅助保种与利用分子标记预测杂种优势的前景。

本章任务

弄清分子遗传技术的研究领域与应用范围；理解基因工程技术的操作程序与研究成果；掌握转基因动物育种的概念，领会转基因动物育种的方法与应用前景；了解分子标记辅助育种的概念及其在保种与预测杂种优势中的应用。

第一节 分子遗传技术的特点及应用范围

一、分子遗传学的概念

分子遗传学是遗传学的一个重要分支，是研究遗传信息大分子的结构与功能的科学，又称为狭义的分子生物学。它依据物理、化学的原理来解释遗传现象，并在分子水平上研究遗传机制及遗传物质对代谢过程的调控。

二、分子遗传技术的研究领域

分子遗传学以经典遗传学为基础，其研究对象主要是生物的基因和基因组。着重研究遗传信息大分子在生命系统中的储存、复制、表达和调控过程。具体地说，分子遗传学研究的内容主要包括下面几方面。

1. 基因与基因组的结构与功能 基因和基因组是由 DNA（或 RNA）组成，构成生物个体的遗传信息就储存在 DNA 分子双链中，而遗传信息是由腺嘌呤（A）、鸟嘌呤（G）、胞嘧啶（C）、胸腺嘧啶（T）四种碱基排列而成。基因和基因组在发挥生物学功能时必须具备两个条件。首先，它们拥有特定的三维空间结构；其次，在它们发挥生物学功能的过程中必定存在着结构和构象的改变。分子遗传学就是研究基因和基因组中4种碱基的排列顺序，以及由它们构成的空间结构同生物学功能之间的关系。

2. 基因和基因组在世代之间传递的方式和规律　生物在进行有性生殖时，来自雌雄双亲的配子结合成为合子，由合子发育成的个体包含了来自双亲的遗传信息。基因和基因组是沟通上下代之间遗传信息的物质载体，负责将亲代特征的遗传信息传递给子代。所以，分子遗传学研究的内容之一是基因和基因组在世代之间的传递方式和规律。

3. 基因的表达调控　基因表达的实质是遗传信息的转录和翻译。基因传递的遗传信息决定了蛋白质分子的氨基酸组成和排列，不同的基因产生不同的蛋白质分子，进而形成生物个体的不同性状，这一过程就是基因的表达。在生物个体的生长、发育和繁殖过程中，遗传信息的表达按照一定的时空发生变化（时空调节的表达）；并且，随着内外环境的变化而不断地加以修正（环境调控表达）。基因表达调控主要体现在上游调控序列、信号转导、转录因子以及RNA剪辑等几个方面。

4. 改造动植物遗传结构的理论和方法　提高畜、渔、农等产品的产量，改善其品质，最直接而主要的手段是培育新品种。因而，用分子遗传学的理论和技术能动地改造生物的遗传结构，使之符合人类的利益和要求，也是现代分子遗传学研究的重要内容。

分子遗传学的深入发展是以一系列重要的技术突破和重大研究成果为标志的。自20世纪70年代以来，分子遗传学不仅产生了基因重组、DNA测序、核酸印迹、单克隆抗体、DNA体外扩增、基因转移与基因敲除以及体细胞克隆等多项重要技术，而且取得了基因工程药物和疫苗、基因诊断与治疗、转基因动植物、动物的体细胞克隆、人类基因组序列图等重大成果，同时又诞生了基因组学、生物分子信息学等新的研究领域。

三、分子遗传技术的应用范围

20世纪70年代，科学家发展了DNA重组技术，已在试管内操作基因，改造基因，甚至在分子水平上创造新的生命个体和物种，这些技术为改造作物和家畜品种的改良提供了新的有效手段。20世纪80年代以来，随着PCR技术和新的电泳技术的产生，各种分子遗传技术也随之发展起来，给动物育种方面带来了更新的生机和革命性的变化。

分子遗传标记技术的应用已成为现代畜牧业的特征之一。随着技术的发展，分子遗传标记技术将改变现有育种体系，成为动物遗传育种创新的先导和现代动物生产技术的生长点。随着科学的全面飞速发展、基因组计划的完成、生物体信息学的全面发展，分子遗传标记技术必将会有极大的突破。可以相信，分子遗传标记技术与常规育种技术的结合，必将加速动物遗传改良进程，大幅提高畜牧业的经济效益。

第二节　基因工程及其应用

遗传工程是20世纪70年代开始发展起来的一门新技术，一般认为遗传工程可以分为广义和狭义的两种。狭义的遗传工程就是指基因工程，广义的遗传工程包括基因工程、细胞工程和染色体工程等。

基因工程是现代生物技术的核心。以类似工程设计的方法，按照预先设计的蓝图，通过一定程序，将具有遗传信息的基因（DNA 片段），在离体条件下，用工具酶加以剪切、组合和拼接，再将人工重组的基因，引入受体中进行复制和表达，使受体获得该基因产生的新性状。

基因工程使某些物种的基因可以超越种间的障碍，引入其他物种的细胞中进行表达，产生原来不能产生的物质和性状。比如将人的干扰素基因和猪的生长激素基因引入大肠杆菌中进行高效表达，从而可以利用大肠杆菌，快速大量地生产人的干扰素和猪的生长激素。

一、基因工程的实施步骤

基因工程一般分为四个步骤：第一，获得目的基因、载体和工具酶等；第二，把目的基因与载体结合成重组 DNA 分子；第三，把重组 DNA 分子引入受体细胞；第四，重组 DNA 分子的选择和鉴定（图 9-1）。

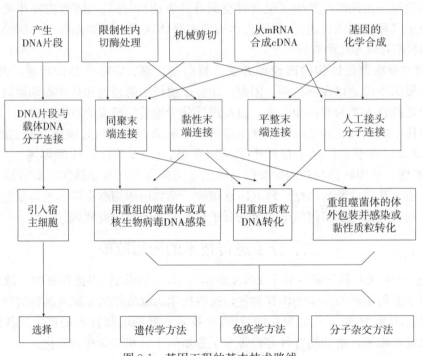

图 9-1　基因工程的基本技术路线

（一）目的基因（DNA）片段的获取（即产生 DNA 片段）

基因工程的主要目的是通过优良性状相关基因的重组，获得具有高度应用价值的新物种。为此必须从现有生物群体中，根据需要分离出可用于克隆的此类基因。这样的基因通常称为目的基因。目的基因主要是结构基因。根据实验需要，待分离的目的基因可能是包含转录启动区、基因编码区和终止区的全功能基因，甚至是一个完整的操纵子或由几个功能基因、几个操纵子聚集在一起的基因簇；也可能是基因的编码序列，甚至是只含启动子或终止子等元件的 DNA 片段；而且不同基因组类型的基因大小和基因组成也各不相同。因此分离目的基因应采用不同的途径和方法。

1. 通过构建 cDNA 文库和基因组文库分离目的基因　通过转录和加工，每个基因转录出相应的一个 mRNA 分子，经反转录可产生相应的 cDNA（complementary DNA，互补 DNA）。这样产生的 cDNA 只含有基因编码序列，不具启动子、终止子和内含子。某生物基

第九章　分子遗传技术在动物育种中的应用

因组经转录和反转录产生的各种 cDNA 片段分别与合适的克隆载体连接，通过转导（转化）贮存在一种受体菌的群体之中。把这种包含某生物基因组全部基因 cDNA 的受体菌群体称为该生物 cDNA 文库。随后通过分子杂交等方法从 cDNA 文库中钓出含目的基因的菌株。

2. 用 PCR 技术从基因组中扩增出目的基因　PCR（polymerase chain reaction，聚合酶链反应）是以 DNA 的一条链为模板，在聚合酶的催化下，通过碱基配对使寡核苷酸引物向 3′方向延长合成模板的互补链。PCR 包括 3 个反应过程：双链 DNA 变性（90～95℃）成为单链 DNA；引物复性（37～60℃）同单链 DNA 互补序列结合；DNA 聚合酶催化（70～75℃）使引物延伸。PCR 是分离筛选目的基因的一种有效方法。如果已知在某生物中存在目的基因，并且在某一发育时期或某组织中没有转录相应的 mRNA，则可以先提取不同组织或不同发育时期转录的总 mRNA，反转录成 cDNA，再以此为底物，用随机引物扩增 cDNA，经凝胶电泳图谱比较，差异 DNA 片段可能是目的基因 DNA。

（二）构建重组 DNA 分子

基因工程的关键技术是 DNA 的连接重组，但是 DNA 在连接之前必须进行加工，把 DNA 分子切割成所需的片段。有时为了便于 DNA 片段之间的连接，还须对片段末端进行修饰。一般把 DNA 分子切割、DNA 片段末端修饰和 DNA 片段连接等所用的酶称为工具酶，主要有限制性内切酶Ⅱ型酶、DNA 连接酶、DNA 片段末端修饰酶等。

一般而言，外源基因必须先同某种传递者结合后才能进入细菌和动植物受体细胞，把这种能承载外源 DNA 片段（基因）带入受体细胞的传递者称为基因克隆载体。目前已构建应用的基因克隆载体有质粒载体、噬菌体载体、病毒载体，以及由它们互相组合或者与其他基因组 DNA 组合而成的载体。

构建重组 DNA 分子最常用的方法是用同一种限制酶处理载体和含目的基因的 DNA 分子。例如，经 $EcoR$Ⅰ酶处理后，载体出现缺口，DNA 分子被切成片段。由于 $EcoR$Ⅰ酶特异性识别、切割 GAATTC 序列，所以载体和 DNA 片段出现互补的单链末端。这就为含目的基因的 DNA 片段装载到载体中创造了条件。

经连接酶的作用，含目的基因的 DNA 片段就牢牢地连接在载体上了。这就形成了重组 DNA 分子。在构建重组 DNA 分子时，还须考虑外源基因表达的问题。即要求外来的基因在宿主细胞中能准确地转录和翻译，所产生的蛋白质在宿主细胞中不被分解，有时还需要将它分泌到细胞外，以便收集。为了使外源基因表达，需要在基因编码顺序的 5′端有能被宿主细胞识别的启动序列以及核糖体的结合序列。

（三）目的基因导入受体细胞

将重组 DNA 分子导入受体细胞的途径，按所用的载体不同可分为以下几种。

1. 转化　携带基因的外源 DNA 分子通过与膜结合进入受体细胞，并在其中稳定维持和表达的过程称为转化。

2. 转导　通过噬菌体颗粒感染，把 DNA 导入被感染的受体细胞的过程称为转导。

3. 三亲本杂交（triparental mating）**转化法**　将被转化的受体菌、含重组 DNA 分子的供体菌和含广泛宿主辅助质粒的辅助菌三者共同进行培养，在辅助质粒的作用下，重组 DNA 分子被转移到受体菌内。

外源 DNA 通过上述三种方法导入大肠杆菌的技术已趋于成熟。其中有的方法经适当修改可以用于蓝藻、固氮菌和农杆菌等其他原核生物的基因转移。

4. 重组 DNA 分子导入哺乳动物细胞　哺乳动物的细胞不易从周围捕获外源 DNA，明显地影响了哺乳动物转基因的发展。近年来通过研究发展了一系列有效地将外源 DNA 分子导入哺乳动物细胞的方法，主要有以下几种。

（1）病毒颗粒转导法。由于病毒的种类繁多，用病毒 DNA 或 RNA 构建的载体性质各异，所以转导的过程各有不同，主要有 3 种类型：其一，带有目的基因的病毒颗粒直接感染受体细胞，目的基因随同病毒 DNA 分子整合到受体细胞染色体 DNA 上；其二，带有目的基因的病毒基因组是有缺陷型的，需同另一辅助病毒一起感染受体细胞；其三，虽然带有目的基因的病毒基因组是有缺陷的，但是被感染的受体细胞的基因组中已整合了病毒缺失的基因，所以没有必要用辅助病毒混合感染。

（2）磷酸钙转染法。哺乳动物细胞能捕获黏附在细胞表面的 DNA-磷酸钙沉淀物，使 DNA 转入细胞。先将待转染的重组 DNA 同 $CaCl_2$ 混合制成 $CaCl_2$-DNA 溶液，随后逐滴缓慢地加入 Hepers-磷酸钙溶液中，形成 DNA-磷酸钙沉淀，黏附在培养的细胞表面上，达到转染的目的。

（3）显微注射转基因技术。鉴于哺乳动物细胞便于注射的特性，常应用显微注射法把外源 DNA 分子直接注入受体细胞。获得稳定转化子的数量取决于注射的 DNA 分子。此外，为便于操作，也可采用穿刺法。处于细胞周围的 DNA 随微针穿刺形成的小孔进入细胞，或被针头带入细胞。

（四）重组体 DNA 分子的筛选与鉴定

受体细胞经转化（转染）或转导处理后，真正获得目的基因并能有效表达的克隆子一般来说只是一小部分，而绝大部分仍是原来的受体细胞，或者是不含目的基因的克隆子。为了从处理后的大量受体细胞中分离出真正的重组体 DNA 分子，已建立了一系列筛选和鉴定的方法。

二、基因工程研究进展

1973 年 Jackson 等人在一次分子生物学学术会上，首次提出基因可以人工重组，并能在细菌中复制。从此以后，基因工程作为一个新兴的研究领域得到了迅速的发展，无论是基础研究还是应用研究，均取得了喜人的成果。这是生命科学发展的一次飞跃，进入了定向改造生物种性的新时代，受到了国内外广泛的重视。

（一）基础研究

1. 基因工程克隆载体的研究　基因工程的发展与克隆载体的构建密切相关，至今已构建了大量克隆载体。用于构建克隆载体的材料为：质粒载体系统、病毒载体系统、质粒同病毒 DNA 组成的载体系统、质粒同染色体 DNA 片段组成的基因整合载体系统等。载体根据用途可分为：通用克隆载体、大片段 DNA 克隆载体、cDNA 克隆载体和表达克隆载体等。目前和今后一段时间内将会重点发展适用于真核生物的强表达载体和基因定位整合的克隆载体。

2. 基因工程受体系统的研究　作为目的基因表达的受体系统，早期应用的主要是大肠杆菌和酵母，已有定型的工业生产工艺，由这些受体系统生产的基因工程产品已投放市场。近年来，高等植物细胞和哺乳动物细胞也被用作目的基因表达的受体系统，获得了一系列转基因细胞株和少数转基因动植物个体。此外被用作目的基因表达受体系统的还有伤寒杆菌、巨大芽孢杆菌和蓝藻等。

3. 基因组的研究 基因是一种重要的遗传资源,是一种宝贵的财富,获得优良性状相关的基因是基因工程的先决条件,分离致病基因也是基因工程研究的一项内容。因此,近年来不少国家花巨款研究人类和主要动植物的基因组。1969年科学家成功分离出第一个基因,1990年10月国际人类基因组计划启动,1999年我国加入人类基因组序列计划。1998年12月,一种线虫(Caenorhabditis elegans)完整基因组序列的测定工作宣告完成。2000年6月26日参加人类基因组工程项目的美国、英国、法国、德国、日本和中国的六国科学家共同宣布,人类基因组草图的编制工作已经完成。2001年2月12日国际人类基因组计划合作组织、美国《科学》杂志和英国《自然》杂志宣布,科学家们绘制出了更加准确完整的人类基因组图谱,并有许多新的发现:原来预计多达10万多个的人类基因总数被最终确定在3万个左右,人类基因组共有32亿个碱基对,而与蛋白质编码无关的非编码序列却占人类基因组序列的98%之多;35.3%的基因组包含重复的序列;地球上人与人之间99.99%的基因密码是相同的。通过克隆的方法,科学家至少定位了30种疾病基因。我国科学家承担的人类基因组1%的测序任务,估计这1%区域有150~200个基因,这些基因和心血管、肿瘤等疾病有关。2003年4月14日,美国联邦国家人类基因组研究所与国家能源部宣布,人类基因组序列编制成功。2006年5月18日美国和英国科学家发表了人类最后一个染色体——1号染色体的基因测序结果。在人体全部22对常染色体中,1号染色体包含基因数量最多,达3 141个,至此,历时16年的人类基因组计划宣告完成。

与人类基因组计划结伴进行的还有许多重要生物基因组计划,目的在于测出生物基因组DNA序列,发现所有基因,找出它们在染色体上的位置,破译它们的全部遗传信息,即建立遗传图谱、物理图谱、序列图谱和和基因图谱。1999年,研究者读解了多细胞生物——线虫的整个基因组的9 700万个碱基。2000年解读的完整基因组有果蝇、拟南芥,另外大约60种微生物的基因已存档在案。2002年,已经掌握了278 Mb的蚊子的基因组序列草图以及疟原虫的基因组序列;一个美国-英国合作小组完成了小鼠基因组的高质量序列草图。2004年12月10日,家蚕基因组草图公布。2005年6月6日中国科学院北京基因研究所与丹麦家猪育种生产委员会在中国北京和丹麦发表联合声明,宣告家猪基因序列对外公开。2006年10月26日,来自13个国家数十个科研机构的将近200名科学家公布了蜜蜂基因组的测序结果和分析。此外,正在开始的基因组计划有黑猩猩、玉米、白杨、家蚕、犬、牛、鸡、海胆等。

4. 基因工程新技术的研究 自从基因工程问世以来,用于基因工程的技术不断出现,不断更新。围绕着外源基因导入受体细胞,在DNA化学转化、农杆菌介导和病毒(噬菌体)转导的基础上,近年来发展了电穿孔转化法和微弹轰击转化法等新技术。围绕着基因的检测,在利用放射性同位素标记探针的基础上,又发展了系列非放射性标记探针的技术;还发展了PCR技术、基因芯片等,使检测基因的灵敏度大大提高。随着基因工程研究不断深入的需要,将会不断出现新的技术,进一步推动基因工程研究的发展。

(二)应用研究

基因工程技术已广泛应用于医药和农、牧、渔等产业,甚至与环保有密切关系,但这里仅就基因工程应用研究进展作简单介绍。

1. 基因工程药物研究 自从20世纪70年代末开始研究人胰岛素等基因在大肠杆菌中表达以来,基因工程药物研究进展迅速,至今美、日等国已有多种此类药物批准上市。另有一大批基因工程药物处于不同程度的临床试验。研制的药物主要有干扰素类、生长素类、白细胞介质素类、胰岛素和肝炎疫苗等。我国在这方面也取得了不少成果，重点研究开发乙肝疫苗、白细胞介素-2、人组织血纤维蛋白溶酶原激活剂、人生长激素、α-干扰素类、表皮生长因子和人胸腺素等基因工程药物。尤其是α-干扰素基因工程产品于1989年投产，成为我国第一种基因工程药物。

我国已有18种基因工程药物和疫苗投放市场，并有几十种新产品处于不同的研制阶段。人工血液制品项目完成实验室和小试研究，进入中试开发；新型治疗性乙肝疫苗已获国家专利，并已进入国际专利（欧洲）实质性审查阶段，产品进入申报临床前的准备工作；基因治疗取得突破性进展，5个方案进入临床试验，基因治疗载体系统的研究成果申报了国内外专利。疾病相关基因的研究也取得了突破性进展，已发现了神经性高频耳聋新的致病基因、遗传性乳光牙本质以及人短指病等遗传病的致病基因等。功能基因组学、基因组多态性测定、蛋白组学以及生物信息学等研究正加紧开展。

基因工程药物的投产，改变了这些药物从动物或人体器官提取或人工合成的生产途径，为病人提供大量低价的同类药物，将成为制药业重点开发的领域，带来巨大的经济效益和社会效益。

2. 基因治疗研究　凡由于基因突变、缺失和异常表达引起的疾病，如遗传病、恶性肿瘤等目前尚缺理想的治疗手段，寄希望于基因治疗。基因治疗主要包括制备正常基因以取代遗传缺陷的基因，或者关闭异常表达的基因，或者降低异常基因的表达强度。基因治疗的应用在治疗免疫性疾病、黑色素瘤和血友病等方面已有一些成功的例子，但仍处于探索阶段，有待深入研究。目前正在发展的基因定位整合技术有望成为一种有效的基因治疗方法。

3. 转基因植物研究　虽然农作物经长期人工选育，汇集了多种优良性状，但仍有种种缺陷须进一步改进。植物转基因研究就是改进农作物性状的一条新途径，自1980年以来发展迅速，尤其是采用转基因技术在选育抗除草剂植物、抗病虫害植物和产药物植物等方面取得了一些成果，并且将成为21世纪初重点发展的领域。我国培育的转基因抗虫杂交棉中抗杂1号，已经通过了国家品种审定委定会的审定，在适宜棉区推广。在国际上，抗虫、抗病、抗除草剂的转基因棉花、玉米、大豆、马铃薯等已进入商品化应用阶段，并有较大面积的推广。我国的抗虫水稻、抗虫玉米也进入田间试验阶段。抗腐烂病番茄已经进入商品化生产阶段。抗虫基因如能转入更多的植物，将降低农业生产成本，减少或避免使用化学农药，也降低了对环境的污染。目前，也在试验将固氮基因转入各种非豆科植物。

4. 转基因动物研究　20世纪80年代初期，由于分子生物学和动物实验胚胎学的发展和相互渗透，使科学家可以借助实验手段，将特定的目的基因从某一动物体分离出来，进行扩增和加工，再导入另一动物的早期胚胎细胞中，使其整合到宿主动物的染色体上，在动物的发育过程中表达，并通过生殖细胞传给后代。这种在基因组中稳定地整合有人工导入的外源基因的动物称为转基因动物。

最早问世的转基因动物是转基因小鼠。转基因小鼠证明了基因工程技术可以改变动物的天然属性，从而显示了动物转基因技术的广阔应用前景。转基因技术应用于畜牧业的主要目标是提高生产性能、提高抗病性等。近年来用转基因动物作为生物反应器的研究越来越受到人们的重视，已逐步走向商品化生产。目前已有转基因鱼、鸡、牛、马、羊、猪等多种动物成功的报道。

第九章　分子遗传技术在动物育种中的应用

(1) 转基因鱼。20世纪80年代中期国内外开始转基因鱼的研究。我国学者朱作言首次用人的生长激素基因（hGH）构建了转基因金鱼，目前已有鲫、鲤、泥鳅、鳟、大麻哈鱼、鲇、罗非鱼、鲂、草鱼等各种淡水鱼和海鱼被用于转基因研究。

(2) 转基因家禽。转基因家禽目前只见到转基因鸡获得成功的报道。生产转基因鸡的方法可分为蛋产出前的操作和产出后的操作两种类型。产出前的操作方法是在受精后第一次卵裂前取出单细胞的卵，在体外进行转基因操作，然后用蛋壳作为培养器皿在体外培养至孵化。英国学者Perry和San等用这种方法，体外显微操作注射外源DNA，获得了转基因鸡。此外，用鸡蛋生产外源蛋白，例如抗体蛋白，是转基因鸡生产的一个十分诱人的领域。

(3) 转基因家畜。家畜的转基因研究得益于小鼠，进展较快。转基因猪、马、牛、羊、兔等家畜纷纷出现，并逐步走出实验室进入实用阶段。哺乳动物体外受精和胚胎移植技术为转基因家畜的成功提供了有效的技术手段。转基因家畜除了与其他转基因动物一样瞄准抗病性和生产性能以外，还因其与人的生物学相似性，在器官移植、药物生产和特殊疾病模型等方面显示出特殊的价值。1998年初，以克隆绵羊"多莉"而闻名的英国Roslin研究所宣称，他们还克隆了另外两只绵羊——"莫莉"和"波莉"。这两只绵羊与"多莉"的不同之一在于它们身上带有人类的基因——超氧化物歧化酶（SOD）基因。1998年2月9日，我国宣布，中国科学院上海遗传研究所与复旦大学遗传所合作，成功地培育了5头含有用于治疗血友病的人凝血因子Ⅸ基因的转基因山羊。其中1996年10月出生的一头转基因山羊已进入泌乳期，经检测其乳汁中含有人凝血因子Ⅸ，其转基因技术已达到国际领先水平。

由于短短的20多年，基因工程显示出巨大的活力，使传统的某些生产方式和产业结构发生了变化，迅速向经济和社会的很多领域渗透和扩散，推动社会生产力的迅速发展，世界上很多国家的决策者担心在战略上失去战机，导致在这个领域上的落伍，就纷纷制定出宏伟的发展计划，争取主动权。一些有远见的企业家也向基因工程研究投入巨资，积极开发新的基因工程产品，控制市场，获得和以期获得高额利润。可以肯定，21世纪将会是基因工程大放光彩的世纪。

第三节　转基因动物育种

通过传统的动物育种方法，要改良动物的遗传特性，提高其生产性能及产品质量等，往往需要经过多代的选择才能得到高产的纯种动物。近年来，随着分子遗传技术和分子数量遗传学的发展，产生了一门利用DNA重组技术来改良动物品种的新型学科，即动物分子育种学。转基因动物育种正是动物分子育种学的重要研究内容之一。

转基因动物是指用试验导入的方法使外源基因在动物染色体基因组内稳定整合，并能遗传给后代的一类动物。自从1982年Palmiter等得到转基因鼠并首次提出"转基因动物"一词以来，相继诞生了转基因小鼠、大鼠、兔、猪、绵羊、山羊、牛、鸡、鱼等许多不同种类的转基因动物，将这些动物应用于基础研究和动物育种中，因而近年来成为生物工程领域的研究热点之一。

一、转基因动物研究的领域

目前，转基因动物研究主要集中于以下几方面。

（1）通过转基因技术提高动物的生产性能，增强抗病力，最终育成满足人们需要的高产、优质、抗病新品种。1994年，德国成功培育出转入生长素的转基因猪，使世界上出现了壮如小牛的"超级猪"。我国培育的生长激素转基因猪生产性能提高20%。

（2）通过建立人类疾病的转基因动物模型，揭示人类疾病的发病过程、机理及探索治疗途径。

（3）把转基因动物作为生物反应器，生产稀有的、用其他方法不易得到的、有生物活性的人类药用蛋白，这方面的研究最具诱惑力和商业价值。1991年美国DNA公司成功获得了能生产人血红蛋白的转基因猪，通过这些能高效表达的转基因猪来提供大量安全、廉价的血红蛋白，既可节约医药费，又能避免使用过期、有传染性（如肝炎、艾滋病等）的血液。

（4）利用转基因动物生产人体器官，为人体器官移植提供供体。

二、转基因动物育种的研究方法

（一）转基因动物育种的原理

转基因动物（transgenic animals）是指基因组中整合有外源基因的一类动物；整入动物基因组的外源基因被称为转基因（transgene）。由于建立转基因动物时，外源基因可能只整合入动物的部分组织细胞的基因组，也可能整合进动物所有组织细胞的基因组中。把只有部分组织的基因组中整合有外源基因的动物，称为嵌合体动物（chimera，mosaic animals）。这类动物只有当外源基因整合进去的"部分组织细胞"恰为生殖细胞时，才能将其携带的外源基因遗传给子代；否则，外源基因将不能传给子代。一般用胚胎干细胞法、反转录病毒载体法产生的第一代转基因动物均为嵌合体动物，而显微注射法得到的第一代转基因动物也属于此类动物。如果动物所有的细胞都整合有外源基因，则具有将外源基因遗传给子代的能力，通常把这类动物称为转基因动物。当外源基因在转基因动物体内表达，并培育出其表型与人类疾病症状相似的动物模型，则称其为转基因动物模型。

目前，转基因动物育种的主要策略有两种。一种是让转基因在动物体内过度表达的方法。最常用的是显微注射方法。转基因可用基因本身的启动子，也可拼接组织特异性表达的外源启动子；可转入单基因，也可转入双基因。另一种方法是让基因在体内灭活，丧失其功能，即基因敲除技术。近年来利用胚胎干细胞进行基因敲除技术，以产生基因缺陷的转基因动物。制备转基因动物的步骤是：获得和改建目的基因，将目的基因向生殖细胞高效转移，受精卵或胚胎组织在合适的环境中发育、筛选、鉴定稳定的细胞系。

（二）转基因动物的研究方法

目前使用的制备转基因动物育种技术有显微注射法、反转录病毒感染法、胚胎干细胞法、电脉冲法和体细胞克隆技术等。

1. 显微注射法 该法是1980年由Gorden等人发明的。其原理是通过显微注射仪将外源基因直接注射到受精卵的雄原核内，使外源基因整合到DNA中，发育成转基因动物。这种方法的优点是外源基因的转移率和整合效率较高，转基因效率比较稳定，注射基因片段大小不受限制，无需载体，制备相对容易。但该方法操作技术复杂，设备昂贵，导入外源基因的拷贝数无法控制，外源基因随机整合到基因组内，常导致宿主DNA染色体序列丢失或重排，造成严重的生理缺陷。

2. 反转录病毒感染法 反转录病毒感染法是将外源基因重组在反转录病毒载体上制成

高滴度病毒颗粒，然后用病毒去感染着床前或着床后胚胎的方式，将外源基因导入动物细胞内。本法的优点是单拷贝基因导入，不破坏目的基因，不易发生大的突变，易分析插入位点。缺点是导入的目的基因短，需经嵌合途径，试验周期长，可能出现转入病毒基因的复制表达等。反转录病毒感染法是目前开展转基因动物研究中最有效的方法之一。

3. 胚胎干细胞法　胚胎干细胞（embryonic stem cell，ES 细胞）是动物早期胚胎（桑葚胚或囊胚）的内细胞团（ICM）。该方法是将基因导入胚胎干细胞，然后将转基因的胚胎干细胞注射于动物囊胚后可参与宿主的胚胎构成，形成嵌合体，通过杂交繁育得到纯合目的基因的个体，即可生产出转基因动物。1984 年 Bradley 等用囊胚注射法获得首例小鼠 ES 细胞种系嵌合体。1992 年 Magin 等将小鼠干细胞注入囊胚中获得生殖腺嵌合的小鼠。该法优点是，在克隆的 ES 细胞被转移到动物胚胎之前，可先把外源重组 DNA 整合到细胞的染色体组中，然后将这些胚胎干细胞进行筛选，找到理想的 ES 细胞，使转基因动物的生产效率明显提高。缺点是 ES 建株很困难，需要预先选择和克隆基因转移型细胞，对小鼠来说繁殖嵌合体比较容易生产，但对家畜有一定难度。

4. 精子载体法　精子载体法就是利用精子作为转移外源基因的载体，通过受精将外源基因带入受体细胞并整合在染色体上的一种方法。目前，人们已利用精子载体法获得了转基因鼠和许多转基因鱼，显示出了该方法的优越性和良好的应用前景，但精子载体法也还存在着许多问题，有待进一步研究解决。

5. 电脉冲法（electroporation）　又称电穿孔法，是将供体 DNA 与受体细胞充分混匀，在外界的高电压短脉冲下改变细胞膜结构，使细胞膜产生瞬间可逆性电穿孔，从而使一定大小的 DNA 可以通过细胞膜，运送到细胞核。目前，在动物中电脉冲法主要用来转化胚胎干细胞。

6. 体细胞克隆技术　体细胞克隆能够培育出与供体基因组完全相同的转基因动物，在基础研究和应用研究方面有重大意义。如第一例体细胞克隆动物——绵羊"多莉"的诞生，曾引起了世界性轰动。但是，在基础理论和实验技术上，体细胞克隆技术尚需进一步完善。在我国。施履吉院士早在 20 世纪 80 年代初，就提出乳腺生物反应器的构想，并成功地获得了表达乙肝表面抗原的转基因兔，为通过转基因动物的途径获得药物打下了基础。目前，我国在转基因动物研究领域，已经获得了转基因小鼠、转基因鱼、转基因猪、转基因羊、转基因鸡等。尽管转基因动物的研究已取得了一定成果，但目前转基因动物研究领域尚存在制备效率低的问题，据不完全统计，制备一只转基因小鼠，需 40 个注射过的受精卵，而绵羊、山羊、猪、牛分别为 110 个、90 个、110 个和 1 600 个，而转基因个体的后代中只有 50 个表达外源基因，还存在不能完整表达或表达混乱、不能遗传给后代等问题。随着这一技术的成熟，许多问题有望得到逐步解决。

三、转基因动物育种的应用

1. 生物制药　1999 年 Rudolph 用转基因动物乳腺生产出抗凝血酶血源产品，2000 年 Niemann 用相同的方法生产出葡萄糖苷酶血源产品。阎喜军等在转基因羊乳汁中成功地表达了人凝血因子。英国罗斯林研究所研究成功的转基因羊，生产出含有可治疗肺气肿的 α_1-抗胰蛋白酶的羊奶，每升可售 6 000 美元；荷兰 Genpharm 公司用转基因牛生产乳铁蛋白，预计每年的销售额可达 50 亿美元；美国 DNA 公司（1991）培育的带有人血红蛋白基因的转基因猪，估计可年产20万单位人血红蛋白，产值达5 000万美元。从生产开发药物的周期来说，现在从新药的研究到上市需10～15年，而利用转基因动物生产仅需5年左右的时间。若以动物的世代间隔来计算，转基因羊为18个月，转基因牛为25～29个月。我国学者成功研制了乳汁中含有治疗血友病的活性人凝血因子Ⅸ的转基因绵羊以及治疗慢性胃炎的岩藻糖转移酶的转基因克隆牛。

2. 建立诊断和治疗人类疾病的动物模型 转基因动物作为疾病模型可以代替传统的动物模型进行药物筛选。利用转基因技术可建立敏感动物品系及产生与人类疾病相同的疾病动物模型，这种动物模型应用于药物筛选的优点是准确、经济、试验次数少，显著缩短试验时间，现已成为人们进行药物快速筛选的一种手段。例如，随着癌基因的不断发现，越来越多的肿瘤疾病模型被用于药物筛选。Komori等曾用携带有哺乳动物细胞色素P-450基因的果蝇进行毒性试验，筛选致突变和致癌物质。Snyder等1995年将人CD4融合基因导入家兔基因组，成功地制作了可用于研究HIV-1感染宿主细胞机制的动物模型。建立用于药物研究和适合基因治疗的转基因动物模型将成为今后发展的重要方向。目前，科学家们利用转基因鼠建立了老年性痴呆症、关节炎、肌肉营养缺乏症、肿瘤发生、原发性高血压、神经衰弱症、内分泌功能障碍等多种人类疾病的动物模型。

3. 生产可用于人体器官移植的动物器官 每年由于可供移植的人体器官不足，成千上万的病人因得不到移植器官而死去。因此，异源器官移植是解决世界范围内普遍存在的器官短缺问题的有效途径。目前在器官供体动物中研究较多的是猪。作为人类器官移植的供体，猪在解剖、组织及生理等方面与人类最为相近，其器官与人的器官大小相仿，并且容易饲养，不存在伦理方面的问题。Rosengard等（1995）将人的补体抑制因子——衰退加速因子（hDAF）转移至猪胚中，有27头转基因猪表达hDAF。杨帆等（2002）获得表达外源hDAF的猪7头。

4. 动物抗病育种和改良动物生产性能 现在的大型养殖场一般用疫苗免疫、物理隔离和药物治疗等传统方法控制大面积的感染，其费用约为饲养成本的20%，若能用导入抗体基因和病毒、细菌蛋白基因的方法培育出抗细菌、抗病毒和抗寄生虫的转基因新品种或品系，就具有重要的经济价值。例如，1988年Berm将抗流感基因（Mx）转入猪，1996年王敏华将猪瘟病毒核酸酶基因转移给兔，Clements等将Visna病毒的衣壳蛋白基因（Eve）转入绵羊，使获得的转基因动物的抗病力明显提高。Pursel等（1989）把牛的生长激素基因转入猪后得到的转基因猪在生长速度和饲料转化率方面显著提高。

第四节　动物分子标记辅助育种

分子标记辅助育种是分子育种技术的重要内容之一，它是在基因组分析的基础上结合常规育种，利用DNA标记技术对动物数量性状位点进行选择、保种、杂种优势分析，以达到更有效地开展动物育种的目的。

同一物种的两个个体的染色体上的大多数的单核苷酸序列是相同的，但没有两个个体的单核苷酸序列是完全相同的，在某些位点上，不同个体之间的DNA序列会出现差异，这些位点就可用作遗传标记，称为分子标记或DNA标记。

目前应用较广泛的分子遗传标记有：限制性片段长度多态分析技术（restriction

第九章 分子遗传技术在动物育种中的应用

fragment length polymorphism，RFLP)、随机引物扩增多态性 DNA 技术（random amplified polymorphism DNA，RAPD)、扩增片段长度多态性分析技术（amplified fragment length polymorphism，AFLP)、微卫星分析技术（simple sequence repeat，SSR) 和单核苷酸多态性分析技术（single nucleotide polymorphism，SNP)。

可准确鉴别的分子遗传标记能反映个体特异性的遗传特征。能作为遗传标记通常具有以下特点：①遗传标记在基因组中数量多，并且在整个基因组中均匀分布。②遗传标记在群体中有多种基因型存在，即具有高度多态性。多态程度越高，个体之间在标记上就越能表现出差异，所提供的信息也就越多。③测定遗传标记时不受年龄、性别、环境等因素的影响。④遗传标记通常为共显性，进而能够准确判别所有可能的基因型。

一、分子标记辅助选择

分子标记辅助选择（molecular markers assisted selection，MAS）是基因组研究在动物育种中的直接应用，是根据分析与某一性状或基因紧密连锁的分子标记来判断此性状或基因，进而进行选育，可提高育种的选择效率，加快育种进程。随着分子标记技术的不断发展和与标记辅助选择有关的实验室费用的降低，分子标记辅助选择正在成为动物育种的有效手段。

（一）分子标记辅助选择的原理

1983 年 Soller 等提出了分子标记辅助选择方法，其理论是将现代生物技术与常规育种方法相结合，借助 DNA 分子遗传标记来选择数量性状基因型，使得能够同时利用数量性状的表型信息和标记位点信息，更准确地估计出育种值，提高选择效率，加快育种进展。

分子标记辅助选择的理论基础是在影响数量性状的基因中除微效多基因外，存在着效应较大的主基因或 QTL。该主基因或 QTL 可以说明该数量性状表型变异的 10%～50%，这样通过选择主基因或 QTL，便可以较快地达到提高生产性能的目的。

进行分子标记辅助选择的基本路线是：寻找含有主基因或 QTL 的染色体片段，一般在 10～20 cM 之间，并确定主基因或 QTL 在该区域内的具体位置；找到与主基因或 QTL 紧密连锁的分子遗传标记和可能的候选基因；寻找与性状变异有关的特定基因及其功能位点；在分子遗传标记的辅助下对某一数量性状进行准确选择，改进遗传进展。

（二）分子标记辅助性选择的方法

1. 位置遗传分析法 位置遗传分析法是以 QTL 的遗传图为基础，通过分子遗传标记操作多个性状的 QTL 来进行 MAS 的一种方法。其一般程序为：①通过 QTL 遗传图找出与被选性状的主基因或 QTL 连锁紧密的标记及其对于被选性状的标记效应；②确定各性状的加权值，其正或负分别表示性状值的增加或减少，0 则表示不变；③测定分离世代中每个个体与选择性状有关的所有遗传标记；④构成通过标记以选择数量性状基因型的选择指数。

2. 复合选择指数法 复合选择指数法是把遗传标记信息和种畜的表型值分别按一定的加权值进行加权，合并成一个选择指数所进行的选择。

3. 混合线性模型法 混合线性模型法是将遗传标记信息合并到混合线性模型中，并把多基因效应定义为随机效应，与标记连锁的主基因或 QTL 定义为固定效应，其计算公式为：

$$Y_i = X_i\beta + V_i^p + V_i^m + \mu_i + e_i$$

式中：Y_i 为第 i 种畜的表型值；$X_i\beta$ 为对应种畜的非遗传固定效应（如年、场等）之和；V_i^p、V_i^m 分别为来自父本和母本主基因或 QTL 等位基因的加性效应；μ_i 为种畜的随机多基因加性效应，e_i 为随机误差。

4. 标记辅助渗入法 标记辅助渗入法就是在分子遗传标记的辅助下，把特定的优良主基因或 QTL 等位基因从一个品种渗入另一个品种，再用较优良的那个品种反复回交，直到该主基因或 QTL 等位基因达到一定的频率为止。例如，利用标记辅助渗入法，把中国猪的多产仔数基因与其他品种猪的肉用特性结合在一起，美国 PIC 公司的专家们用中国梅山猪与西方品种猪杂交，以雌激素受体基因为标记，用含有 50%梅山猪血液的猪与西方品种猪进行反复回交，并进行选择，得到了产仔数高而肉用特性又好的猪品种。

5. 候选基因法 候选基因法是通过分析 DNA 分子遗传标记与数量性状的表型值变异之间的关系而进行标记辅助选择的方法。例如，在奶牛中经 κ-酪蛋白基因位点和乳蛋白基因位点的多态性分析，发现 DNA 的多态性与乳蛋白量和乳酪质量之间有相关性，奶牛的催乳素基因位点的 RFLP 多态性与产奶量有相关性等。这些基因都作为候选基因进行分析研究，并把它们用于选种。

（三）分子标记辅助选择的应用

分子标记辅助选择可在品种内或品种间进行，可对单个性状进行选择，亦可对多个性状进行综合选择，适合于低遗传性状、限性性状和生长后期表达的性状。其效果主要取决于基因与数量性状基因座之间的连锁状况，以及育种群体中分子标记和目标基因的多样性。

Eduard 等（2006）克隆并测定了 DUMI 猪（Duroc and Berlin Miniature）资源群体的促肾上腺皮质释放激素（CRH）基因，发现的第 83 位 SNP 位点与背最长肌、平均背膘厚、胴体长度和平均日增重之间呈极显著的正相关，并且起累加效应。该结果将为 CRH 基因作为影响猪生长的胴体组成性状的有效 QTL 候选基因提供了可靠的依据。

抗病育种也是当前家畜遗传育种的一个热点问题。寻找控制抗病力主基因 QTL 或分子遗传标记，是开展抗病力选育的重要手段。一批与抗病力密切相关的基因，如主要组织相容性复合体、天然抗性巨噬结合蛋白基因、干扰素基因等已经作为候选基因受到相当广泛的重视。

二、分子标记辅助保种

动物保种是一项长期的工作，种群发生遗传变化很难在短时间内发现，对保种的效果也很难作出科学的结论。1996 年，刘荣宗提出了标记辅助保种的理论和方法。

分子标记辅助保种就是利用与目标基因有紧密连锁的 DNA 分子标记，对目标基因在保种过程中的分离和重组进行跟踪，通过有意识地选留而加以保护，使之不因遗传漂变而丢失。

分子标记辅助保种主要采用以下方法。

1. 跟踪保存目标基因 任何动物品种的优良种质特性都是由特定基因决定的，随着动物遗传图的构建，许多分子遗传标记在基因组或染色体上的位置，以及它们与特定基因之间的连锁关系将被探明，有些分子遗传标记本身就是特定的基因或 QTL。利用这些遗传标记来跟踪目的基因在保种群体的世代传递过程中的分离和重组，并通过有意识地选留带有目的基因的个体作种用而加以保存，使它们不致消失。

2. 控制近交程度　在动物的保种工作中，由于群体过小，被迫高度近交是导致品种濒危灭绝的重要原因之一。因此，可以利用分子遗传标记来分析和监测各个世代中不同个体的近交程度，将实际近交程度小的个体选留作种用，就能降低实际的近交水平，防止近交系数上升过快。

三、杂种优势的分子标记

杂种优势是指具有不同遗传结构的两个亲本杂交而产生的杂种，在生活力、生长势、繁殖力、适应性、抗逆性、抗病性以及生产性能等多个方面优于双亲的现象。在传统的动物育种中，预测杂种优势需要进行杂交试验和配合力测定，既费力又费时（需要2~3个世代选优提纯，才能得到可靠的结果），寻求新的杂种优势预测方法已势在必行。从分子水平上研究杂种优势已成为当前一个热点，也为动物杂种优势预测和理论的发展开辟了新的领域。

近年来，国内外许多学者利用分子遗传标记对动物的杂种优势进行了研究，试图从分子水平上探索杂种优势形成的机制。20世纪90年代以来，动植物基因组研究的最新进展引起了研究工作者对利用分子遗传标记预测杂种优势的极大兴趣。其预测的理论依据是杂种优势与遗传杂合度呈强线性关系。例如，Stuber等（1992）利用分子标记鉴别玉米杂种优势有关的遗传因子，发现了与产量有关的QTL。孟安民等（1995）利用DNA指纹技术研究9个京北纯系鸡及其杂交后代的结果表明，两亲本间的最大变异系数较高时，其杂种在总蛋质量、产蛋率、存活率等性状上均可获得较强的杂种优势。

张凤伟等（2007）选择36条多态性丰富且条带清晰、主带重复性好的10nt随机引物，利用RAPD技术分析了猪的4个杂交组合的亲本群体间的遗传距离与其主要经济性状杂优率的相关性，以探讨利用RAPD分子标记技术预测杂种优势的可能性。结果表明，亲本群体间遗传距离与日增重、料重比、屠宰率和平均背膘厚的杂种优势率呈正相关，与瘦肉率、瘦肥肉比、皮率、眼肌面积的杂种优势率呈负相关。

然而，从目前的研究报道来看，将分子标记用于杂种优势预测得到的效果并不完全一致，有些研究效果较好，有些表现出非常差的预测效果。因此，需要更加深入、系统地进行相关研究。

思考题

1. 领会分子遗传技术的概念以及分子遗传技术的主要领域。
2. 什么是基因工程？基因工程的步骤有哪些？
3. 请查阅有关基因工程研究的进展情况，写一篇有关基因工程应用方面的综述论文。
4. 转基因动物育种的原理有哪些？常用的转基因动物研究方法各有何特点？
5. 什么是分子标记辅助选择？分子标记辅助选择的方法有哪些？相对于常规育种选择，标记辅助选择的可能潜在优势是什么？
6. 什么是分子标记辅助保种？如何利用分子标记预测杂种优势？

实训指导

实训一 动物染色体标本的制备与观察

▶实训目的

1. 初步掌握动物骨髓染色体标本制备的基本过程，了解操作步骤的原理。
2. 了解常用实验动物染色体的数目及特点。

▶实训原理

凡细胞处于活跃增殖状态，或者经过各种处理后，细胞就可进入分裂的任何动物组织，均可用于染色体分析。在正常动物体内，骨髓是处于不断分裂的组织之一。给动物注射一定剂量的秋水仙碱即可使许多处于分裂的细胞停滞于中期，然后采用常规空气干燥法制备染色体，即可得到大量可分析的染色体标本。本方法简便、可靠，不需要经体外培养和无菌操作，易于推广。

▶实训用品

1. 材料 小鼠、无尾两栖类蛙属或蟾蜍属动物。

2. 器材 水平离心机、显微镜、刻度离心管（10 mL）、注射器（1 mL）、载玻片、烧杯（400 mL）、量筒（100 mL）、试管架、镊子、剪刀、解剖刀、吸管。

3. 试剂

（1）2%柠檬酸钠溶液：称取 2 g 柠檬酸钠（柠檬酸三钠，trisodium citrate，AR）溶解于 100 mL 蒸馏水中。

（2）1%柠檬酸钠溶液。

（3）500 μg/mL、100 mg/mL 秋水仙素（colchicine）溶液。

（4）姬姆萨（Giemsa）原液（pH6.8）。

姬姆萨染粉	1 g
甘油（AR）	31 mL
甲醇（AR）	45 mL

将染粉倾入研钵，加几滴甘油，在研钵内研磨直至无颗粒为止，此时再将全部剩余甘油倒入，放入 60～65℃保温箱中保温 2 h 后，加入甲醇搅拌均匀，保存于棕色瓶中备用。

（5）0.067 mol/L 磷酸盐缓冲液（pH6.8）。

Na$_2$HPO$_4$·12H$_2$O	11.81 g
（或 Na$_2$HPO$_4$·2H$_2$O）	(5.92 g)
KH$_2$PO$_4$	4.5 g

溶解于蒸馏水中至 1 000 mL。

（6）1∶10 Giemsa 磷酸缓冲液染液（pH6.8）。

（7）甲醇（AR）。

（8）冰醋酸（AR）。

（9）0.4%氯化钾（AR）溶液。

▶ **实训内容与方法**

1. 小鼠骨髓细胞染色体的制备

（1）动物按每克体重 4 μg 的剂量经腹腔注射秋水仙素，3～4 h 后杀死动物。

（2）取出动物后肢的胫骨和股骨，剪去两端。

（3）将 0.6～1 mL 2%柠檬酸钠，用 1 mL 注射器安上 5 号针头注入骨髓腔，将骨髓细胞先冲入小碟内，取下注射针头，反复吸打骨髓细胞，使细胞团块分散，转入 10 mL 离心管。

（4）视骨髓量之多寡加入 0.4%氯化钾溶液 8～10 mL，随即将离心管置（37±0.5）℃水浴中低渗 10 min。

（5）以 1 000 r/min 离心 8 min。

（6）弃上清液，沿离心管壁缓慢加入新配制的甲醇∶冰醋酸（3∶1）固定液 5 mL，加固定液时注意不要冲动细胞团块。

（7）加完固定液后，立即用吸管将细胞轻轻打均匀，静置固定 20 min。如此反复固定 2～3 次，每次 20 min。

（8）固定的细胞经离心后，吸去上层固定液，视管底的细胞多寡加入少量新配制的固定液，将细胞团块轻轻吸打成悬液。

（9）在干净、湿、冷的载玻片上滴 2～3 滴上层细胞悬液，在酒精灯上文火烘干（在空气干燥的地方可不用）。

（10）将玻片标本平放于支架上，细胞面朝上，每片滴加 1∶10 Giemsa 磷酸盐缓冲液 3～4 mL，染色 10 min。

（11）在自来水管下细流冲洗数秒，去掉 Giemsa 磷酸缓冲液，用小块纱布擦干玻片底面及四周，显微镜观察和分析。

2. 黑斑蛙或蟾蜍骨髓细胞染色体标本的制备

（1）动物按每克体重 30 μg 的剂量经腹腔注射秋水仙素，7～8 h 后杀死动物，取出股骨和胫骨，用纱布剥掉全部肌肉，剪去胫骨和股骨两部。

（2）将 1 mL 1%柠檬酸钠溶液用 1mL 注射器通过 5 号针头注入骨髓腔，将细胞冲入小碟内。

（3）摘掉针头，用注射器筒轻轻反复吸打，使细胞分散成单个。

（4）将骨髓细胞转入离心管，视骨髓细胞量之多寡加入事先预热至（26±0.5）℃的

0.4%氯化钾溶液 8 mL，置（26±0.5）℃水浴低渗处理 30 min。

（5）以后的固定、滴片、染色、观察、分析同"小鼠骨髓细胞染色体的制备"。

▶ 观察

1. 在低倍镜下观察 Giemsa 染色之后的中期分裂象的形态。在显微镜下可观察到染色体被染为紫红色。

2. 在高倍镜下选择分散适度、不重叠的染色体的分裂象，在油镜下（90×或100×）进行观察。

▶ 作业

1. 记录所观察小鼠、黑斑蛙或蟾蜍骨髓细胞染色体的数目和形态。
2. 绘制染色体图。
3. 为什么制备小鼠染色体标本时秋水仙素只注射每克体重 4 μg，而蛙类需注射每克体重 30 μg？
4. 收集小鼠骨髓细胞用 2% 柠檬酸钠溶液，而收集蛙类骨髓细胞用 1% 柠檬酸钠溶液，为什么？

实训二　小鼠减数分裂标本的制备与观察

▶ 实训目的

掌握精巢染色体标本制作方法，观察细胞减数分裂过程中不同时期的染色体，了解性细胞形成过程中的染色体状态。

▶ 实训原理

减数分裂是性细胞形成过程中的特殊分裂方式。哺乳动物在性成熟后，精巢内的性细胞总是在分批分期相继不断地成熟，因此，对哺乳动物的精巢进行一定的技术处理，随时都可获得减数分裂过程中各期染色体的标本。

▶ 实训用品

1. 材料　性成熟的雄性小鼠。

2. 器材　显微镜、离心机、解剖器材、注射器、10 mL 刻度离心管、试管架、吸管、培养皿、载玻片。

3. 试剂　2% 柠檬酸钠溶液、0.4% 氯化钾溶液、冰醋酸、甲醇、秋水仙素（100 μg/mL）。

▶ 实训内容与方法

1. 秋水仙素处理　取睾丸前 3~4 h 先给小鼠经腹腔注入秋水仙素（每千克体重 4 μg）。

2. 取细精小管　用损伤脊髓法处死小鼠，放在解剖板上，固定四肢，剖开腹腔取睾丸放入盛有 2% 柠檬酸钠溶液的小培养皿中。用小剪刀剪开包在睾丸最外层的腹膜和白膜，用尖头小镊子从睾丸中挑出细线状的细精小管。更换的柠檬酸钠溶液将细精小管冲洗 1 次，再加 5～6 mL 的柠檬酸钠溶液，一起吸入离心管中。

3. 制细胞悬液　待细精小管沉入离心管后，用吸管头将细精小管研碎（所选用的吸管要管头平齐）。经反复研磨和吹打，可使处于减数分裂过程中的各期细胞脱落在溶液中。然后吸掉肉眼所见的膜状物，制成细胞悬液（同时有部分精子存在）。

4. 收获细胞　经 1 000 r/min 离心 10 min，去上清液。所得沉淀物，除少部分精子外，即是处于减数分裂过程中的各期细胞。

5. 低渗处理、固定、制片染色　方法见实训一。

▶ **观察**

1. 寻找和观察处于第一分裂时期的分裂象，表现出 20 对同源染色体相互配对的现象。20 对同源染色体中有 19 对染色体呈环状连接，只有 XY 染色体表现出特殊的一个末端和两个末端相接，而且 Y 染色体出现一定程度的深染现象。

2. 寻找和观察第二次减数分裂过程中的中期染色体，观察尚未分离前的 20 个姐妹染色单体形态。

▶ **作业**

绘制你在显微镜下看到的染色体在减数分裂过程中各个不同时期的图像，并用文字说明其主要特征。

实训三　多基因性状的遗传分析

▶ **实训目的**

通过多基因性状的遗传分析，学会运用遗传的基本定律分析某些简单的遗传现象。

▶ **实训原理**

一对基因在杂合状态时，保持相对独立性。子一代在形成配子时，等位基因彼此分离到不同的配子中去。子二代基因型分离比是 1∶2∶1，表型分离比是 3∶1。

不同对的基因在形成配子时自由组合，但同一染色体上的基因常连锁在一起。

▶ **实训内容与方法**

通过对所给习题的分析，确定杂交后代的基因型和表型，以及杂交后代的比例。

▶ **作业**

1. 在家犬中，基因型 A_B_ 为黑色，aaB_ 赤褐色，A_bb 红色，aabb 柠檬色。一只黑色犬与柠檬色犬交配生一柠檬色小狗。如果这只黑色犬与另一只基因型相同的犬交配，预期子代的比例如何？

2. 在兔子中，c 座位有 3 个复等位基因 C、c^{ch} 和 c，各类基因型及其表型分别是：

CC、Cc^{ch}、Cc　　　　　　　　深色
c^{ch}c^{ch}、c^{ch}c　　　　　　　　灰色
cc　　　　　　　　　　　　　白色

一只深色兔子与一只白色兔子杂交,产生 3 只灰色和 4 只深色的兔子。问亲本的基因型如何？若 Cc 与 c^{ch}c 交配,预期其子代如何？

3. 豚鼠的黑色基因（C）对白化基因（c）是显性,毛皮粗糙基因（R）对毛皮光滑基因（r）是显性。在 5 种不同的交配中产生出各种不同比例的后代（表实-1）,试分折并写出各亲本的基因型,并用 χ^2 检验后代的比数。

表实-1　豚鼠交配类型与后代表型

交配类型	黑色粗糙	黑色光滑	白化粗糙	白化光滑
黑色光滑×白化光滑	0	18	0	14
黑色光滑×白化粗糙	25	0	0	0
黑色粗糙×白化光滑	10	8	6	9
黑色粗糙×白化粗糙	15	7	16	3
白化粗糙×白化粗糙	0	0	32	12

4. 在火鸡的一个品系中,出现一种遗传性的白化症。养禽工作者把 5 只有关的公鸡进行测交,发现其中 3 只带有白化基因。当这 3 只公鸡与无亲缘关系的正常母鸡交配时,得到 229 只幼禽,其中 45 只是白化的,而且全是雌的。你认为火鸡的这种白化症的遗传方式是怎样的？育种工作者为了消除白化基因,还想尽量多地保存其他个体。在 184 只表型正常的幼禽中,哪些个体应该淘汰？哪些个体可以放心地保存？应怎样做？

实训四　遗传力的计算

▶**实训目的**

熟悉遗传力的原理和计算方法,并能应用于育种实践。

▶**实训原理**

性状的遗传力是某性状的育种值方差占表型总方差的比值,可以用百分数或小数表示。遗传力是畜群的遗传特性,不是个体特性,因此要用群体资料来计算。不同年份、不同畜群的同一性状遗传力,由于受不同环境条件的影响,计算结果会有差异；同一畜群中不同性状的遗传力也是不同的。在实际应用时,最好应用本场畜群资料来估测遗传力参数,而且应尽可能扩大样本含量,以减少取样误差,增加计算的准确性。

▶**实训内容与方法**

遗传力的公式是：

$$h^2 = \frac{V_A}{V_P}$$

式中：h^2 为性状的遗传力；V_A 为育种值方差；V_P 为表型值方差。

由于育种值不能直接度量，因此，育种值方差只能用亲属的表型值资料间接估计，常用的方法有以下两种。

1. 由子代对一个亲本的回归系数估计遗传力 计算公式为：

$$h^2 = 2b_{OP}$$

以黑龙江生产建设兵团某部1975年育成母羊剪毛量（O）及其母亲1.5岁剪毛量（P）记录列入表实-2，试用公畜内女母回归法估计剪毛量的遗传力。

表实-2 黑龙江生产建设兵团某部1975年育成母羊剪毛量及其母亲1.5岁剪毛量记录

编号	种公羊											
	22029		15214		25205		05222		61022		93087	
	O	P	O	P	O	P	O	P	O	P	O	P
1	5.52	4.60	3.95	4.68	6.63	5.78	4.43	3.10	5.10	4.90	6.00	5.89
2	4.32	5.20	5.69	5.12	3.76	5.36	4.68	4.20	4.93	5.50	5.88	7.35
3	4.66	5.45	4.99	3.30	7.06	5.80	6.25	5.10	7.30	7.85	5.00	4.20
4	7.39	3.94	4.55	5.75	5.70	4.00	5.70	4.00	5.07	4.72	5.84	5.10
5	7.45	5.33	7.43	5.10	5.04	4.00	5.61	4.00	5.60	5.50	5.24	8.00
6	6.54	3.15	5.14	4.07	6.30	5.30	7.18	5.40	6.65	5.20	9.62	5.92
7	5.13	3.95	9.09	5.44	3.91	5.36	4.34	3.70	4.96	5.30	3.22	7.30
8	6.26	6.00	5.89	4.44	4.60	3.40	6.75	4.70	6.51	3.60	5.72	4.94
9	6.85	7.36	6.53	4.45	9.54	4.00	3.61	4.00	4.49	4.80	5.15	7.00
10	4.54	4.90	5.09	4.34	5.27	6.30	5.16	3.70	5.79	5.25	5.89	4.42
11	6.98	3.90	5.23	4.98	4.54	5.40	5.95	4.50	6.70	4.30	7.80	7.78
12			7.53	5.70	5.92	4.90	4.49	5.00	4.92	5.80	6.49	4.10
13			4.67	5.57	5.68	4.60	5.88	5.00	4.70	4.70	4.59	4.20
14			3.70	4.95	5.23	3.70	6.69	4.70	5.36	4.70	5.05	3.66
15							4.49	4.00	5.09	4.95	5.72	7.66
n_i	11		14		14		15		15		15	
$\sum O$	65.64		79.48		79.18		81.21		83.17		87.21	
$\sum P$	53.78		67.89		72.00		64.80		77.07		87.52	
$\sum O^2$	405.493 6		480.627 6		476.025 6		455.213 3		471.382 3		536.232 5	
$\sum P^2$	276.749 6		335.407 3		381.192 0		285.920 0		407.915 9		544.690 6	
$\sum OP$	320.386 6		389.104 7		414.936 6		357.536 0		430.217 4		510.928 2	

（1）整理资料。按种公羊分组，将母女记录配对列成表实-2的形式。

（2）计算公羊内平方和乘积和。由表中数据计算得到：

$N = 84, \sum\sum O = 475.89, \sum\sum P = 423.06, \sum\sum O^2 = 2\ 824.974\ 9, \sum\sum P^2 = 2\ 231.881\ 0$

$$\sum \frac{(\sum O)^2}{n_i} = 2\ 698.590\ 4, \quad \sum \frac{(\sum P)^2}{n_i} = 2\ 149.010\ 7, \quad \sum\sum OP = 2\ 423.109\ 5$$

$$\sum \frac{\sum O \sum P}{n_i} = 2\,400.548\,5$$

所以有：

$$SS_{W(P)} = \sum\sum (P - \overline{P}_i)^2 = \sum\sum P^2 - \sum \frac{(\sum P)^2}{n_i} = 2\,231.881\,0 - 2\,149.010\,7$$
$$= 82.870\,3$$

$$SP_W = \sum\sum (O - \overline{O}_i)(P - \overline{P}_i) = \sum\sum OP - \sum \frac{\sum O \sum P}{n_i}$$
$$= 2\,423.109\,5 - 2\,400.548\,5 = 22.561\,0$$

（3）计算估计遗传力　剪毛量的遗传力为：

$$h^2 = 2b_{W(OP)} = 2 \times \frac{SP_W}{SS_{W(P)}} = 2 \times \frac{22.561\,0}{82.870\,3} = 2 \times 0.272\,2 = 0.544\,4$$

2. 由半同胞相关估计遗传力　同父异母或同母异父的兄弟姐妹为半同胞。用半同胞资料估计遗传力的公式为：$h^2 = 4r_{HS}$。

在此，r_{HS}是半同胞相关系数，根据生物统计原理，求半同胞相关系数的公式为：

$$r_{HS} = \frac{MS_S - MS_W}{MS_S + (n-1)MS_W}$$

式中：MS_S是公畜间均方，即公畜间平方和除以公畜间自由度；MS_W是公畜内均方，即公畜内平方和除以公畜内自由度；n为女儿数。

举例：4头种公牛的23头女儿的乳脂率记录列入表实-3。用半同胞相关估计该性状的遗传力。

表实-3　4头种公牛的23头女儿乳脂率记录

公牛	半同胞女儿乳脂率记录（%）	n_i	$\sum x$	$\sum x^2$	$\overline{x}_i$
S_1	3.8　3.5　3.6　3.4　3.5	5	17.8	63.46	3.56
S_2	3.3　3.4　3.7　3.2　3.5　3.4	6	20.5	70.19	3.42
S_3	3.6　3.7　3.5　3.6　3.4　3.8　3.5	7	25.1	90.11	3.59
S_4	3.9　3.4　3.6　3.8　3.5	5	18.2	66.42	3.64
总和		23	81.6	290.18	

（1）整理资料。以种公牛分组，将半同胞女儿记录列成上表的形式。

（2）计算平方和、自由度、n_0及均方。计算过程如下。

$$SS_S = \sum \frac{(\sum x)^2}{n_i} - \frac{(\sum\sum x)^2}{\sum n_i} = \left(\frac{17.8^2}{5} + \frac{20.5^2}{6} + \frac{25.1^2}{7} + \frac{18.2^2}{5}\right) - \frac{81.6^2}{23}$$
$$= 289.659\,095 - 289.502\,609 = 0.156\,487$$

$$SS_W = \sum\sum x^2 - \sum \frac{(\sum x)^2}{n_i} = 290.18 - 289.659\,095 = 0.520\,905$$

$$n_0 = \frac{1}{s-1}\left(\sum n_i - \frac{\sum n_i^2}{\sum n_i}\right) = \frac{1}{4-1}\left(23 - \frac{5^2 + 6^2 + 7^2 + 5^2}{23}\right) = 5.710\,1$$

$df_S = S - 1 = 4 - 1 = 3$

$df_W = 23 - 4 = 19$

$$MS_S = \frac{SS_S}{df_S} = \frac{0.156\ 487}{3} = 0.052\ 162$$

$$MS_W = \frac{SS_W}{df_W} = \frac{0.520\ 905}{19} = 0.027\ 416$$

(3) 求半同胞相关系数和遗传力。将上面计算的数据代入半同胞组内相关系数公式得：

$$r_{HS} = \frac{MS_S - MS_W}{MS_S + (n_0 - 1)MS_W} = \frac{0.052\ 162 - 0.027\ 416}{0.052\ 162 + (5.710\ 1 - 1) \times 0.027\ 416} = 0.136\ 5$$

遗传力 $h^2 = 4 \times 0.136\ 5 = 0.546\ 0$。

▶作业

1. 某羊群育成母羊剪毛量资料经初步统计得二级数据见表实-4，请用公羊内女母回归法估计剪毛量的遗传力。

表实-4　育成母羊剪毛量资料二级数据

公羊组	n	ΣO	ΣP	ΣO^2	ΣP^2	ΣOP
22029	11	9.7	−0.3	20.85	11.73	0.83
61022	30	8.3	−1.7	21.39	22.57	6.74
93087	30	8.1	19.6	43.85	122.20	9.29
15214	14	9.5	2.0	35.37	6.56	2.05
25205	14	9.1	2.1	33.89	11.29	9.04
05222	23	20.0	−0.3	55.86	46.29	10.13
Σ	122	64.7	21.40	211.21	220.64	38.08

O 代表女儿的剪毛量，P 代表母亲的剪毛量，为了计算方便，每个实测值都减去 5 后进行统计，第二位小数四舍五入。

2. 利用表实-4 中的女儿剪毛量资料采用半同胞相关法估计遗传力。

实训五　遗传相关系数的计算

▶实训目的

熟悉遗传相关系数的计算方法，并能应用于育种实践。

▶实训原理

遗传相关是两个性状育种值之间的相关。遗传相关系数的计算较复杂，要求资料的样本大，否则会出现很大的误差。因此，在实际育种中计算时，要尽量抽取大样本，才能保证估计值的可靠性。

估计遗传相关系数的常用方法有两种：一是亲子相关法，二是半同胞资料遗传相关估计法。本实习用后一种方法来估测性状的遗传相关系数。

▶**实训内容与方法**

对于大家畜而言，大量的全同胞资料较难得到，为扩大样本含量，一般采用半同胞资料估计遗传相关。由于同父半同胞个体很多，与遗传力估计时一样，需要计算公畜内组内两性状方差组分和协方差组分来估计性状的遗传方差及它们间的遗传协方差。

其计算公式为：

$$r_{A(xy)} = \frac{MP_{S(xy)} - MP_{W(xy)}}{\sqrt{[MS_{S(x)} - MS_{W(x)}][MS_{S(y)} - MS_{W(y)}]}}$$

式中：$MP_{S(xy)}$是x和y性状的公畜间均积，等于x和y性状的公畜间乘积和$[SP_{S(xy)}]$除以公畜间自由度(df_S)；$MP_{W(xy)}$是x和y性状的公畜内均积，等于x和y性状的公畜内乘积和$[SP_{W(xy)}]$除以公畜内自由度(df_W)；$MS_{S(x)}$是x性状的公畜间均方，$MS_{W(x)}$是x性状的公畜内均方；$MS_{S(y)}$是y性状的公畜间均方，$MS_{W(y)}$是y性状的公畜内均方。

举例：某种羊场部分母羊毛长和剪毛量的资料如表实-5所列，试用半同胞遗传相关估计方法，估计毛长和剪毛量的遗传相关系数。

表实-5 某种羊场3头公羊女儿的毛长和剪毛量记录及基本统计表

公羊	女儿毛长（上行，x）记录（cm） 剪毛量（下行，y）记录（kg）	n	$\sum x$ $\sum y$	$\sum x^2$ $\sum y^2$	$\sum xy$
1	10.0　11.0　11.0　10.0　9.5　10.0　9.5 8.6　8.8　7.1　8.3　7.0　7.8　7.8 11.0　9.5　8.5　10.0　7.5　9.5 9.2　7.0　8.0　8.0　7.0　7.5	13	127.0 102.1	1 252.5 808.27	1 001.95
2	9.5　9.0　10.5　10.0　11.0　8.0　9.0　10.0 7.4　7.5　10.0　8.5　11.0　7.3　8.0　8.0 10.5　13.0　9.5　8.5　7.5　8.5　11.0　10.0 8.8　11.0　7.8　8.7　8.5　7.9　8.4　9.0 10.0　11.0　10.5　8.5　8.0　7.5　10.0　9.5 10.3　8.5　8.0　9.4　8.1　8.0　8.5　8.3　8.7	25	239.0 215.6	2 325.0 1 883.88	2 078.6
3	9.0　7.0　8.0　9.5　8.5　8.0　10.5　7.0 8.3　7.4　7.4　8.4　7.5　9.1　8.5　9.3 9.0　9.0　8.0　8.5　10.0　10.5　8.0　9.5 7.0　8.6　8.0　7.4　8.0　7.7　7.0　7.8	17	149.0 135.6	1 323.5 1 088.86	1 188.45
合计		55	515.0 453.3	4 901.0 3 781.01	4 269.0

（1）整理资料。如表实-5所示。

（2）计算平方和、乘积和、自由度、均方及均积。计算过程如下：

$$SS_{S(x)} = \sum \frac{(\sum x)^2}{n_i} - \frac{(\sum \sum x)^2}{\sum n_i} = \left(\frac{127^2}{13} + \frac{239^2}{25} + \frac{149^2}{17}\right) - \frac{515.0^2}{55} = 9.2008$$

$$SS_{W(x)} = \sum \sum x^2 - \sum \frac{(\sum x)^2}{n_i} = 4\,901.0 - 4\,831.4735 = 69.5265$$

$$SS_{S(y)} = \sum \frac{(\sum y)^2}{n_i} - \frac{(\sum \sum y)^2}{\sum n_i} = \left(\frac{102.1^2}{13} + \frac{215.6^2}{25} + \frac{135.6^2}{17}\right) - \frac{453.3^2}{55}$$
$$= 6.8053$$

$$SS_{W(y)} = \sum \sum y^2 - \sum \frac{(\sum y)^2}{n_i} = 3\,781.01 - 3\,742.8215 = 38.1885$$

$$SP_{S(xy)} = \sum \frac{\sum x \sum y}{n_i} - \frac{\sum \sum x \sum \sum y}{\sum n_i} = \left(\frac{127.0 \times 102.1}{13} + \frac{239.0 \times 215.6}{25} + \right.$$
$$\left. \frac{149.0 \times 135.6}{17}\right) - \frac{515.0 \times 453.3}{55} = 4\,247.0686 - 4\,244.5364 = 2.5322$$

$df_S = S - 1 = 3 - 1 = 2$

$df_W = \sum n_i - S = 55 - 3 = 52$

$$MS_{S(x)} = \frac{SS_{S(x)}}{df_S} = \frac{9.2008}{2} = 4.6004$$

$$MS_{W(x)} = \frac{SS_{W(x)}}{df_W} = \frac{69.5265}{52} = 1.3370$$

$$MS_{S(y)} = \frac{SS_{S(y)}}{df_S} = \frac{6.8053}{2} = 3.4027$$

$$MS_{W(y)} = \frac{SS_{W(y)}}{df_W} = \frac{38.1885}{52} = 0.7344$$

$$MP_S = \frac{SP_S}{df_S} = \frac{2.5322}{2} = 1.2661$$

$$MP_W = \frac{SP_W}{df_W} = \frac{21.9314}{52} = 0.4218$$

（3）计算遗传相关系数

$$r_{A(xy)} = \frac{MP_S - MP_W}{\sqrt{[MS_{S(x)} - MS_{W(x)}][MS_{S(y)} - MS_{W(y)}]}}$$
$$= \frac{1.2661 - 0.4218}{\sqrt{(4.6004 - 1.3370)(3.4027 - 0.7344)}}$$
$$= \frac{0.8443}{\sqrt{3.2634 \times 2.6683}} = \frac{0.8443}{2.9509} = 0.2861$$

▶ **作业**

根据表实-6 中公牛的 3 头女儿头胎产奶量和 12 月龄体重的资料，计算该两性状的遗传相关系数。

表实-6 公牛的3头女儿（A、B、C）头胎产奶量和12月龄体重（单位：kg）

女儿序号	A		B		C	
	产奶量	体重	产奶量	体重	产奶量	体重
1	4 370	364	2 990	344	4 700	377
2	4 720	368	3 820	330	5 010	325
3	5 310	397	4 200	336	4 160	324
4	3 340	317	4 490	352	3 870	347
5	4 360	346	3 740	267	5 510	324
6	5 560	407	3 920	315		
7	3 360	319				

实训六 种畜系谱的编制与系谱鉴定

▶实训目的

家畜系谱是种畜的系统资料，它可作为选种选配的重要参考资料。系谱审查（鉴定）是种畜鉴定方法之一，通过系谱鉴定，对种畜的育种价值可作出初步判断。

通过实习，掌握横式或直式系谱的编制方法，初步学会畜群系谱的编制方法，并掌握系谱鉴定的方法。

▶实训内容与方法

1. 个体系谱的编制

（1）横式系谱。它是按子代在左，亲代在右，公畜在上，母畜在下的格式来填写的。系谱正中可划一横虚线，表示上半部为父系祖先，下半部为母系祖先。

横式系谱各祖先血统关系的模式见图实-1。

（2）竖式系谱（直式系谱）。在系谱的右侧登记公畜，左侧登记母畜，上方登记后代，下方登记祖先。

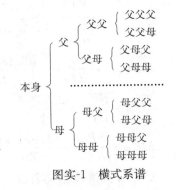

图实-1 横式系谱

本			身				
母				父			
母 母		母 父		父 母		父 父	
母母母	母母父	母父母	母父父	父母母	父母父	父父母	父父父

图实-2 竖式系谱

简单的系谱（不完全系谱），一般只记载祖先的号数或名字。而完全系谱则除应记载祖先的号数、名字外，还应登记生产性能记录、体尺、体重、评定等级，以及后裔鉴定材料等。

在系谱登记中，产量与体尺可以简记。如奶牛产奶量：1998-Ⅰ-6879-3.6，表示母牛在1998

年第一个泌乳期产奶量为 6 879kg、乳脂率为 3.6%。同样，对体尺指标也可用136-151-182-19 的方法来缩写，意即为体高 136 cm、体长 151 cm、胸围 182 cm、管围 19 cm。

在编制系谱时，如果某个祖先无从查考，应在规定的位置上画线注销，不留空白。

2. 畜群系谱 畜群系谱是为整个畜群而统一编制的。它是根据整个畜群的血统关系，按交叉排列的方法编制起来。利用它，可迅速查明畜群的血统关系、近交的有无和程度、各品系的延续和发展情况，因而有助于我们掌握畜群和组织育种工作。

编制畜群系谱，必须以原始记载材料为依据，如种公母畜卡片、配种分娩记录等，然后按下述步骤进行编制。

（1）列出群体母系记录表。根据群内种畜卡片，查明每一个体的出生时间及其各代祖先，并按先后顺序填于母系记录表内（表实-7）。

表实-7　母系记录表

畜号	性别	父	母	母父	母母	母母父	母母母

（2）绘草图。公畜用方块"□"表示，母畜用圆圈"○"表示。将母系记录表中最老公、母畜查出，母畜放在下面，公畜按其使用先后，由下向上依次排在绘图纸的左侧。由公畜处作横线，母畜处引出与横线相交的纵线，两线相交处即为此公畜和母畜所生的后代（图实-3）。

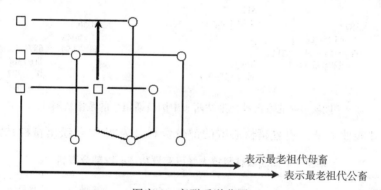

图实-3　畜群系谱草图

（3）绘制正图。对草图要进行查对核实，绘出准确的清晰图。后代公畜若已在畜群中作种畜，则在系谱的左侧上方引出畜号，引一横线，并从该幼公畜所在点向上引箭头，与其本身的横线相连，以表示血统关系。若所生女儿与其父亲反交，则将它们的后代画在离横线不远处，并用双线连接；若与另一公畜交配则不必另列畜号，可直接向上作垂线。若有的母畜与父亲横线下的公畜交配，这样就不能再向上作重线，此时应将它单独提出来另立一垂线。

3. 系谱鉴定 系谱鉴定的方法如下。

（1）将两个或多个系谱进行比较，重视近代祖先的品质，亲代影响大于祖代，祖代大于曾祖代。

（2）对祖先的评定，以生产力为主作全面鉴定。要注意应以同年龄、同胎次的产量进行比较。

（3）如果系谱中祖先成绩一代比一代好，应给予较高评价。

（4）如果种公畜有后裔鉴定材料，则比其本身的生产性能材料更为重要，尤其对奶用公牛和蛋鸡公鸡来说，意义更大。

▶作业

1. 根据下列资料制作竖式系谱和横式系谱。

荷兰品种牛204号，生于1998年8月20日，其父为13号，母亲为166号。13号的父亲是12号，母亲是123号；166号的父亲是13号，母亲是130号；130号的父亲是12号，母亲是151号；12号的父亲是70号，母亲是151号。

2. 利用北京市种公牛站的两头中国荷斯坦公牛的系谱材料进行审查分析，试评定那一头的种用价值较好，并说明自己的理由。

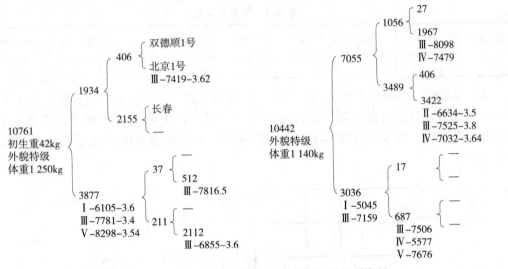

图实-4 北京市种公牛站两头中国荷斯坦牛的系谱资料

3. 根据西北农业大学巴克夏猪核心群的部分资料（表实-8），绘出畜群系谱。

表实-8 西北农林科技大学巴克夏猪核心群部分资料

畜号	性别	父	母	母父	母母	母母父	母母母
54	♀	41					
48	♂						
57	♂	48	49	41			
87	♀	48	54	41			
88	♀	48	54	41			
59	♂	57	83	48	54	41	
113	♀	57	88	48	54	41	
103	♀	57	87	48	54	41	
137	♀	59	113	57	88		
122	♀	59	88	48	54	41	
130	♀	59	88	48	54	41	

（续）

畜号	性别	父	母	母父	母母	母母父	母母母
138	♀	59	103	57	87	48	54
50	♂						
158	♀	50	137	59	113	57	88
151	♀	50	88	48	54	41	
155	♀	50	122	59	88		
150	♀	50	88				
171	♀	50	130	59	88		
173	♀	50	130	59	88		
152	♀	50	138	59	103	57	87
153	♀	50	138	59	103	57	87
265	♀	50	150	50	88	48	54

实训七　个体育种值的估计

▶**实训目的**

了解运用不同资料估算育种值的基本方法，以及育种值在选种中的应用。

▶**实训内容与方法**

通常选种所依据的记录资料有四种：本身记录、祖先记录、同胞记录和后裔记录。育种值可根据任何一种资料进行估计，也可以根据多种资料进行复合育种值的计算。

本次实习用单项资料估算育种值。

1. 估算公式

$$\hat{A} = (P - \overline{P})h^2 + \overline{P}$$

2. 估算方法　首先，必须获得有关记录资料，如个体性状的均值、群体均值、性状遗传力、性状重复率等。其次，根据利用资料不同，求出不同的加权遗传力系数。常用的有以下几种方法。

（1）个体本身不同记录次数的遗传力系数

$$h^2_{(n)} = \frac{nh^2}{1+(n-1)r_e}$$　　（n 为次数，r_e 为重复率）

（2）应用父或母 n 次记录的遗传力系数

$$h^2_{P(n)} = \frac{0.5nh^2}{1+(n-1)r_e}$$　　（P 为父亲或母亲，n 为次数）

（3）应用 n 个全同胞记录的遗传力系数

$$h^2_{FS} = \frac{0.5nh^2}{1+(n-1)0.5h^2}$$　　（FS 为全同胞）

(4) 应用 n 个半同胞记录的遗传力系数

$$h_{HS}^2 = \frac{0.25nh^2}{1+(n-1)0.25h^2} \quad \text{(HS 为半同胞)}$$

(5) 应用 n 个半同胞子女记录的遗传力系数

$$h_O^2 = \frac{0.5nh^2}{1+(n-1)0.25h^2} \quad \text{(O 为子女)}$$

将有关数据代入不同资料估计育种值的公式，即可估计出个体该性状的育种值。最后按育种值高低进行排队，选出育种值高的个体留种。

▶ 作业

1. 表实-9 记录了 10 头母牛及亲属产奶记录，试计算其育种值，选出最好的 3 头留作种用。
(1) 根据本身 n 次记录的估计育种值应选哪几头母牛？
(2) 根据母亲 n 次记录的估计育种值应选择哪几头母牛？
(3) 根据旁系（半同胞）的估计育种值应选择哪几头母牛？
(4) 根据女儿（半同胞）的估计育种值应选择哪几头母牛？
已知该牛群的全群平均产奶量为 4 820 kg，产奶量的遗传力为 0.3，重复率为 0.4。

表实-9　10 头母牛及其亲属的产奶量记录

牛号	本身		母亲		半同胞姐妹		女儿	
	平均奶量（kg）	记录次数	平均奶量（kg）	记录次数	平均奶量（kg）	头数	平均奶量（kg）	头数
001	4 500	3	4 800	6	5 520	23	5 000	1
002	5 520	5	5 000	8	5 020	37	5 050	2
003	6 000	1	4 700	4	5 300	33	—	0
004	4 900	2	4 900	5	5 300	33	—	0
005	5 000	3	4 800	6	5 820	5	—	0
006	3 750	1	5 500	5	4 320	72	—	0
007	4 500	5	6 000	8	4 740	22	4 800	2
008	5 500	8	4 400	11	5 840	8	5 500	4
009	6 500	3	4 500	6	5 070	46	4 700	1
010	3 900	4	5 000	7	5 090	66	4 500	2

2. 根据表实-10，利用各种不同资料计算公羊的估计育种值。已知群体剪毛量均值为 5.0 kg，剪毛量遗传力近似为 $h^2=0.2$。

表实-10　4 头公羊及有关亲属的剪毛量（kg）记录

公羊号	本身	父亲	母亲	半同胞兄妹		半同胞子女	
				n	均值	n	均值
9781	8.2	13.6	5.6	116	5.73	15	6.08
9794	7.7	13.6	7.2	116	5.73	25	5.75
9770	8.5	11.7	4.6	64	5.32	17	5.42
9752	7.4	14.5	7.3	75	5.61	15	5.54

实训八 综合选择指数的制订与应用

▶ **实训目的**

了解制定综合选择指数的基本原理,掌握综合选择指数的制订方法及其应用。

▶ **实训原理**

家畜育种中,经常需要同时选择一个以上的性状。应用数量遗传的原理,根据性状的遗传特点和经济价值,把所要选择的几个性状综合成一个使各个体间可以互相比较的数值,这个数值就是选择指数。其公式是:

$$I = W_1 h_1^2 \frac{P_1}{\overline{P_1}} + W_2 h_2^2 \frac{P_2}{\overline{P_2}} + \cdots + W_n h_n^2 \frac{P_n}{\overline{P_n}} = \sum_{i=1}^{n} W_i h_i^2 \frac{P_i}{\overline{P_i}}$$

公式表示,所选择的性状在指数中受 3 个因素决定:性状的育种或经济重要性(W_i)、性状的遗传力(h_i^2)、个体表型值与畜群平均数的比值。

一般来说,经济价值高的性状,育种重要性也大。但有时两者并不等同,例如我国目前市场上牛奶的价格,并不根据乳中的脂肪或干物质的多少来分级。如果单纯从牛场经济收益考虑,就完全可置之于不顾。但从提高牛奶质量和增进人民健康考虑,选择指数中应当包括牛奶的质量指标,并给以适当的加权值。

▶ **实训内容与方法**

为了更适于选种的习惯,可以把各性状都处于畜群平均值的个体,其指数定为 100,其他个体都和 100 相比,超过 100 越多的越好。这时指数公式需要作进一步变换:

$$I = a_1 \frac{\overline{P_1}}{\overline{P_1}} + a_2 \frac{\overline{P_2}}{\overline{P_2}} + \cdots + a_n \frac{\overline{P_n}}{\overline{P_n}} = \sum_{i=1}^{n} a_i \frac{\overline{P_i}}{\overline{P_i}} = \sum_{i=1}^{n} a_i = 100$$

举例:我国北方地区黑白花奶牛,目前重要的选种指标是:产奶量、乳脂率、体质外貌评分。现在要制定这 3 个性状的选择指数。

1. 计算必要的数据 个体表型值和畜群平均值,可从牧场资料直接计算;性状的遗传力(h_i^2)如缺乏本场数据,也可以从有关育种文献中查出;各性状的育种或经济重要性(W_i),可通过调查或根据经验确定。现假定下列数据为已知:

产奶量:$\overline{P_1} = 4\,000$ kg,$h_1^2 = 0.3$,$W_1 = 0.4$。

乳脂率:$\overline{P_2} = 3.4\%$,$h_2^2 = 0.4$,$W_2 = 0.35$。

外貌评分:$\overline{P_3} = 70$ 分,$h_3^2 = 0.3$,$W_3 = 0.25$。

其中,$W_1 : W_2 : W_3 = 0.40 : 0.35 : 0.25$,而且 $W_1 + W_2 + W_3 = 1$

2. 计算 a 值 把每个性状都处于畜群平均数(即 $P_1 = \overline{P_1}$,$P_2 = \overline{P_2}$,$P_3 = \overline{P_3}$)的个体,将其选择指数定为 100,于是:

$$I = a \left(W_1 h_1^2 \frac{\overline{P_1}}{\overline{P_1}} + W_2 h_2^2 \frac{\overline{P_2}}{\overline{P_2}} + W_3 h_3^2 \frac{\overline{P_3}}{\overline{P_3}} \right) = 100$$

$$I = a(W_1 h_1^2 + W_2 h_2^2 + W_3 h_3^2) = 100$$

$$a = \frac{100}{W_1 h_1^2 + W_2 h_2^2 + W_3 h_3^2} = \frac{100}{0.40 \times 0.30 + 0.35 \times 0.40 + 0.25 \times 0.30} = 298.5$$

再把 a 值按比例分配给 3 个性状，分别求出 a_1、a_2、a_3。

$$a_1 = W_1 h_1^2 \times a = 0.40 \times 0.30 \times 298.5 = 35.8$$

$$a_2 = W_2 h_2^2 \times a = 0.35 \times 0.40 \times 298.5 = 41.8$$

$$a_3 = W_3 h_3^2 \times a = 0.25 \times 0.30 \times 298.5 = 22.4$$

这里，$a_1 + a_2 + a_3 = 100$。

3. 计算选择指数 由选择指数公式得：

$$I = 35.8 \frac{P_1}{\overline{P}_1} + 41.8 \frac{P_2}{\overline{P}_2} + 22.4 \frac{P_3}{\overline{P}_3}$$

由于各性状的畜群平均值为已知，指数公式还可表示为：

$$I = \frac{35.8}{4000} P_1 + \frac{41.8}{3.4} P_2 + \frac{22.4}{70} P_3 = 0.009 P_1 + 12.3 P_2 + 0.32 P_3$$

把每个性状的表型值代入，就可计算出选择指数。

▶**作业**

试对下列蛋鸡资料，计算一个产蛋数、蛋重和开产日龄 3 个性状的选择指数，有条件时可用计算机加以验证。今设产蛋数的 $W_1 = 0.4, h_1^2 = 0.2$；蛋重的 $W_2 = 0.3, h_2^2 = 0.5$；开产日龄的 $W_3 = 0.3, h_3^2 = 0.3$。通过所制订的选择指数计算，从中选出 5 只指数最高的母鸡留种。

表实-11 蛋鸡资料

鸡 号	开产日龄（d）	产蛋数（个/年）	蛋重（g）
001	179	261	58.38
002	202	222	59.42
003	176	250	60.87
004	187	234	56.90
005	192	227	59.77
006	177	220	60.65
007	176	258	60.53
008	178	231	57.93
009	178	241	58.47
010	179	200	59.05
011	189	240	62.27
012	176	250	57.40
013	176	230	58.87
014	205	240	59.93
015	199	290	53.93

鸡 号	开产日龄（d）	产蛋数（个/年）	蛋重（g）
016	192	260	62.85
017	193	220	64.00
018	177	229	59.03
019	180	267	60.1
020	170	277	66.01
平　均	181.1	242.4	59.8

实训九　近交系数和亲缘系数的计算

▶**实训目的**

熟悉近交系数和亲缘系数的计算方法。

▶**实训内容与方法**

1. 近交系数的计算　近交系数是表示纯合的相同基因来自共同祖先的概率。其计算公式如下：

$$F_x = \sum \left[\left(\frac{1}{2}\right)^N \cdot (1+F_A) \right] \quad \text{(实-1)}$$

式中：F_x 是个体 x 的近交系数；N 是通过共同祖先把父、母连接起来的通径链上所有个体数（包括父、母本身在内）；$\sum$ 表示总和，即把各个共同祖先分别计算的值总加起来；F_A 是共同祖先本身的近交系数。

计算近交系数的方法步骤如下。

（1）把个体系谱改绘成通径图。从个体的系谱中查找出共同祖先。由共同祖先引出箭头指向个体 x 的父亲，同时引出箭头指向个体 x 的母亲。所有各代祖先不可省略。通径图中每个祖先只能出现一次，不能重复。

（2）计算 F_x 把通径链展开，得出 N。把各条通径链的 N 代入公式（1）即可算出 F_x。以全同胞交配为例。

共同祖先 1 号和 2 号分别与父亲（S）和母亲（D）连接起来的通路是：

S ← 1 → D　　$N=3$
S ← 2 → D　　$N=3$

故 $F_x = \left(\frac{1}{2}\right)^3 + \left(\frac{1}{2}\right)^3 = 0.25$，即 25%。

2. 亲缘系数的计算 亲缘系数是表示两头家畜之间的亲缘相关程度的，也就是表示两个家畜具有相同基因的概率。亲缘关系有两种，一种是直系亲属，即祖先与后代；另一种是旁系亲属，即不是祖先与后代关系的亲属。两种亲缘关系的亲缘系数的计算方法如下。

（1）直系亲属间亲缘系数的计算。其计算公式为：

$$R_{xA} = \sum \left(\frac{1}{2}\right)^n \sqrt{\frac{1+F_A}{1+F_x}}$$

如果，共同祖先 A 和个体 x 都不是近交所生，即公式可简化为：$R_{xA} = \sum \left(\frac{1}{2}\right)^n$。

举例：现有289号公羊的横式系谱如下，试计算289号与16号之间的亲缘系数。

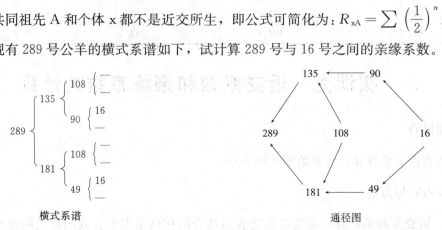

横式系谱　　　　　　　　　　　　通径图

从上面的系谱可看出，289号与16号之间的亲缘关系有两条通径路线，每条通径的代数都是3，即：

$$289 \leftarrow 135 \leftarrow 90 \leftarrow 16 \qquad n=3$$
$$289 \leftarrow 181 \leftarrow 49 \leftarrow 16 \qquad n=3$$

另外，289号公羊还是近交后代，其近交系数为：

$$F_{289} = \left(\frac{1}{2}\right)^3 + \left(\frac{1}{2}\right)^5 = 0.1563 \qquad F_{16}=0$$

代入公式得：

$$R_{(289)(16)} = \left[\left(\frac{1}{2}\right)^3 + \left(\frac{1}{2}\right)^3\right]\sqrt{\frac{1+0}{1+0.156}} = \frac{1}{4}\sqrt{\frac{1}{1.156}} = 23.25\%$$

即289号公羊与其祖先16号公羊之间的亲缘系数是23.25%。

（2）旁系亲属间的亲缘系数计算。其计算公式为：

$$R_{xy} = \frac{\sum \left[\left(\frac{1}{2}\right)^n (1+F_A)\right]}{\sqrt{(1+F_x)(1+F_y)}}$$

如果个体 x、y 和共同祖先（A）都不是近交个体，则上式可变为：

$$R_{xy} = \sum \left(\frac{1}{2}\right)^n$$

举例：仍用上例系谱，计算135号和181号间的亲缘系数。

从上列系谱可看出，135号和181号之间有108号和16号2个共同祖先，其通径路线为：

$$135 \leftarrow 108 \rightarrow 181 \qquad n=2$$
$$135 \leftarrow 90 \leftarrow 16 \rightarrow 49 \rightarrow 181 \qquad n=4$$

又有 $F_{135}=F_{181}=F_{108}=F_{16}=0$。代入公式后则得：

$$R_{(135)(181)} = \left(\frac{1}{2}\right)^2 + \left(\frac{1}{2}\right)^4 = 0.25 + 0.0625 = 31.25\%$$

▶作业

1. 将下面 x 个体系谱改绘成通径图，并计算 F_x 和 R_{SD}。

$$x \begin{cases} S \begin{cases} 5 \begin{cases} 1 \\ 2 \end{cases} \\ 6 \begin{cases} 3 \\ 4 \end{cases} \end{cases} \\ D \begin{cases} 7 \begin{cases} 1 \\ 2 \end{cases} \\ 8 \begin{cases} 3 \\ 4 \end{cases} \end{cases} \end{cases}$$

2. 将下面 10 号家畜的系谱改成通径图，计算 F_{10}、$R_{(1)(4)}$ 和 $R_{(10)(9)}$。

$$10 \begin{cases} 1 \begin{cases} 6 \\ 7 \begin{cases} 2 \begin{cases} 9 \\ 12 \end{cases} \\ 12 \end{cases} \end{cases} \\ 4 \begin{cases} 3 \begin{cases} 9 \\ - \end{cases} \\ 5 \begin{cases} 2 \\ - \end{cases} \end{cases} \end{cases}$$

实训十 杂种优势率的计算

▶实训目的

学会根据杂交试验结果计算各项性状杂种优势率的方法。

▶实训原理

某性状的杂种优势率（$H\%$）是指杂种优势占亲本均值的百分率。而杂种优势值（H）是指杂种群体平均值超过双亲本平均值的部分。公式为：

$$H = \overline{F_1} - \overline{P}$$

$$H\% = \frac{\overline{F_1} - \overline{P}}{\overline{P}} \times 100\%$$

▶实训内容与方法

1. 两种群（品种、品系）杂交的杂种优势率计算

（1）求出杂交试验中亲本纯繁组（A 和 B）的平均值。

$$\overline{P} = \frac{\overline{A} + \overline{B}}{2}$$

式中，$\overline{P}$ 为亲本平均值，$\overline{A}$、$\overline{B}$ 为杂交亲本群的平均值。

（2）求出杂种该性状的平均值，即 $\overline{F}$。

（3）将双亲本平均值和杂种平均值代入公式，计算杂种优势率。

2. 多个种群（品系、品种）杂交的杂种优势率计算

（1）计算三元杂交亲本平均值，即 3 个品种的加权平均值。设 A、B 为第一杂交亲本值，C 为终端杂交亲本值。

$$\overline{P} = \frac{1}{4}(\overline{A}+\overline{B}) + \frac{1}{2}\overline{C}$$

（2）代入公式求 3 品种杂交的杂种优势率。

▶ **作业**

1. 设 A 品系与 B 品系杂交试验的结果见表实-12，请计算杂种优势率。

表实-12　2 个品系杂交试验结果

组合	个体表型值				
A×B	25	30	31	27	23	24
B×A	29	24	28	23	26	
A×A	25	23	24	22	20	
B×B	26	22	25	27	24	23

2. 试根据表实-13 中 3 个品种杂交试验结果，计算日增重的杂种优势率。

表实-13　3 个品种杂交试验的结果

组　别	头数	始重（kg）	末重（kg）	平均日增重（g）
太谷本地猪×太谷本地猪	6	5.10	75.45	180.54
内江猪×内江猪	4	9.62	77.15	225.10
巴克夏猪×巴克夏猪	4	5.69	75.85	258.85
内江猪×巴本杂种猪	4	9.81	76.63	278.41

附录 基本技能考核项目

动物遗传育种基本技能考核项目

序号	项 目	考 核 要 求	考核方法
1	染色体标本与细胞减数分裂的显微镜观察	根据制片,能识别染色体形态,找出减数分裂过程中2~3个分裂象,并说出主要特征变化	在显微镜室进行
2	多基因性状的遗传分析	根据资料,能利用遗传定律进行有关遗传现象的遗传分析	在室内或现场进行观察、调查和分析
3	伴性性状遗传分析	选择具有伴性性状的家禽品系,拟定能生产自别雌雄的杂交方案,或根据资料进行分析	在现场或资料室进行
4	性状遗传力的计算和分析	根据资料,计算性状遗传力,并进行性状间和品种间的分析比较	在室内用计算器或计算机进行
5	家畜体质外貌鉴定	能正确运用体尺测量和外貌评分等方法对种畜进行正确鉴定	在现场进行
6	种畜系谱编制及鉴定	能根据畜群个体间的亲缘关系、生产记录及有关记载,编制个体系谱和畜群系谱,并对个体系谱能进行正确鉴定	在现场或室内进行编制
7	计算种畜的育种值	根据家畜个体、祖先、后裔、同胞等资料,计算种畜的个体估计育种值,确定其种用价值	在室内用计算器进行
8	选择指数的制订和计算	根据个体主要经济性状的资料拟定畜群选择指数,计算种畜的选择指数并判断其优劣	在室内或现场用计算器或计算机进行
9	个体近交程度的分析	根据个体系谱绘制通径图,计算近交系数、亲缘系数,判定其近交程度	在室内用计算器进行
10	拟定地方良种的保种方案	提出保种的基本措施,确定保种的最低群体数量,确定留种方法及选配制度	在室内或现场制定
11	杂种优势率的计算和分析	根据不同杂交组合的生产记录,计算有关性状表现的杂种优势率,确定最佳杂交组合	在室内进行计算与分析

参 考 文 献

常洪，2009. 动物遗传资源学［M］. 北京：科学出版社.
耿明杰，2006. 畜禽繁殖与改良［M］. 北京：中国农业出版社.
顾万春，2004. 统计遗传学［M］. 北京：科学出版社.
何启谦，1999. 遗传育种学［M］. 北京：中央广播电视大学出版.
焦骅，2001. 家畜育种学［M］. 北京：中国农业出版社.
赖志杰，1990. 家畜遗传育种学［M］. 北京：农业出版社.
李海英，杨峰山，2008. 现代分子生物学与基因工程［M］. 北京：化学工业出版社.
李宁，2003. 动物遗传学［M］. 北京：中国农业出版社.
李宁，朱作言，2009. 动物遗传育种与克隆的分子生物学［M］. 北京：科学出版社.
李婉涛，张京，2007. 动物遗传育种［M］. 北京：中国农业大学出版社.
李振刚，2008. 分子遗传学［M］. 3版. 北京：科学出版社.
刘榜，2007. 家畜育种学［M］. 北京：中国农业出版社.
刘荣宗，1996. 论家畜遗传多样性的标记辅助保护［J］. Animal Biotechnology Bulletin, 5（1）：1-4.
刘震乙，1987. 家畜育种学［M］. 北京：农业出版社.
刘祖洞，江绍慧，1979. 遗传学（上、下）［M］. 北京：高等教育出版社.
彭中镇，1994. 猪的遗传改良［M］. 北京：中国农业出版社.
盛志廉，陈瑶生，1999. 数量遗传学［M］. 北京：科学出版社.
盛志廉，吴常信，1995. 数量遗传学［M］. 北京：中国农业出版社.
师守堃，1993. 动物育种学总论［M］. 北京：北京农业大学出版社.
施启顺，柳小春，1997. 养猪业中的杂种优势利用［M］. 湖南：湖南科学技术出版社.
宋思杨，楼士林，2000. 生物技术概论［M］. 北京：科学出版社.
孙明，2006. 基因工程［M］. 北京：高等教育出版社.
王继华，1999. 家畜育种学导论［M］. 北京：中国农业科技出版社.
王金玉，2004. 数量遗传与动物育种［M］. 厦门：东南大学出版社.
吴常信，1997. 分子数量遗传学与动物育种［J］. 遗传，19（增刊）：1-3.
吴仲贤，1980. 动物遗传学［M］. 北京：农业出版社.
杨汉民，1997. 细胞生物学实验［M］. 北京：高等教育出版社.
张劳，2003. 动物遗传育种学［M］. 北京：中央广播电视大学出版社.
张玉静，2000. 分子遗传学［M］. 北京：科学出版社.
张沅，家畜育种学［M］. 北京：中国农业出版社.
钟金城，陈智华，2001. 分子遗传学与动物育种. 成都：四川大学出版社.
周延清，杨清香，张改娜，2008. 生物遗传标记与应用［M］. 北京：化学工业出版社.
D S Falconer，T F C Mackag，2000. 数量遗传学导论［M］. 4版. 储明星，译. 北京：中国农业科技出版社.
Robert Weaver，2000. 分子生物学［M］. 北京：科学出版社.

读者意见反馈

亲爱的读者：

感谢您选用中国农业出版社出版的职业教育教材。为了提升我们的服务质量，为职业教育提供更加优质的教材，敬请您在百忙之中抽出时间对我们的教材提出宝贵意见。我们将根据您的反馈信息改进工作，以优质的服务和高质量的教材回报您的支持和爱护。

地　　址：北京市朝阳区麦子店街 18 号楼（100125）
　　　　　中国农业出版社职业教育出版分社
联系方式：QQ（1492997993）

教材名称：_____　ISBN：_____

个人资料

姓名：_____所在院校及所学专业：_____
通信地址：_____
联系电话：_____电子信箱：_____
您使用本教材是作为：□指定教材□选用教材□辅导教材□自学教材
您对本教材的总体满意度：
　从内容质量角度看□很满意□满意□一般□不满意
　　改进意见：_____
　从印装质量角度看□很满意□满意□一般□不满意
　　改进意见：_____
本教材最令您满意的是：
　□指导明确□内容充实□讲解详尽□实例丰富□技术先进实用□其他_____
您认为本教材在哪些方面需要改进？（可另附页）
　□封面设计□版式设计□印装质量□内容□其他_____
您认为本教材在内容上哪些地方应进行修改？（可另附页）
_____
_____

本教材存在的错误：（可另附页）
第_____页，第_____行_____应改为：_____
第_____页，第_____行_____应改为：_____
第_____页，第_____行_____应改为：_____
您提供的勘误信息可通过 QQ 发给我们，我们会安排编辑尽快核实改正，所提问题一经采纳，会有精美小礼品赠送。非常感谢您对我社工作的大力支持！

欢迎访问"全国农业教育教材网"http://www.qgnyjc.com（此表可在网上下载）

欢迎登录"中国农业教育在线"http://www.ccapedu.com 查看更多网络学习资源

图书在版编目（CIP）数据

家畜遗传育种/欧阳叙向主编．—3 版．—北京：中国农业出版社，2019.8（2025.1重印）
"十二五"职业教育国家规划教材　经全国职业教育教材审定委员会审定　高等职业教育农业农村部"十三五"规划教材
ISBN 978-7-109-25706-1

Ⅰ.①家…　Ⅱ.①欧…　Ⅲ.①家畜育种－遗传育种－高等职业教育－教材　Ⅳ.①S813.2

中国版本图书馆 CIP 数据核字（2019）第 148681 号

中国农业出版社出版
地址：北京市朝阳区麦子店街 18 号楼
邮编：100125
责任编辑：徐　芳　　文字编辑：陈睿赜
版式设计：杜　然　　责任校对：刘丽香
印刷：北京通州皇家印刷厂
版次：2001 年 7 月第 1 版　2019 年 8 月第 3 版
印次：2025 年 1 月第 3 版北京第 7 次印刷
发行：新华书店北京发行所
开本：787mm×1092mm　1/16
印张：15
字数：356 千字
定价：39.50 元

版权所有·侵权必究
凡购买本社图书，如有印装质量问题，我社负责调换。
服务电话：010 - 59195115　010 - 59194918